U0347398

基于工作过程的Java程序设计（第2版）

魏勇　编著

清华大学出版社
北京

内　容　简　介

本书打破传统的以学科为中心的体系，而是以工作任务为中心，从Java最简单的程序开始，介绍Java的基本程序结构及相关知识。

封装、继承、多态是面向对象程序设计的三个重要特征。本书从“人类”入手，介绍Java中的类、对象、属性和方法等概念。通过人类在生物图中的关系，帮助读者理解继承等概念。

本书把初始化了的一个Human实例作为核心工作任务，并通过该工作任务在各章节的进一步展开，串起Java的异常处理、图形用户界面、SWT技术、流技术等内容。

线程是Java实现并行处理的重要技术，在线程一章介绍了Java线程的基本概念，讲述如何在Java中编写线程程序，以及多线程的程序设计等。

本书还安排了实验与实训内容，便于读者在学完基本知识的前提下，进一步提高实际编程和调试能力。

本书可作为本科及高职高专院校学生的教材，也可以作为Java程序设计爱好者的学习用书。

本书封面贴有清华大学出版社防伪标签，无标签者不得销售。
版权所有，侵权必究。侵权举报电话：010-62782989　13701121933

图书在版编目(CIP)数据

基于工作过程的Java程序设计/魏勇编著. --2版. --北京：清华大学出版社，2014
ISBN 978-7-302-34825-2

Ⅰ. ①基…　Ⅱ. ①魏…　Ⅲ. ①JAVA语言—程序设计　Ⅳ. ①TP312

中国版本图书馆CIP数据核字(2013)第310870号

责任编辑：张龙卿
封面设计：徐日强
责任校对：刘　静
责任印制：何　芊

出版发行：清华大学出版社
网　　址：http://www.tup.com.cn，http://www.wqbook.com
地　　址：北京清华大学学研大厦A座　　**邮　　编**：100084
社 总 机：010-62770175　　**邮　　购**：010-62786544
投稿与读者服务：010-62776969，c-service@tup.tsinghua.edu.cn
质 量 反 馈：010-62772015，zhiliang@tup.tsinghua.edu.cn
课 件 下 载：http://www.tup.com.cn，010-62795764
印 装 者：三河市李旗庄少明印装厂
经　　销：全国新华书店
开　　本：185mm×260mm　　**印　　张**：18.25　　**字　　数**：416千字
版　　次：2010年1月第1版　2014年1月第2版　　**印　　次**：2014年1月第1次印刷
印　　数：1～3000
定　　价：39.00元

产品编号：057033-01

前　言

Java是一种跨平台、适合于分布式计算环境的面向对象的编程语言。它有许多值得称道的优点，如简单、面向对象、分布式、解释性、可靠、安全、结构中立性、可移植性、高性能、多线程、动态性等。Java摈弃了C++中各种弊大于利的功能和许多很少用到的功能。Java可以运行于任何微处理器上，用Java开发的程序可以在网络上传输，并运行于任何客户机上，因而Java程序语言是软件技术相关专业的一门很重要的基础课程。

国内外现存同类教材在内容组织上已比较成熟。但普遍注重以学科为中心，编排形式以介绍Java程序设计知识为主，辅以例子加以验证。由于Java系统庞大，引入的如面向对象等概念较多，使初学者难以入门。

为了贯彻"以能力本位教育为基础，以提高职业素质为目的"的指导思想，我们把教学目标定位在：职业技能培养与训练贯穿于高职教学的全过程，重点培养学生分析和解决岗位实际问题的能力。

本书欲打破传统的以学科为中心的体系，内容编排贴近实际工作中的开发环境，时刻遵循能力培养规律，并结合课程实际，设计了与该课程能力目标要求密切结合的工作任务模块，采用由简单到复杂递进的方式进行教学设计。将理论讲解与实训操作密切结合，在完成任务的过程中，使学生掌握分析问题和解决问题的策略，体验到知识的应用价值。

为贯穿以工作过程为导向，本书基于工作任务确定课程的学习任务，突出职业素质的培养。本书每部分实际的内容都从提出一个具体的实际工作任务开始，分别由详细设计、编码实现、源代码、测试与运行、技术分析、问题与思考几个步骤来完成。

1. 详细设计

这一部分提出实现本任务的基本程序框架和主要算法等。

2. 编码实现

介绍如何用Java的语句实现以上设计，对重点语句进行分析和说明。

3. 源代码

这个步骤给出实现程序的完整的源程序。读者可以逐步锻炼如何在前两个步骤的基础上写出自己的源程序,从而达到最终完成设计和编写源程序的目的。

4. 测试与运行

对以上程序,如何进行测试。有时用几组数据直接运行以上程序进行测试,有时需要编写测试程序,并对结果进行基本的分析。

5. 技术分析

以上步骤基本围绕提出的一个工作任务而进行的,对引出的知识,需要系统地整理。如果按学科体系组织教学内容,这个步骤放在最前,以后再通过一些例子验证。与以往教材不同的是,本书采用基于过程的学习方法,每个具体内容都先让读者知道如何做,再去梳理做的过程中所涉及的知识。

6. 问题与思考

这个步骤对学习过程中存在的一些问题展开讨论,一来为以后的知识做一些铺垫;二来对所学内容起到举一反三的作用。

本书中实例和例子程序都调试通过,因而读者在上机实践时,不会出现不必要的困惑。本书最后还安排了实验与实训内容,便于读者在学完基本知识的前提下,提高实际编程和调试能力。

本书自 2010 年 1 月第 1 版出版以来,深受广大师生、工程技术人员的欢迎,很多高校的软件技术相关专业选用本书作为教材。

本书作为第 2 版,于 2013 年 8 月被教育部遴选为国家级"十二五"规划教材。为适应广大读者的要求和 Java 技术的发展趋势,编者除对个别内容进行增补、纠错外,主要删除了一些不合适的章节,如画布、SWT 菜单、图形打印等。由于在 Java 实际开发过程中大量用到迭代数组、泛型等数据结构,所以补充了第 10 章 Java 集合框架的内容 。

本书在编写过程中,得到了深圳信息职业技术学院的大力支持,深圳信息职业技术学院专门设立教材建设项目予以资助,在此表示衷心的感谢!

读者可以到本书配套网站 http://www.iedumana.com 获取源代码、程序运行结果、PPT 等与本书相关的教学资料。

本书难免有不妥之处,欢迎各界专家和读者朋友批评指正,也欢迎读者交流,编者的联系方式是,E-mail:weiuser@Hotmail.com。

编　者

2013 年 10 月

目录

第1章 简单 Java 程序

Java 是由 Sun Microsystems 公司于 1995 年 5 月推出的一种面向对象的计算机编程语言。

Java 平台由 Java 虚拟机(Java Virtual Machine)和 Java 应用编程接口(Application Programming Interface,API)构成。Java 的 API 提供了一个独立于操作系统的标准接口。Java 程序可以只编译一次,就可以在各种系统中运行。Java 分为三个体系 J2SE (Java 2 Standard Edition)、J2EE(Java 2 Platform, Enterprise Edition)、J2ME(Java 2 Micro Edition)。

1.1 屏幕上显示一句话的 Java 程序

知识要点

- Java 程序的编写与运行
- 类定义
- main 方法
- 配置开发环境

Java 是一个面向对象的编程语言,程序编写都从类开始,类包含了许多属性和方法。最简单的 Java 语言程序,也需编写成至少包含有 main()方法的类。

实例 编写程序,从屏幕输出一句话为"Hello World!"。

1. 详细设计

本程序由 HelloWorld 类实现,它只有一个方法 main(),方法中只有一条输出文字的语句。

```
class HelloWorld {
  main(String arg[]) {
    输出文字"Hello, World!";
  }
}
```

2. 输出文字编码实现

语句:

```
System.out.println("Hello,World!");
```

分析：System. out. println 是 Java 输出语句，输出后换行。输出的文字，需用双引号括起来。System. out. print 是另一条输出语句，不同之处是它输出后不用换行。

3. 源代码

```
/* 文件名：HelloWorld.java
 * Copyright (C)：2014
 * 功能：在屏幕上输出文字"Hello, World!"。
*/
public class HelloWorld {
  public static void main(String arg[]) {
    System.out.println("Hello, World!");
  }
}
```

4. 测试与运行

1) JDK 的安装

Java 是跨平台的，无论运行在什么操作系统，都需要有 Java 虚拟机。

本书使用的操作系统是 Windows 系列，JDK 用的是 j2sdk-1_4_2-windows-i586. exe 软件。直接运行 j2sdk-1_4_2-windows-i586. exe，按照提示安装好 JDK。JDK 安装后在计算机上会包括 java. exe、appletviewer. exe、javac. exe、jar. exe 等程序。其中 javac 命令用于编译源代码. java 文件为. class 类文件，java 命令用于执行编译好的 Java 应用程序(. class 或. jar 文件)。

Sun 公司提供的开发软件包有几个常用术语：

J2SE 指 Java 2 Standard Edition，即 Java2 标准版。

J2EE 指 Java 2 Enterprise Edition，Java2 企业版(包括 JSP/Servlet、EJB、JNDI、JTA 等)。

J2SDK 就是 JDK，是 Java 2 Standard Development Kit 的简写，Java2 标准开发工具集。

J2RE 指 JRE，Java 2 Runtime Environment 的简写，是 Java2 运行时环境。

JVM 是 Java Virtual Machine 的简写，指 Java 虚拟机。

J2SDK 内是包含 J2RE 的，一般下载了 J2SDK，就有编译调试 Java 程序和执行 Java 应用程序(Java Application)和 Java 小程序(Java Applet) 的功能。

假设安装于 C:\j2sdk1. 4. 2，则在 C:\j2sdk1. 4. 2\bin 下一定有 javac. exe 和 java. exe 两个可执行程序。如果把源程序也放在该目录，就可以进行编译和运行了。如果源程序不放在该目录，就需要设置 PATH 和 classpath 等环境。

2) 编译和运行一个 Java 程序

源程序是一个 HelloWorld 类，必须存入名为 HelloWorld. java 的文件中。编译源程序的命令是 javac. exe，如果编译成功，会产生一个和源程序同名的可执行的. class 文件。执行编译好的程序命令是 java. exe。运行结果如图 1-1 所示。

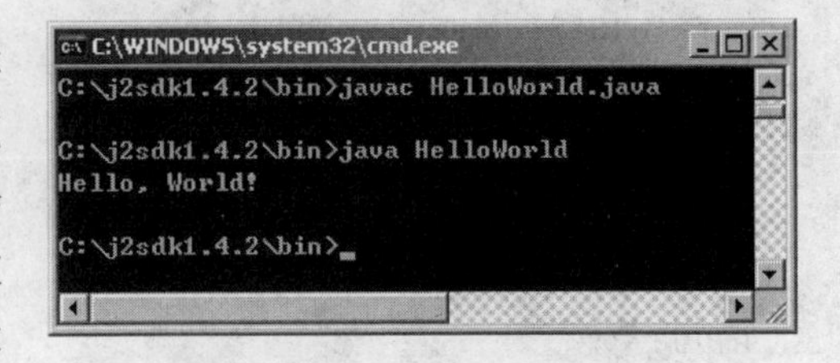

图 1-1　HelloWorld 运行结果

运行一个程序看起来很简单，初学者在实际操作过程中，却会遇到很多意想不到的问题。例如，在输入源程序时，不小心有错误，见下面的程序。

```
public class HelloWorld {
  public static void main(String arg[]) {
    System.out.println("Hello, World!")
  }
}
```

Java 要求每条语句都以“;”结尾，main()方法中尽管只有一条语句，这个程序却忽视了这一点，所以在编译时会出现错误，见图 1-2。

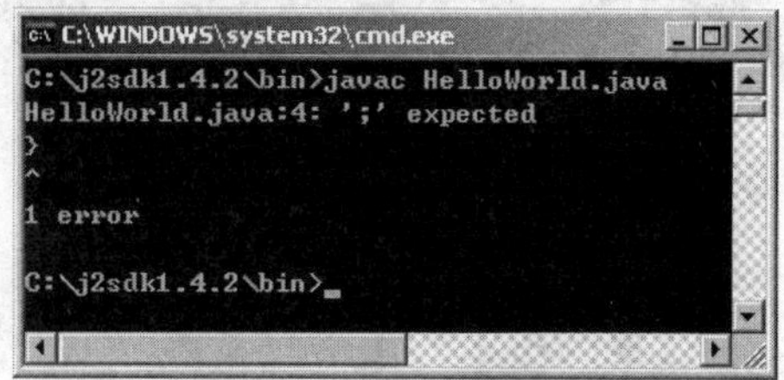

图 1-2　编译时出错

Java 的编译工具 Javac 发现了这个错误并进行提示，显然不可能产生可执行文件 HelloWorld.class，这个时候需要用户重新用编辑工具打开文件 HelloWorld.java 修改错误，再返回编译，反复以上过程直至没有语法错误并生成可执行文件 HelloWorld.class 为止。

5. 技术分析

本节的应用程序“Hello World!”由 3 个主要部分构成：源代码注释、HelloWorld 类定义和 main 方法。

1) 源代码注释

注释会被编译器忽略，但对清楚地表达源程序意图非常有用。例如本实例中的源程序中的头 4 行。

和 C 语言一样，至少有两种注释类型被 Java 编程语言支持。

/ * text * /：编译器忽略从/ * 到 * /之间的所有内容。

// text：编译器忽略从//到行尾的所有内容。

2) 类定义

面向对象的程序思想是 Java 语言的核心。正因为如此，Java 语言编写程序的过程很符合对客观事物的认识过程。所谓对象就是客观存在的事物，如张三、李四等，以及具体的某台电脑、某本书等。这些对象总是可以按照一定的特征划分为不同的类。如张三、李四属于人“类”，再如电脑类、书类等。Java 中为描述客观存在的一个个对象，就必须首先从定义类开始。

正如本节实例中定义的类 HelloWorld 一样，Java 中类定义的最基本形式是：

```
class name {
…
}
```

关键字 class 代表名为 name 类的类定义的开始，Java 的类名一般都以大写字母开始。类一般包含属性和方法。

例 1-1　定义人“类”Human。

这里对人“类”取名 Human。每个人都有编号、姓名、出生年月等属性，对每个人都需有对他编码的过程,定义 Human 类时,至少要有属性 code、name、age、birth,以及进行编码处理的方法 setCode()和获取编码的方法 getCode()。

定义类 Human 如下:

```
class Human{
  code;
  name;
  age
  birth;
  setCode(codevalue){
    this.code =codevalue;
  }
  String getCode(){
    return code;
  }
}
```

无论是属性和方法都要用一个数据类型来表示。这里为使读者迅速建立对象、类等概念,简化了一些 Java 的语法细节,接下来的章节会给出 Human 的完整定义。

3) main 方法

在 Java 编程语言中,每个应用程序都必须包含 main 方法,它的格式如下:

```
public static void main(String[] args){
…
}
```

public、static、void 的含义在以后的章节中介绍。

该程序中的 main 方法中只有一条语句 System. out. println("Hello World!"),使用 Java 的 System 类把消息"Hello World!"发送到标准输出。

main 方法是应用程序的入口点,它可以接受命令行参数。括号()中的 String args[] 表示命令行的第一个参数、第二个参数…分别保存在 String(字符串)变量 args[0]、args[1]…中。或者说 args 是保存命令行参数的字符串数组。下面的例子演示 Java 如何接收命令行参数。

例 1-2 编写程序,从屏幕输出一句话"Hello world!",Hello 和 world 从命令行输入。

编写源程序如下:

```
public class HelloWorld{
  public static void main(String args[]){
    System.out.println(args[0]+" " +args[1]+"!");
  }
}
```

编译运行结果如图 1-3 所示。

大家应注意到在运行 HelloWorld 的同时,传送了命令行参数 Hello 和 World。

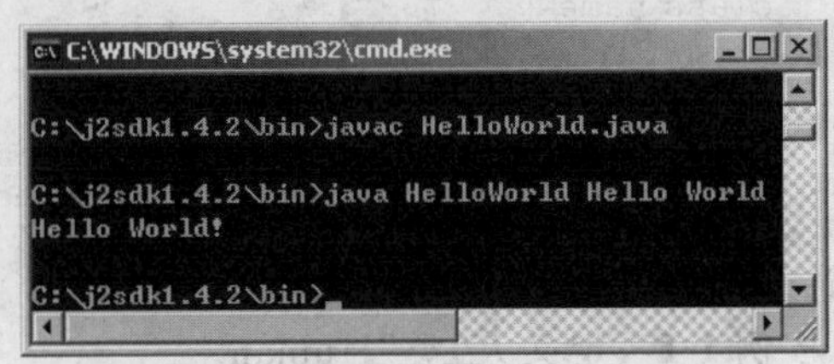

图 1-3 从命令行输入字符串的 HelloWorld 程序

4) 配置开发环境

本节实例中,需把源程序复制到 JDK

的安装目录"C:\j2sdk1.4.2\bin"中去进行编译和运行。在实际开发过程中,程序员可能在自己定义的目录中进行调试,例如希望在目录"D:\myworkspace"中开发程序,这时就需要设置 Java 的开发环境。

首先是设置命令环境 path。编译、运行等命令都在安装目录"C:\j2sdk1.4.2\bin"中,所以需要把该目录设置在 path 变量中,直接用"echo %path%"可以看到当前 path 变量的值,如图 1-4 所示。

图 1-4　设置 Java 命令环境

用命令"path=%path%;C:\j2sdk1.4.2\bin"添置一个路径,如图 1-5 所示。

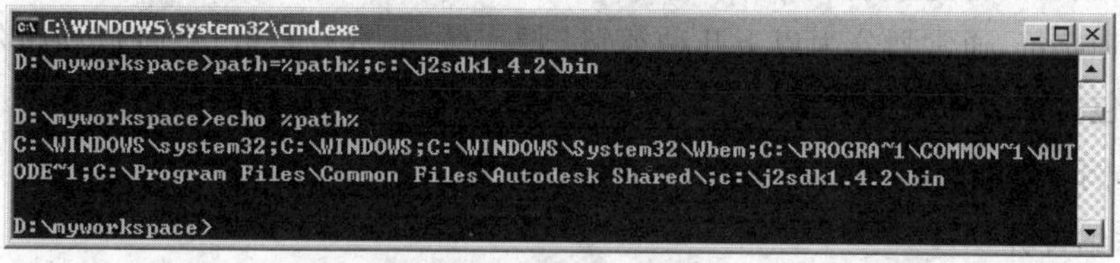

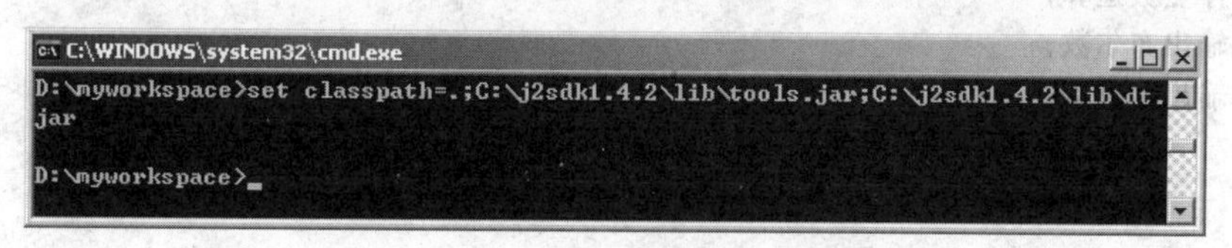

图 1-5　增添命令路径

图 1-5 表明"C:\j2sdk1.4.2\bin"成功添加到命令环境中。

再就是设置类环境 classpath。因为程序中会引用 JDK 中其他类,如 System 等,所以必须告诉编译或运行程序这些类所在的位置。一般情况下 tools.jar 和 dt.jar 是需要放在 classpath 环境中的,如图 1-6 所示。

```
C:\WINDOWS\system32\cmd.exe
D:\myworkspace>set classpath=.;C:\j2sdk1.4.2\lib\tools.jar;C:\j2sdk1.4.2\lib\dt.jar

D:\myworkspace>
```

图 1-6　设置类环境 classpath

注意:classpath 最前面有"."，表示当前目录。

接下来就可以像在"C:\j2sdk1.4.2\bin"目录下编译和运行 Java 程序了,如图 1-7 所示。

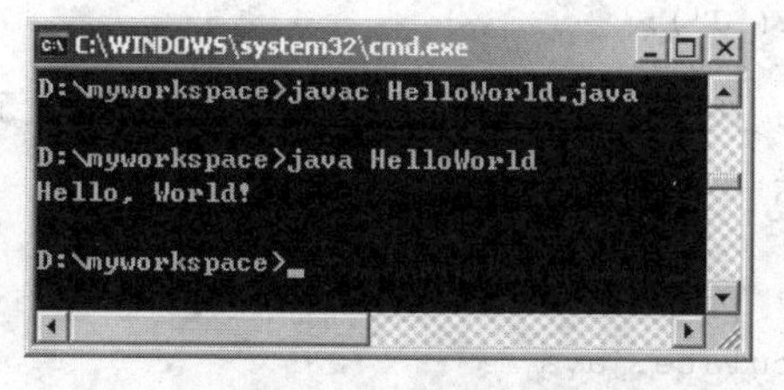

图 1-7　在自设的工作目录中开发 Java 程序

6. 问题与思考

例 1-2 的语句"System. out. println(args[0]+ "." +args[1]+"!");"中,"+"起到什么作用?

1.2 基本数据类型及运算

知识要点

- 基本数据类型
- Java 对象数据类型

数据类型是对内存位置的抽象表达。Java 简单数据类型是不能再简化的、内置的数据类型,由编程语言定义,表示真实的数字、字符和整数。Java 提供了几类简单数据类型表示数字和字符,通常划分为以下几种类别:浮点数(实数)、整数、字符数和布尔数,这些类别中又包含了多种简单类型。

实例 整数、浮点数、布尔数、字符数及运算。

1. 详细设计

本程序由 DataCalculate 类实现,程序处理过程均在方法 main()中完成。该程序分别输出 Java 的整数型数据、浮点型数据、字符型数据、布尔型数据。

```
class DataCalculate{
  main(String args[]){
    整数运算;
    浮点数运算;
    输出布尔数;
    输出字符数;
  }
}
```

2. 编码实现

语句:

```
System.out.println(3+5);
System.out.println(3.5+5.4);
System.out.println(3>5);
System.out.println('J');
```

分析:一般来说 Java 中只有类型相同才可以相互运算,3、5 是整数;3.5、5.4 是浮点数;3>5 是布尔数;'J'表示一个字符。

3. 源代码

```
/* 文件名:DataCalculate.java
 * Copyright (C): 2014
```

```
  * 功能：整数、浮点数、布尔数、字符数及运算。
  */
public class DataCalculate{
  public static void main(String args[]){
    System.out.println(3+5);
    System.out.println(3.5+5.4);
    System.out.println(3>5);
    System.out.println('J');
  }
}
```

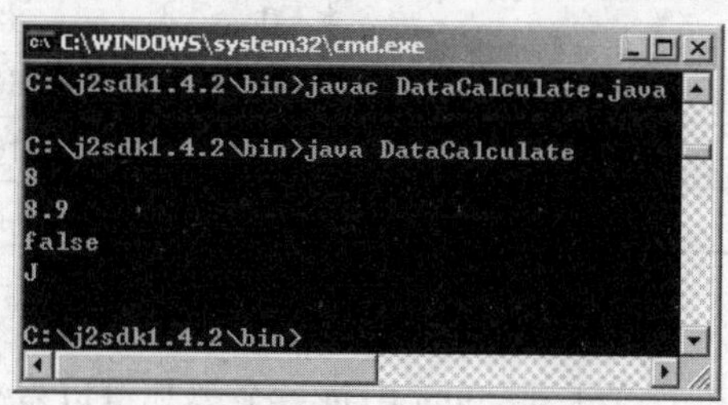

图 1-8 DataCalculate.java 运行结果

4. 测试与运行

程序运行结果如图 1-8 所示。

5. 技术分析

类型是用来划分某个事物的不同属性的组成部分。

数据类型就是指数据的属性归类。数据可以有许多形式，比如数字类型的数据 4500(指某人的工资)、32(指某人的年龄)，字符类型的数据 10289(指某人的编码)、张三(代表某人的名字)等。很明显，这些不同类型的数据无论是其表现形式还是其所能描述的范围都是有限制的，因此为了对它们进行有效的区分以便使用，才提出了数据类型的概念。

Java 数据类型从大的方面分为两部分：基本数据类型和对象数据类型。

1）基本数据类型

基本数据类型是比较简单的表达一些基本信息的数据类型。Java 有 8 种基本数据类型，这 8 种基本类型又分为 4 类。

(1) 整数类型

byte(字节型)：计算机中一个字节一般来说占 8 位。

short(短整型)：占 2 两个字节，也就是 16 位。

int(整型)：占 4 个字节，也就是 32 位。

long(长整型)：占 8 个字节，也就是 64 位。

(2) 浮点类型

float(单精度实型)：小数点后面保留 7 位有效数字，占 32 位。

double(双精度实型)：小数点后面保留 15 位有效数字，占 64 位。

(3) 字符类型

char(字符型)：占 2 个字节，也就是 16 位。Java 的 char 类型采用 Unicode 编码。

(4) 布尔类型

boolean(布尔型)：占一个字节，8 位。boolean 是用来表示逻辑(布尔)型数据的数据类型。boolean 类型的取值只有 true 和 false。其中，true 表示“真”，false 表示“假”。

各种基本数据类型的取值范围见表 1-1。

表 1-1 各种基本类型及取值范围

类　型		位数	字节数	取值范围
整数类型	byte	8	1	$[-2^{7}, 2^{7}-1]$
	short	16	2	$[-2^{15}, 2^{15}-1]$
	int	32	4	$[-2^{31}, 2^{31}-1]$
	long	64	8	$[-2^{63}, 2^{63}-1]$
浮点双精度类型	float	32	4	[1.4E−45,3.4028E+38]
	double	64	8	[4.9E−324,1.7977E+308]
字符类型	char	16	2	['\u0000','\nffff']
布尔类型	boolean	8	1	true,false

2) Java对象数据类型

广义上讲,Java中每一个类都可以看作是一种数据类型,这里统称为对象数据类型。例如,Java中处理字符串用String类表示。在例1-2中,main方法扩号()中的String args[]表示args是一个字符串数组,命令行的第一个参数、第二个参数…分别保存在String(字符串)变量args[0]、args[1]...中,它们都是String类型的数据。字符串"Hello, World!"也是String类型的数据。

与8种基本数据类型相对应,Java中有8种相应的对象数据类型,分别是Byte、Short、Integer、Long、Float、Double、Character和Boolean。除以上这些对象数据类型外,以后还会学习更多的Java的类。

6. 问题与思考

(1) 实例中如果输出的不是3＞5,而是3＜5,将是什么结果?

(2) 把表1-2中对应的十进制数转换成二进制、八进制和十六进数。

表 1-2 进制转换

十进制	二进制	八进制	十六进
5			
7			
11			
25			

1.3 把1、2、3累加到变量

知识要点

- 常量和变量
- 赋值和初始化
- 数据类型转换

常量就是在程序运行期间不能被修改的量，变量简单地说就是在程序运行期间可以修改的量。

赋值运算符是一个等号“＝”。它在 Java 中的运算与在其他计算机语言中的运算一样，其通用格式为：

```
var=expression;
```

这里，变量 var 的类型必须与表达式 expression 的类型一致。

赋值运算符不同于数学中的等号，如语句“sum＝sum＋2;”表示 sum 加上 2 后再赋给变量 sum，如果原来 sum 的值是 1，现在 sum 的值就变成了 3。

实例　将 1、2、3 累加到变量中。

1. 详细设计

本程序由 Sum 类实现，程序处理过程均在 main()方法中完成。程序利用 Java 的赋值语句实现累加。

```
class Sum{
  main(String args[]){
    //定义变量 sum 并赋初值
    sum←sum+1;
    //输出结果
    sum←sum+2;
    //输出结果
    sum←sum+3;
    //输出结果
  }
}
```

2. 编码实现 sum←sum＋1

语句：

```
sum=sum+1;
```

分析：Java 的赋值语句不同于数学中的等号，所以“sum＝sum＋n;”可以把 n 累加到变量 sum 中。

3. 源代码

```
/* 文件名：Sum.java
 * Copyright(C)：2014
 * 功能：把 1、2、3 分别累加到一个变量中。
*/
public class Sum{
  public static void main(String args[]){
    int sum=0;
    sum=sum+1;
    System.out.println("sum is: "+sum);
    sum=sum+2;
    System.out.println("sum is: "+sum);
```

```
        sum=sum+3;
        System.out.println("sum is: "+sum);
    }
}
```

4. 测试与运行

程序运行结果如图 1-9 所示。

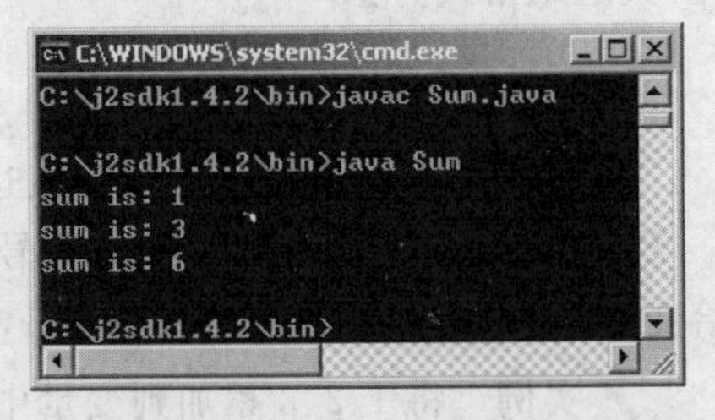

图 1-9 Sum.java 运行结果

5. 技术分析

1) 常量

Java 中值不变的量称为常量。它分为不同的类型,如整型常量、实型常量、布尔常量、字符常量,以及字符串常量等。

(1) 整型常量

整型常量包括十进制整数、八进制整数和十六进制整数。

十进制整数如 323、−23、0;八进制整数以 0 开头,如 032 表示十进制数 26,−021 表示十进制数−17;十六进制整数以 0x 或 0X 开头,如 0x32 表示十进制数 50,−0X21 表示十进制数−33。

整型常量在机器中占 32 位,具有 int 类型的值。对于 long 类型的值,则要在数字后加 L 或 l,如 123L 表示一个长整数,它在机器中占 64 位。

(2) 实型常量

实型常量的十进制数形式,由数字和小数点组成,且必须有小数点,如 0.32、0.23、223.0。

实型常量的科学计数法形式如:323e2 或 223E3,其中 e 或 E 之前必须有数,且 e 或 E 后面的指数必须为整数。实常数在机器中占 64 位,具有 double 类型的值。对于 float 类型的值,要在数字后加 f 或 F,如 12.3F 在机器中占 32 位,且表示精度较低。

(3) 布尔常量

Java 的布尔常量只有 true 和 false 两个值,分别表示“真”和“假”。

(4) 字符常量

字符常量需用单引号括起来,如'c'、'@'、'9'等。Java 中的字符型数据是 16 位无符号型数据,它表示 Unicode 集,例如\u0061 表示字符'a'。

Java 也提供转义字符,以反斜杠(\)开头,将其后的字符转变为另外的含义,下面列出 Java 中的转义字符。

\ddd　1~3 位 8 进制数据所表示的字符(ddd)。

\uxxxx　1~4 位 16 进制数所表示的字符(xxxx)。

\'　单引号字符。

\\　反斜杠字符。

\r　回车。

\n　换行。

\f　走纸换页。

\t　横向跳格。

\b　退格。

(5) 字符串常量。

字符常量必须用双引号括起来,如"Hello world!"。

(6) 符号常量

Java 还可以用 final 关键字定义符号常量。例如:

```
final float PI=3.14;        //声明了一个浮点数常量 PI,它的值是 3.14
```

习惯上将常量的名字统统大写。

2) 变量

数据存储在内存中的一块空间中,为了取得数据,必须知道这块内存空间的位置,然而若使用内存地址编号,则相当不方便,所以使用一个明确的名称。变量(Variable)是一个数据存储空间的表示,将数据指定给变量,就是将数据存储至对应的内存空间,调用变量,就是将对应的内存空间的数据取出供用户使用。

在 Java 中要使用变量,必须先定义变量的名称与数据类型。在例 1-1 的 Human 类的定义中,code、name、age、birth 等属性都要指定数据类型。除了属性,所有的方法也必须定义类型,该类型与方法中 return 语句返回的数据类型一致。如果不返回数据,定义为 void 类型。下面用 Java 对 Human 类进行更完整的定义。

例 1-3　用 Java 对 Human 类进行完整的定义。

```
class Human{
  String code;
  String name;
  int age;
  String birth;
  void setCode(codevalue){
    this.code=codevalue;
  }
  String getCode(){
    return code;
  }
}
```

如上面所举的例子,使用 String、int 明确指定了 Human 类中 code、name、age、birth 属性的数据类型。setCode(codevalue)方法不返回数据,getCode()方法返回字符串。

变量在命名时有一些规则,它不可以使用数字作为开头,也不可以使用一些特殊字符(像 *、&、^、%之类的字符),而变量名称不可以与 Java 内定的关键字同名,如 int、float、class 等。具体的命名规则如下:

① 变量必须以一个字母开头。

② 变量名是一系列字母或数字的任意组合。

③ 在 Java 中字母表示 Unicode 中相当于一个字母的任何字符。

④ 数位也包含 0～9 以外的其他地位与一个数位相当的任何 Unicode 字符。

⑤ +、版权信息符号圈 C 和空格不能在变量名中使用。

⑥ 变量名区分大小写。

⑦ 变量名的长度基本上没有限制。

⑧ 变量名中不能使用Java的保留字。

例如Human类中code、name、age、birth等都是合法的变量。

3）变量的赋值

用常量对变量赋值时，一般要保证它们的类型一致。Java中不能出现未赋值的变量，在定义变量的同时就可以对变量赋值。例如：

```
int i=2;
```

也可以将变量的声明和赋值分开来进行，例如：

```
int i;
i=2;
```

赋值运算符允许对一连串变量赋值，看下面的例子：

```
int x,y,z; x=y=z=100;    //set x,y and z to 100
```

该例子使用一个赋值语句对变量x、y、z都赋值为100。这是因为"="运算符产生右边表达式的值，因此z=100的值是100，然后该值被赋给y，并依次被赋给x。使用"串赋值"是给一组变量赋同一个值的简单办法。

4）数据类型转换

Java程序中，常量和变量的数据类型经常发生转换。数据类型整型、实型、字符型被视为简单数据类型，这些类型由低级到高级分别为(byte、short、char)—int—long—float—double。数据类型转换一般说有以下几种情况。

(1) 自动类型转换

低级变量可以直接转换为高级变量，这种转换称之为自动类型转换，例如：

```
byte b;
int i=b;
long l=b;
float f=b;
double d=b;
```

如果低级类型为char型，向高级类型(整型)转换时，会转换为对应ASCII码值，例如：

```
char c='c';
int i=c;
System.out.println("output:"+i);
```

输出：

```
output:99;
```

低于int的3种数字类型(byte、short和char)进行算术运算后，结果会自动提升成

int 类型，例如：

```
byte b1=5;
byte b2=2;
byte b=b1+b2;        //语法错误，类型不匹配
int a=b1+b2;         //或者 byte b=(byte)(b1+b2);
```

(2) 强制类型转换

在变量或常量前加一个类型标示符，可以实现强制类型转换，例如：

```
short i=99;
char c=(char)i;
System.out.println("output:"+c);
```

输出：

```
output:c;
```

将高级变量转换为低级变量时，也可以使用强制类型转换。如：

```
int i=99;
byte b=(byte)i;
char c=(char)i;
float f=(float)i;
```

可以想象，这种转换可能会导致溢出或精度的下降，因此不推荐使用。

(3) 利用对象数据类型实现类型转换

与 6 种基本数据类型相对应，Java 中有 6 种相应的对象数据类型，分别为 Boolean、Character、Integer、Long、Float 和 Double，它们分别对应于 boolean、char、int、long、float 和 double。

在进行简单数据类型之间的转换（自动转换或强制转换）时，可以利用对象数据类型进行类型转换。

首先声明一个变量，然后生成一个对应的对象类，就可以利用对象类的各种方法进行类型转换。

例 1-4 把 float 类型转换为 double 类型。

见下面的程序段：

```
float f1=100.00f;
Float F1=new Float(f1);
Double d1=F1.doubleValue();      //F1.doubleValue()为 Float 类返回 double 类型值
                                 //的方法
```

例 1-5 把 double 类型转换为 int 类型。

见下面的程序段：

```
double d1=100.00;
Double D1=new Double(d1);
int i1=D1.intValue();
```

例 1-6 把int类型转换为double类型。

见下面的程序段：

```
int i1=200;
double d1=i1;
```

(4) 字符串类型与其他数据类型的转换

几乎从java.lang.Object类派生的所有类都提供了toString()方法，即将该类转换为字符串。例如：Characrer、Integer、Float、Double、Boolean、Short等类的toString()方法用于将字符、整数、浮点数、双精度数、逻辑数、短整型等类转换为字符串。

6. 问题与思考

① 累加器变量为何赋初值为0?

② 下面哪个赋值语句是合法的?(　　)

A. float a＝2.0

B. double b＝2.0

C. int c＝2

D. long d＝2

③ Java中\u0061表示字符'a'，请写出'a'的3位八进制表示方式。

1.4 运　算　符

1.4.1 找6的所有因子

知识要点

- 算术运算符
- 递增和递减运算
- 关系运算符
- 布尔运算符
- 位运算符

设a、b是给定的数，b不为0，若存在整数c，使得a＝bc，则称b整除a，并称b是a的一个因子(约数)，称a是b的一个倍数；如果不存在上述c，则称b不能整除a。

例如6的因子有1、2、3、6共四个数。

数学中的加、减、乘、除运算符在Java中用＋、－、*、/来表示，除此而外，Java还有一个重要的模运算符%，其运算结果是整数除法的余数。下面的实例程序说明了模运算符%的用法。

实例　求6的所有因子。

1. 详细设计

本程序由Factor类实现，程序处理过程均在main()方法中完成。程序利用Java的赋值语句实现累加。

```
class Factor{
  main(String args[]){
    //输出 1 及 6%1 的结果
    //输出 2 及 6%2 的结果
    //输出 3 及 6%3 的结果
    //输出 4 及 6%4 的结果
    //输出 5 及 6%5 的结果
    //输出 6 及 6%6 的结果
  }
}
```

2. 编码实现输出 1 及 6%1 的结果

语句：

```
System.out.println("1: "+(6%1));
```

分析：6%1 可以输出 1 整除 6 的结果，同理 6%2、6%3、6%4、6%5、6%6 分别输出 2、3、4、5、6 整除 6 的结果。

3. 源代码

```
/* 文件名：Sum.java
 * Copyright (C)：2014
 * 功能：6 的所有因子。
 */
public class Factor{
  public static void main(String args[]){
    System.out.println("1: "+(6%1));
    System.out.println("2: "+(6%2));
    System.out.println("3: "+(6%3));
    System.out.println("4: "+(6%4));
    System.out.println("5: "+(6%5));
    System.out.println("6: "+(6%6));
  }
}
```

4. 测试与运行

程序运行结果如图 1-10 所示。

结果中，因为 1、2、3、6 能整除 6，所以整除的结果为 0。由此可以判断 1、2、3、6 是 6 的因子。

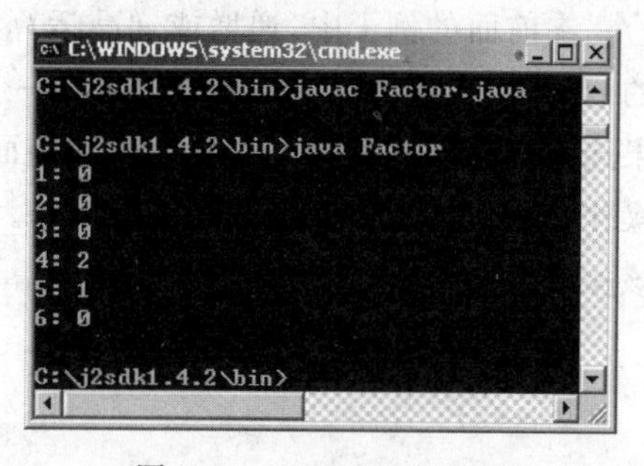

图 1-10　Factor 运行结果

5. 技术分析

计算机可以进行各种运算，所以提供了很多的运算符号，这些运算符号一部分是实际应用中经常使用的，也有不少是计算机中新增的。

1）算术运算符

算术运算符也称数学运算符，是指进行算术运算的符号。语法中对应的符号、功能以及说明参见表1-3。

表1-3 算术运算符

符号	名称	功能说明	符号	名称	功能说明
+	加	加法运算	/	除	除法运算
—	减	减法运算	%	取余	求两个数字相除的余数
*	乘	乘法运算			

+、-、*和/的运算规则和数学中加、减、乘和除的用法基本相同,在四则运算中,乘、除优先于加、减,计算时按照从左向右的顺序计算。整数被另外一个整数除后,结果还是整数,如100/3的结果为整数33。如果需要一个小数答案,那么需要把结果保存到float或double变量中。

%的功能是取两个数字相除的余数,例如6%4表示计算6除以4的余数,则结果应该是2。

2) 递增和递减运算

“++”和“--”是Java的递增和递减运算符。下面将对它们做详细讨论。递增运算符对其运算数加1,递减运算符对其运算数减1。因此:

```
x=x+1;
```

运用递增运算符可以重写为:

```
x++;
```

同样,语句:

```
x=x -1;
```

与下面一句相同:

```
x--;
```

在前面的例子中,递增或递减运算符采用前缀(prefix)或后缀(postfix)格式都是相同的。但是,当递增或递减运算符作为一个较大的表达式的一部分,就会有重要的不同。如果递增或递减运算符放在其运算数前面,Java就会在获得该运算数的值之前执行相应的操作,并将其用于表达式的其他部分。如果运算符放在其运算数后面,Java就会先获得该操作数的值,再执行递增或递减运算。例如:

```
x=1;
y=++x;
```

在这个例子中,y将被赋值为2,因为在将x的值赋给y以前,要先执行递增运算。但是,当写成这样时:

```
x=1;
y=x++;
```

在执行递增运算以前，已将 x 的值赋给了 y，因此 y 的值还是 1。当然，在这两个例子中，x 都被赋值为 2。

3）关系运算符

关系运算符(relational operators)用来比较两个值，返回布尔类型的值 true 或 false。关系运算符都是二元运算符，关系运算符如表 1-4 所示。

表 1-4 关系运算符

符号	名 称	功能说明
＝＝	等于	如：a＝＝b 判断 a 是否和 b 相等
!＝	不等于	如：a!＝b 判断 a 是否和 b 不相等
＞	大于	如：a＞b 判断 a 是否大于 b
＜	小于	如：a＜b 判断 a 是否小于 b
＞＝	大于等于	如：a＞＝b 判断 a 是否不小于 b
＜＝	小于等于	如：a＜＝b 判断 a 是否不大于 b

Java 中的任何类型，包括整数、浮点数、字符，以及布尔型，都可用“＝＝”来比较是否相等，用“!＝”来测试是否不相等。关系运算符的结果是布尔(boolean)类型。例如，下面的程序段对变量 c 的赋值是有效的：

```
int a=4;
int b=1;
boolean c=a <b;
```

4）布尔运算符

布尔逻辑运算符进行布尔逻辑运算，如表 1-5 所示。

表 1-5 逻辑运算符

符号	名称	功能说明	符号	名称	功能说明
&&	与	实现逻辑与	!	非	一元运算，实现逻辑非
‖	或	实现逻辑或			

对于布尔逻辑运算，先求出运算符左边的表达式的值，如果“或”运算结果为 true，则整个表达式的结果为 true，不必对运算符右边的表达式再进行运算；同样，对于“与”运算，如果左边表达式的值为 false，则不必对右边的表达式求值，整个表达式的结果为 false。

5）位运算符

Java 定义的位运算(bitwise operators)直接对整数类型的位进行操作，这些整数类型包括 long、int、short、char 和 byte。表 1-6 列出了位运算。

表 1-6 位运算符及其结果

符 号	名 称	功能说明
~	非	按位“非”(NOT)(一元运算)
&	与	按位“与”(AND)

续表

<table>
<tr><th>符 号</th><th>名 称</th><th>功能说明</th></tr>
<tr><td>|</td><td>或</td><td>按位“或”(OR)</td></tr>
<tr><td>^</td><td>位异或</td><td>按位“异或”(XOR)</td></tr>
<tr><td>>></td><td>右移</td><td></td></tr>
<tr><td>>>></td><td>右移,左边空出的位以0填充</td><td>右移,左边空出的位以0填充</td></tr>
<tr><td><<</td><td>左移</td><td></td></tr>
</table>

位运算符用来对二进制位进行操作。位运算符中除~以外,其余均为二元运算符。操作数只能为整型和字符型数据。

Java使用补码来表示二进制数,在补码表示中,最高位为符号位。正数的符号位为0,负数为1。补码的规定如下:

对正数来说,最高位为0,其余各位代表数值本身(以二进制表示),如+4的补码为00000000 00000000 00000000 00000100。

对负数而言,把该数绝对值的补码按位取反,然后对整个数加1,即得该数的补码。如-3的补码为11111111 11111111 11111111 11111101。

用补码来表示数,0的补码是唯一的,都为00000000 00000000 00000000 00000000。用4位二进制表示补码的真值表,如表1-7所示。

表1-7 4位二进制补码表示

序号	二进制补码	表示的数	序号	二进制补码	表示的数
1	0000	0	9	1000	-8
2	0001	+1	10	1001	-7
3	0010	+2	11	1010	-6
4	0011	+3	12	1011	-5
5	0100	+4	13	1100	-4
6	0101	+5	14	1101	-3
7	0110	+6	15	1110	-2
8	0111	+7	16	1111	-1

(1) 按位取反运算符~

~是一元运算法,对数据的每个二进制位取反,即把1变为0,把0变为1。例如:~00000000 00000000 00000000 00000100的结果是11111111 11111111 11111111 11111011。

(2) 按位运算符&、|、^

对于&运算,如果参与运算的两个值的两个相应位都为1,则该位的结果为1,否则为0。即:

0&0=0　0&1=0　1&0=0　1&1=1

对于“|”运算中参与运算的两个值,如果两个相应位有一个为1,则该位的结果为1,否则为0。即:

0|0=0　0|1=1　1|0=1　1|1=1

对^运算参与运算的两个值，如果两个相应位不相同，则该位的结果为 1，否则为 0。即：

0^0＝0　0^1＝1　1^0＝1　1^1＝0

(3) 移位运算符

包括＞＞(右移)、＜＜(左移)、＞＞＞(无符号右移)。例如：4＜＜2 为 16，－3＜＜2 为－12；4＞＞2 为 1，－3＞＞2 为－1。

每一次右移，＞＞运算符总是自动地用它以前最高位的内容补它的最高位。这样做保留了原值的符号。有时希望移位后总是在高位(最左边)补 0，这就是所谓的无符号移动(unsigned shift)。这时可以使用 Java 的无符号右移运算符＞＞＞，它总是在左边补 0。下面的程序对无符号右移运算符＞＞＞的应用进行说明。

例 1-7　编写程序对 int 类型数 4 和－3 进行相关的位操作。

```
public class BitwiseOperator{
  public static void main(String args[]){
  int a-4,                                //00000000 00000000 00000000 00000100
    int b=-3;                             //11111111 11111111 11111111 11111101

    System.out.print("~a: "+(~a));        //11111111 11111111 11111111 11111011
    System.out.println("\t~b: "+(~b));    //00000000 00000000 00000000 00000010

    System.out.print("a&b: "+(a&b));      //00000000 00000000 00000000 00000100
    System.out.print("\ta|b: "+(a|b));    //11111111 11111111 11111111 11111101
    System.out.println("\ta^b: "+(a^b));//11111111 11111111 11111111 11111001

    System.out.print("a>>2: "+(a>>2));    //00000000 00000000 00000000 00000001
    System.out.println("\tb>>2: "+(b>>2));  //11111111 11111111 11111111 11111111

    System.out.print("a>>>2: "+(a>>>2)); //00000000 00000000 00000000 00000001
    System.out.println("\tb>>>2: "+(b>>>2));//00111111 11111111 11111111 11111111

    System.out.print("a<<2: "+(a<<2));    //00000000 00000000 00000000 00010000
    System.out.println("\tb<<2: "+(b<<2)); //11111111 11111111 11111111 11110100
  }
}
```

程序运行结果如图 1-11 所示。

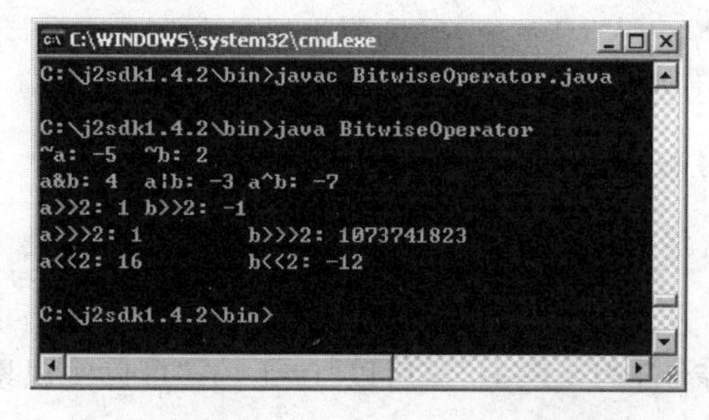

图 1-11　BitwiseOperator. java 的运行结果

6. 问题与思考

① 任意输入一个整数,利用左移运算,输出该整数对应的二进制数。

② 编写程序,利用左移运算符实现左循环运算。

③ 编写程序,利用右移运算符实现右循环运算。

1.4.2 求 6!

知识要点

- 扩展赋值运算符
- 各运算符间的优先级

在赋值运算符“=”前加上+、-、*、/等,可以构成扩展赋值运算符,例如“f *=3;”等价于“f=f * 3;”。

阶乘指从 1 乘以 2,再乘以 3,再乘以 4,一直乘到所要求的数。例如所要求的数是 6,则阶乘式是 1×2×3×…×6,得到的积是 720,720 就是 6 的阶乘。如果所要求的数是 n,则阶乘式是 $1\times2\times3\times\cdots\times n$,设得到的积是 x,x 就是 n 的阶乘。

用“!”来表示阶乘。如 6 的阶乘表示为 6!。

实例 求 6!。

1. 详细设计

本程序由 Factorialof6 类实现,程序处理过程均在 main()方法中完成。程序利用 Java 的扩展赋值语句实现累乘。

```
class Factorialof6{
  main(String args[]){
    //定义变量 f 并赋初值
    //将 1 累乘到 f
    //将 2 累乘到 f
    //将 3 累乘到 f
    //将 4 累乘到 f
    //将 5 累乘到 f
    //将 6 累乘到 f
    //输出结果
  }
}
```

2. 用编码实现将 i 累乘到 f

语句:

```
f *=i;
```

分析:“f *=i;”等价于“f=f * i;”。所以“f=f * i;”可以实现累乘,如把 3 累乘到 f,可以用“f *=3;”来实现。

3. 源代码

```
/* 文件名: Factorialof6.java
 * Copyright (C): 2014
 * 功能: 6 的阶乘。
 */
public class Factorialof6{
  public static void main(String args[]){
    int f=1;
    f*=1;
    f*=2;
    f*=3;
    f*=4;
    f*=5;
    f*=6;
    System.out.println("6!是: "+f);
  }
}
```

4. 测试与运行

程序运行结果如图 1-12 所示。

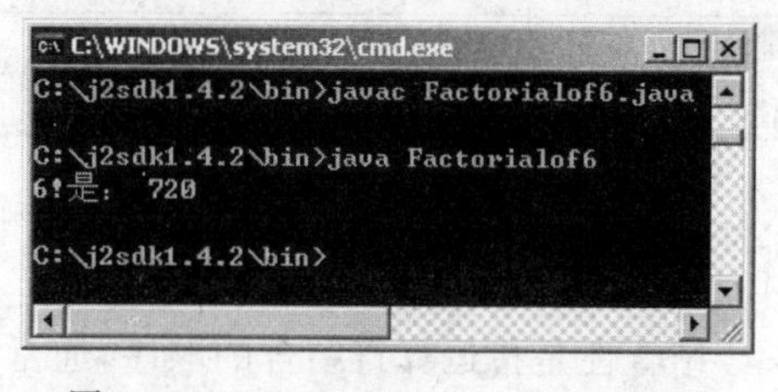

图 1-12　Factorialof6. java 的运行结果

“f＊＝1;”相当于“f＝f＊1;”,即用连续六条语句实现了把 1、2、3、4、5、6 累乘到 f 的功能,最后 f 的结果就是 6×5×4×3×2×1。

5. 技术分析

1）扩展赋值运算符

在赋值运算符“＝”前加上＋、－、＊、/等构成扩展赋值运算符。除“＊＝”以外,Java 中还提供了以下扩展赋值运算符。

＋＝：如 x＋＝a,表示 x＝x＋a;

－＝：如 x－＝a,表示 x＝x－a;

＊＝：如 x＊＝a,表示 x＝x＊a;

/＝：如 x/＝a,表示 x＝x/a;

%＝：如 x%＝a,表示 x＝x%a;

&＝：如 x&＝a,表示 x＝x&a;

|＝：如 x|＝a,表示 x＝x|a;

^＝：如 x^＝a,表示 x＝x^a;

＜＜＝：如 x＜＜＝a,表示 x＝x＜＜a;

＞＞＝：如 x＞＞＝a,表示 x＝x＞＞a;

＜＜＜＝：如 x＜＜＜＝a,表示 x＝x＞＞＞a。

2）优先级

Java 运算符的优先级见表 1-8。

表 1-8　运算符优先级表

优先级	运　算　符	结合性
1	()　[]　.	从左到右
2	!　+(正)　-(负)　~　++　--	从右向左
3	*　/　%	从左向右
4	+(加)　-(减)	从左向右
5	<<　>>　>>>	从左向右
6	<　<=　>　>=　instanceof	从左向右
7	==　!=	从左向右
8	&(按位与)	从左向右
9	^	从左向右
10	|	从左向右
11	&&	从左向右
12	‖	从左向右
13	?:	从右向左
14	=　+=　-=　*=　/=　%=　&=　|=　^=　~=　<<=　>>=　>>>=	从右向左

该表中优先级按照从高到低的顺序书写,也就是优先级为1的优先级最高,优先级为14的优先级最低。

结合性是指运算符结合的顺序,通常都是从左到右。从右向左的运算符最典型的就是负号,例如4+-7,则表示4加-7,符号首先和运算符右侧的内容结合。

instanceof作用是判断对象是否为某个类或接口类型。

6. 问题与思考

用扩充赋值运算符"+="改写1.3节的实例程序,把1、2、3累加到变量sum中并输出。

1.4.3　找两数中较大数

知识要点

- 条件运算符(?:)
- 关键字

条件运算符有三个操作数,形式是:boolean-exp?exp1:exp2。它首先计算boolean表达式的值,如果为true,整个表达式的值就是表达式exp1的值;如果boolean表达式的值为false,那么整个表达式的值就是exp2的值。如:

```
int n=(5>6)?12:34;
```

因为boolean表达式5>6为false,所以n的值是34。

实例　从命令行读两个数,并找较大数。

1. 详细设计

本程序由 Ternary 类实现,程序处理过程均在 main()方法中完成。

```
class Ternary{
  main(String args[]){
    //从命令行读入两个数
    //用条件运算符?找最大数并输出
  }
}
```

2. 编码实现

根据条件运算符? 的定义,表达式"num1>num2?args[0]+"是最大数":args[1]+"是最大数""直接输出结果,其中 num1 和 num2 保存了从命令行参数中读入的两个数。

3. 源代码

```
/* 文件名: Ternary.java
 * Copyright (C): 2014
 * 功能: 找最大数。
*/
public class Ternary{
  public static void main(String args[]){
    int num1, num2;
    num1=Integer.parseInt(args[0]);
    num2=Integer.parseInt(args[1]);
    System.out.println(num1>num2?args[0]+" 是最大数":args[1]+" 是最大数");
  }
}
```

4. 测试与运行

用一对数 3、5 去测试程序,运行结果如图 1-13 所示。

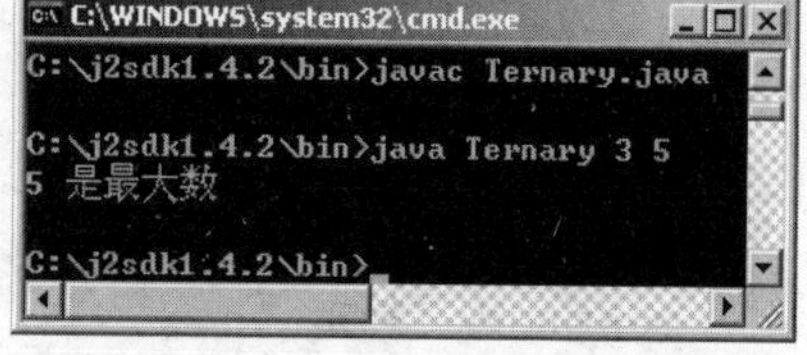

图 1-13　Ternary.java 的运行结果

5. 技术分析

1）条件运算符

Java 提供了一个特别的条件运算符(ternary)?。? 运算符的通用格式如下:

```
boolean-exp?exp1:exp2
```

其中,boolean-exp 是一个布尔表达式。如果 boolean-exp 为真,那么 exp1 被求值;否则,exp2 被求值。整个? 表达式的值就是被求值表达式(exp1 或 exp2)的值。exp1 和 exp2 是除了 void 以外的任何类型的表达式,且它们的类型必须相同。

下面是一个利用? 运算符的例子:

```
y=4;
z=6;
x=y>z? y:z
```

这段程序运行后,x的值是4。

2) 关键字

Java中一些赋予特定的含义、并做专门用途的单词称为关键字(keyword)。所有Java关键字都是小写的,TURE、FALSE、NULL等都不是Java关键字;goto和const虽然从未被使用,但也作为Java关键字保留。Java的关键字如下。

访问控制语句:

- private 私有的
- protected 受保护的
- public 公共的

类、方法和变量修饰符:

- abstract 声明抽象
- class 类
- extends 扩充,继承
- final 终极,不可改变的
- implements 实现
- interface 接口
- native 本地
- new 新,创建
- static 静态
- strictfp 严格,精准
- synchronized 线程,同步
- transient 短暂
- volatile 易失

程序控制语句:

- break 跳出循环
- continue 继续
- return 返回
- do 运行
- while 循环
- if 如果
- else 反之
- for 循环
- instanceof 实例
- switch 开关
- case 返回开关里的结果
- default 默认

错误处理语句:

- catch 处理异常

- finally　有没有异常都执行
- throw　抛出一个异常对象
- throws　声明一个异常可能被抛出
- try　捕获异常

包相关：

- import　引入
- package　包

基本类型：

- boolean　布尔型
- byte　字节型
- char　字符型
- double　双精度型
- float　浮点型
- int　整型
- long　长整型
- short　短整型
- null　空
- true　真
- false　假

变量引用：

- super　父类，超类
- this　本类
- void　无返回值

6. 问题与思考

① 请看下面的程序段：

```
y=4;
z=3;
x=y>z?y:z
```

这段程序运行后，x 的值是？

② 编写程序，任意输入两个整数，并输出它们相加的结果。

第2章　查找素数

2.1　分支语句

2.1.1　再谈找两数中较大数

知识要点

➢ 语句块

➢ 简单分支语句

if-else语句根据一个表达式的值，有条件地执行一组语句。

实例　输入两个整数，输出其中的最大数。

1. 详细设计

本程序由Maxof2类实现，程序处理过程比较简单，均在main()方法中完成。程序会用if-else语句实现分支。

```
class Maxof2{
  main(String args[]){
  //定义整型变量 num1,num2
  //读命令行参数 args[0]和 args[1],分别保存在 num1 和 num2 中
  if (num1 >num2)
    //输出 num1;
  else
    //输出 num2;
  }
}
```

2. 编码实现

① 读命令行参数args[0]和args[1]，分别保存在num1和num2中。

语句如下：

```
num1=Integer.parseInt(args[0]);
num2=Integer.parseInt(args[1]);
```

分析：因为命令行参数保存在字符串数组中，所以要用Interger. parseInt()把args[0]和args[1]转换成整数后再保存在变量num1和num2中。

② 判断 num1 和 num2 中的最大数,并输出。

语句如下:

```
if (num1>num2)
  System.out.println("The max number is:"+num1);
else
  System.out.println("The max number is:"+num2);
```

分析:if...else 语句根据一个表达式的值,有条件地执行一组语句。

```
if (condition)
  statement1
[else
  statement2]
```

参数 condition 是必选项。它是一个 Boolean 表达式。如果 condition 值是 true 就执行 statement1,如果 condition 值是 false 时就执行 statement2。

本段程序判断 num1>num2 为 true 就输出 num1,反之就输出 num2。

3. 源代码

```
/* 文件名: Maxof2.java
 * Copyright (C): 2014
 * 功能: 输入两个整数,输出其较大的数。
 */
public class Maxof2{
  public static void main(String args[]){
    //定义整型变量 num1, num2
    int num1, num2;
    //读命令行参数 args[0]和 args[1],分别保存在 num1 和 num2 中
    num1=Integer.parseInt(args[0]);
    num2=Integer.parseInt(args[1]);
    //判断 num1 和 num2 中的最大数,并输出
    if (num1 >num2)
      System.out.println("The max number is: "+num1);
    else
      System.out.println("The max number is: "+num2);
  }
}
```

4. 测试与运行

用一组数 3、5 测试运行,3 读到 args[0],5 读到 args[1],最后输出 5。结果如图 2-1 所示。

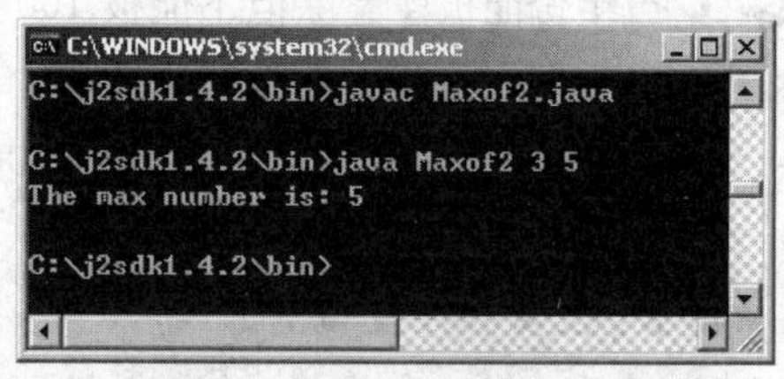

图 2-1　Maxof2 的运行结果

5. 技术分析

1) 语句块

语句是指定程序做什么和程序所处理的数据元素的基本单元。Java 语句都以分号结尾。如下面的赋值语句:

```
int x=5;
```

该语句在定义 x 变量的同时赋给 x 值。

语句块(block)是位于成对括号之间的零个或者多个语句的语句组,可以在允许使用单一语句的任何位置使用块。例如,下面是两个块:

```
{ }
{ final static PI=3.14;
  int x=5;
  double f=0.54;
}
```

第一个块是空块,不含任何语句。第二个块含三条语句。

块用在进行流控制的条件语句、循环语句、函数体中,如 if 语句、switch 语句及循环语句。再比如 main()函数体中的语句就放在花括号中。

语句块可以看做是一个语句。Java 中的语句块可以放置在一个语句的任何地方。语句块可以放在其他语句块内部,称为嵌套。语句块可以嵌套任意级。

2) if-else 语句

if-else 语句根据判定条件的真假来执行两种操作中的一种操作,它的格式为:

```
if(condition)
statement1;
[else
statement2;]
```

condition 是一个返回布尔型数据的表达式。每个单一的语句后都必须有分号。

语句 statement1、statement2 为语句块时,要用大括号{}括起来。只有一条语句时可以不用大括号括起来。{}外面不加分号。else 子句是任选的。

若布尔表达式的值为 true,则程序执行 statement1,否则执行 statement2。

6. 问题与思考

编写程序,输入一个年份,判断是否是闰年。

满足下列条件之一则为闰年:

- 当年份能被 4 整除但不能被 100 整除时为闰年。
- 当年份能被 400 整除时为闰年。

2008 年是闰年,符合第一个条件;2000 年符合条件二,所以是闰年;1900 年不符合条件一,也不符合条件二,所以不是闰年。

提示: 主要程序段如下。

```
if (((year %4==0)&&!(year%100==0))||(year%400==0))
    System.out.println(year+"是闰年");
else
    System.out.println(year+"不是闰年");
```

2.1.2 从三个数中找出最大数

知识要点

➢ if 语句的多分支形式

if...else 语句可以相互嵌套,实现更多、更复杂的分支。

实例 输入三个数,找出其中的最大数。

1. 详细设计

本程序由 Maxof2 类来实现,程序处理过程比较简单,均在 main()方法中完成。程序会用 if...else 语句实现分支结构。

```
class Maxof3{
  main(String args[]){
  //定义变量并从命令行赋值
  //三个变量轮流比较
  }
}
```

2. 编码实现三个变量的轮流比较

语句:

```
if (a>b)
  if (a>c)
    System.out.println(a);
  else
    System.out.println(c);
else
  if (b>c)
    System.out.println(b);
  else
    System.out.println(c);
```

分析:先让 a 和 b 比较,根据结果分为两个分支,如果 a 大于 b,再让 a 与 c 比较找出其较大数。用同样的方法处理 a 小于 b 的分支,可以实现找到三个数中输出其最大数的算法。这里用到了 if 的嵌套。

3. 源代码

```
/* 文件名: Maxof3.java
 * Copyright (C): 2014
 * 功能: 输入三个整数,输出其较大的数。
*/
public class Maxof3{
  public static void main(String args[]){
    int a,b,c;
    a=Integer.parseInt(args[0]);
```

```
        b=Integer.parseInt(args[1]);
        c=Integer.parseInt(args[2]);
        if (a>b)
          if (a>c)
            System.out.println(a);
          else
            System.out.println(c);
        else
          if (b>c)
            System.out.println(b);
          else
            System.out.println(c);
      }
    }
```

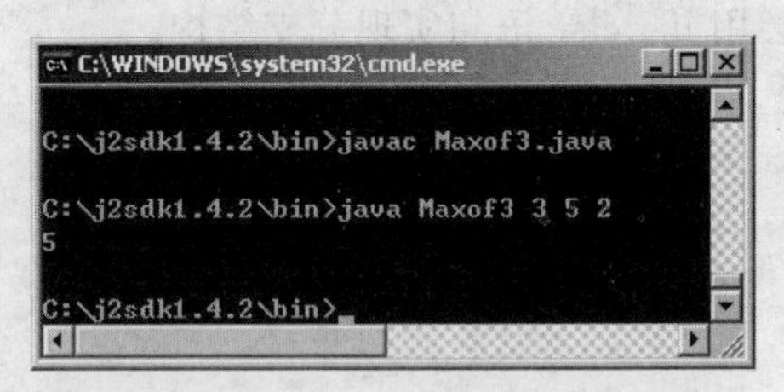

图 2-2　Maxof3 类的运行结果

4. 测试与运行

用一组数 3、5、2 测试运行，输出结果如图 2-2 所示。

5. 技术分析

如同 C/C++，Java 语言的 if 语句也有 3 种基本形式。if 形式和 if-else 两种形式一般用于两个分支的情况，前面已有介绍，下面介绍第三种形式 if-else if。

当有多个选择分支时，可用 if-else if 语句，格式如下。

if-else 语句的一种特殊形式为：

```
if(condition1){
statement1
}else if(condition2){
statement2
}
⋮
else if(conditionM){
statementM
}else{
statementN
}
```

else 子句不能单独作为语句使用，它必须和 if 配对使用。为了避免这种二义性，Java 语言规定，else 总是与它前面最近的 if 配对。可以通过使用大括号{}来改变配对关系。

该语句依次判断表达式的值，当某个分支的条件表达式的值为真时，则执行该分支对应的语句，然后跳到整个 if 语句之外继续执行程序。如果所有的表达式均为假，则执行该语句的后续程序。

6. 问题与思考

用多组数据测试并运行本节中从三个数中找出最大数的实例程序。

2.1.3 判断某年某月的天数

知识要点

➢ switch … case 语句

一年有12个月,一般大月的天数是31,小月的天数是30。2月的天数比较特殊,遇到闰年是29天,否则为28天。

12个月的天数不一样,要判断具体是哪个月,至少要有12个分支。用if…else语句的嵌套可以实现更多的分支。但随着分支的增多,结构越复杂,程序的可读性越差。这个时候可以用switch…case语句实现多路分支。如果要对变量num的不同值运行不同的分支,则可用下面的switch语句。

```
switch(num) {
    case 1: statement1;
    case 2: statement2;
    ⋮
    default:语句;
}
```

根据表达式的值程序执行不同的case分支。如果没有符合的case,就执行default。default并不是必须的。

实例 输入某年、某月,判断该月的天数。

1. 详细设计

本程序由SwitchTest类实现,程序处理过程比较简单,均在main()方法中完成。程序会用switch…case语句实现多路分支。

```
class SwitchTest{
  main(String[] args){
    //读入 year
    //读入 month
    switch (month){
      case 1:
      case 3:
      case 5:
      case 7:
      case 8:
      case 10:
      case 12:
        numDays=31;
        //退出 switch
      case 4:
      case 6:
      case 9:
      case 11:
```

```
        numDays=30;
        //退出 switch
      case 2:
        //if year 是闰年
          numDays=29;
        else
          numDays=28;
          //退出 switch
    } //switch 结束
    //输出结果 numDays
  }    //main 方法结束
}     //SwitchTest 类结束
```

2. 编码实现

switch 语句的结构非常清晰。每一个 case 分支执行完后程序会继续下一个 case 分支。所以当 month 值为 1、3、5、7、8、10、12 时,numDays 就赋值为 30。month 如果为 4、6、9、11 时,numDays 就赋值为 31。当 month 为 2 时的情况要复杂一些,这时还要判断当年是否是闰年来决定 2 月的天数。

每一个 case 分支执行完后,如果希望退出 switch 语句,要用 break 退出,否则程序会继续执行下一个 case 分支。

3. 源代码

```
/* 文件名:Maxof2.java
 * Copyright (C): 2014
 * 功能:输入某年、某月,判断该月的天数。
 */
public class SwitchTest{
  public static void main(String[] args){
    int year=Integer.parseInt(args[0]);
    int month=Integer.parseInt(args[1]);
    int numDays=0;
    switch (month){
      case 1:
      case 3:
      case 5:
      case 7:
      case 8:
      case 10:
      case 12:
        numDays=31;
        break;
      case 4:
      case 6:
      case 9:
      case 11:
        numDays=30;
        break;
      case 2:
```

```
        if (((year %4==0)&&!(year%100==0))||(year%400==0))
          numDays=29;
        else
          numDays=28;
          break;
      }   //switch结束
      System.out.println("number of Days="+numDays);
    }     //main方法结束
  }       //SwitchTest类结束
```

4. 测试与运行

用1900年的2月，2000年的2、3、4月和2008年的2、5、6去测试运行SwitchTest，结果如图2-3所示。

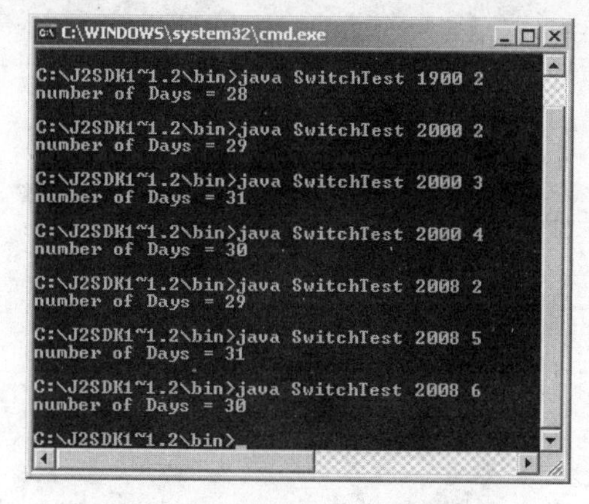

图2-3　SwitchTest类的运行结果

5. 技术分析

switch语句在结构上比if语句要清晰很多，switch语句的语法格式为：

```
switch (expr) {
  case c1:
      statements          //do these if expr==c1
      break;
  case c2:
      statements          //do these if expr==c2
      break;
  case c3:
  case c4:                //Cases can simply fall thru.
      statements          //do these if expr==any of c's
      break;
  ⋮
  default:
      statements          //do these if expr !=any above
}
```

使用switch时，要注意以下几点：

① 表达式expr的类型只能为byte、short、char和int这4种之一。

② c1、c2…cn值只能为常数或常量,不能为变量。

③ break关键字的意思是中断,指结束switch语句。break语句为可选。

④ case语句可以有任意多句,可以不用大括号。一旦条件匹配,就会顺序执行后面的程序代码,而不管后面的条件是否匹配,直到遇见break语句。利用这一特性,可以让多个case条件执行同一个语句。

⑤ default语句可以写在switch语句中的任意位置,功能类似于if语句中的else执行流程。

6. 问题与思考

① 判断下面程序输出的结果,并给出解释。

```
public class switch {
  public static void main(String[] args) {
    int x=0;
    switch (x) {
      case 0:
        System.out.println(0);
      case 1:
        System.out.println(1);
      case 2:
        System.out.println(2);
      default:
        System.out.println("default");
  }
}
```

提示:输出结果如下:

```
0
1
2
default
```

② 任意输入一个整数,借助switch语句判断其是否能被2、3、5、7整除。

2.2 循环语句

2.2.1 判断一个正整数n是否为素数

知识要点

- for循环
- while循环
- do-while循环

➢ 递归

素数又称质数，是除了本身和 1 以外并没有任何其他因子的正整数。例如 2,3,5,7 是质数，而 4,6,8,9 则不是。注意 1 不是素数。

为了判断某个正整数 n 是否是素数，需要用 Java 的循环不断查找它是否有其他因子。Java 语言中有三种循环控制语句，分别是 for 语句、while 语句和 do 语句。本节用 while 语句实现循环，它的一般格式为：

```
[initialization]
while (condition){
body;
[iteration;]
}
```

① 当布尔表达式(condition)的值为 true 时，循环执行大括号中的语句，并且初始化部分和迭代部分是任选的。

② while 语句首先计算终止条件，当条件满足时，才去执行循环中的语句。这是“当型”循环的特点。

实例　从命令行输入一个正整数，判断是否为素数。

1. 详细设计

本程序由 Primenumber 类实现，在一个 while 循环中查找[2,n－1]是否有 n 的因子。

```
class Primenumber{
  main(String args[]){
    //定义变量，并从命令行读一正整数存入 n
    //在[2,n-1]中找 n 的因子
    //输出结果
    //if 找到
    //输出 n 是素数
    else
    //输出 n 不是素数
  }
}
```

2. 编码实现

1) 在[2,n－1]中找 n 的因子

语句如下：

```
while ((n%j)!=0 && (j<n))
  j++;
```

分析：(n%j)!=0 表示 j 不是 n 的因子，j<n 表示还未找完。退出循环需满足下面的条件之一，一是找到了因子，表明 n 不是素数；二是找完了都没有发现因子，表明 n 是素数。

2) 输出结果

语句如下：

```
if (j==n )          //没找到可以被 i 整除的数
  System.out.print(n+" 是素数 ");
else
  System.out.print(n+" 不是素数 ");
```

分析:j 的值不断递增,当以第二种方式退出后,j=n,可以以此判断 n 是否为素数。

3. 源代码

```
/* 文件名:Primenumber.java
 * Copyright (C):2014
 * 功能:判断某正整数 n 是否为素数。
*/
public class Primenumber{
  public static void main(String args[]){
    int j,n;
    n=Integer.parseInt(args[0]);
    j=2;
    //找能被 i 整除的数
    while ((n%j)!=0 && (j<n))
      j++;
    if (j==n)        //没找到可以被 i 整除的数
      System.out.print(n+" 是素数 ");
    else
      System.out.print(n+" 不是素数 ");
  }
}
```

4. 测试与运行

分别用 101 和 117 去测试程序,运行结果如图 2-4 所示。

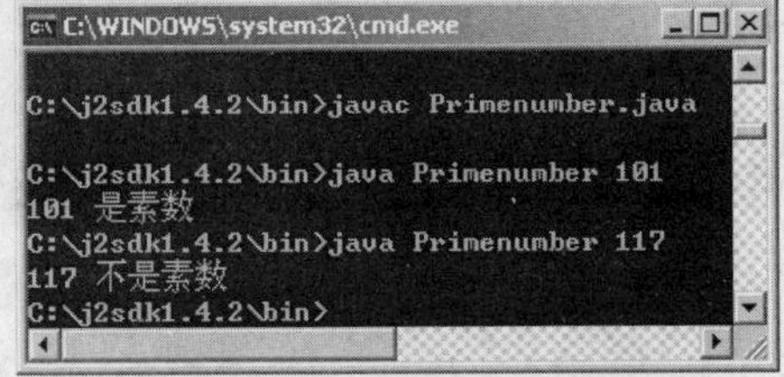

图 2-4 Primenumber.java 程序的运行结果

5. 技术分析

Java 中有三种循环控制语句,分别是:for 语句、while 语句和 do 语句,下面分别说明这三种语句的结构。

1) for 循环

for 语句的格式为:

```
for (initialization; continue; iteration){
      statement1;
      statement2;
      ⋮
      statementn;
}
```

for 语句的执行顺序是:首先执行 initialization 语句,然后测试条件 continue 是否成立,若条件成立,则执行 statement1 到 statementn 的语句,然后执行 iteration 语句;接着再测试条件语句是否成立,如果成立,则重复执行以上过程,直至条件不成立时才结束 for 循环。

例 2-1 计算 1+2+3+…+100 的值。

```
public class Fordemo{
  public static void main(String args[]){
    int sum=0;
    for(int i=1;i<=100;i++)
    sum+=i;
    System.out.print("1+2+3+…+100 是: "+sum);
  }
}
```

这个程序把 1,2,3,…,100 累加到 sum 中。

for 循环中,初始化语句 initialization、条件语句 continue 和控制语句 iteration 都可以省略,但是其间的分号不能省略。for 循环中省略条件语句 continue 时,在 for 语句对应的大括号{}中必须包括一条在满足某个条件时跳出 for 循环的语句,否则将形成死循环。下面的 for 循环是一个死循环(从来不停止的循环):

```
for(;;){
//…
}
```

这个循环将始终运行,因为没有使它终止的条件。

2) while 循环

while 循环和 for 循环类似,其格式为:

```
while (condtinue) {
    statement1;
    statement2;
    ⋮
    statementn;
}
```

执行 while 语句时,先测试 continue 语句,如果为 true,则执行 statement1 到 statementn 的语句,直至条件不成立时退出循环。

3) do-while 循环

do-while 循环语句的格式为:

```
do {
    statement1;
    statement2;
    ⋮
    statementn;
}
while (continue);
```

do-while 语句的功能是首先执行 statement1 到 statementn 的语句,然后进行条件测试,如果条件成立,则继续执行 statement1 到 statementn 的语句。

4) 递归

很多实际问题都存在一种递归关系,这种关系把一个大型复杂的问题层层转化为一个与原问题相似的规模较小的问题来求解。因为每一步骤都有相似解法,程序语言要表现递归形式,只要使函数/过程/子程序在运行过程中直接或间接调用自身即可。用递归思想写出的程序往往十分简洁易懂。

求解递归问题,除了找出问题递归关系,还需要有边界条件。当边界条件不满足时,继续递归;当边界条件满足时,递归返回。

例 2-2 用递归方法计算 1+2+3+…+100。

定义累加函数 f(n)如下:

$$f(n)=1+2+3+\cdots+n$$

首先找到 f(n)和 f(n−1)的递归关系和边界条件如下。

递归关系:$f(n)=n+f(n-1)$

边界条件:$f(1)=1$

下面用 Java 程序实现累加的递归算法。

```
/* 文件名: Recursion.java
 * Copyright (C): 2014
 * 功能: 用递归方法计算 1+2+3+…+ 100
 */
class Sum {
  int f(int n) {
    if(n==1)
      return 1;
    else
      return f(n-1)+n;
  }
}

class Recursion {
  public static void main(String args[]) {
    Sum s=new Sum();
    System.out.println("1+2+3+…+ 100 是: "+s.f(100));
  }
}
```

运行结果如图 2-5 所示。

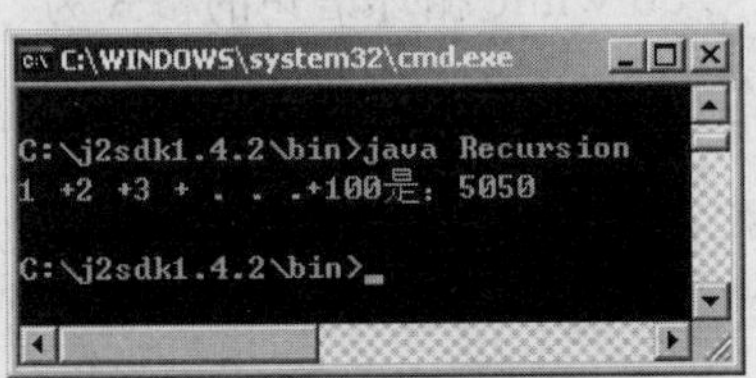

图 2-5 Recursion 程序的运行结果

非递归函数效率高,但较难编程,可读性较差。递归函数使程序更简单,可读性好,但增加了系统开销,效率会下降。因为每递归一次,就多占用栈内存一次。

6. 问题与思考

① 分别用 for、do-while 两种循环实现本节实例。

② 用递归算法实现求某整数的阶乘 n!。

③ 编写程序,计算 1－1/2＋1/3－1/4…1/100 的值。

④ 编写程序,计算 1＋1/3＋1/5－1/7…1/99 的值。

2.2.2　查找区间内的素数

知识要点

- 循环的嵌套
- break 语句
- continue 语句

判断某整数 i 是否为素数,可用[2, i－1]区间的数分别去除 i,只要遇到能整除的情况,就可以判断 i 不是素数。反之 i 一定是素数。

下面的一段程序实现了这个算法,首先在 while 循环中不断使 j 递增,一直循环到遇到 j 不能被 i 整除((i%j)!＝0)并且 i 还大于 j(i>j)。退出循环后,如果 j 的值递增到 i,说明在区间[2,i－1]中都没找到一个数能被 i 整除,可以断定 i 是素数,就把它打印出来。

核心程序如下:

```
//找能被 i 整除的数
j=2;
while ((i%j)!=0 &&(i>j))
  j++;
if(j==i )     //没找到可以被 i 整除的数
  System.out.print("  "+i);
```

如果 i 是一个区间数,如[1,100],要逐个找出区间中的素数,需要在上面的循环基础上再用一个循环判断[1,100]区间的数是否为素数,以及循环的嵌套。

实例　编写程序,输出 100 以内的所有素数。

前面的一段程序实现了判断 i 是否为素数,现在要找 100 以内的素数,1 不是素数,i 的取值为 2～100,在上面的一段程序外再加一个循环,使 i 的取值在[2,100]之间。

1. 详细设计

本程序由 Primenumber1 类实现,在 main()方法中用 for 循环判断[1,100]区间内的所有素数。

```
class Primenumber1{
  main(String args[]){
    定义变量 i,j;
    for(i=2;i<=100;i++){
      判断 i 是否为素数,若是素数则输出;
    }
  }
}
```

2. 编码实现

语句：

```
for (i=2; i<=100;i++){
  j=2;
  //找能被 i 整除的数
  while ((i%j)!=0 && (i>j))
    j++;
    if(j==i )       //没找到可以被 i 整除的数
      System.out.print(" "+i);
  }
```

分析：上面的程序段只能判断具体的整数 i 是否为素数，要找出[2,100]区间内的所有素数，只需在该程序段外套一个 for 循环，使 i 的值在 2～100 之间递增。

3. 源代码

```
/* 文件名：Primenumber1.java
 * Copyright (C): 2014
 * 功能：输出 100 以内的所有素数。
 */
public class Primenumber1{
  public static void main(String args[]){
    int i,j;
    for (i=2; i<=100;i++){
      j=2;
      //找能被 i 整除的数
      while ((i%j)!=0 && (i >j))
        j++;
        if (j==i)        //没找到可以被 i 整除的数
          System.out.print(" "+i);
    }
  }
}
```

4. 测试与运行

程序运行结果如图 2-6 所示。

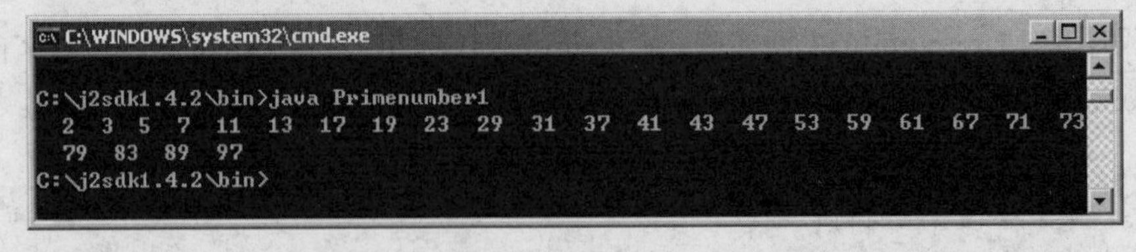

图 2-6　Primenumber1 程序的运行结果

5. 技术分析

1）循环嵌套

当循环语句的循环体中又出现循环语句时，就称为循环嵌套。Java 语言支持循环嵌套,for 循环、while 循环也可以混合嵌套。如本节实例中,在 for 循环中嵌套了 while 循环。

2）break/continue label 语句控制多重嵌套循环的跳转

在 Java 中可以使用 break/continue label 语句来控制多重嵌套循环的跳转。

标号提供了一种简单的 break 语句所不能实现的控制循环的方法,当在循环语句中遇到 break 时循环终止。正常的 break 只退出一重循环,可以用标号标出想退出指定的循环语句。

例 2-3　用双重循环,找出[2,100]区间内的所有素数。

```
public class Primenumber2{
  public static void main(String args[]){
  int i,j;
  for (i=2; i<=100;i++){
    for (j=2;j<i; j++){
      if ((i%j)==0)
        break;
    }
    if (j==i )
      System.out.print(" "+i);
    }
  }
}
```

程序运行结果如图 2-7 所示。

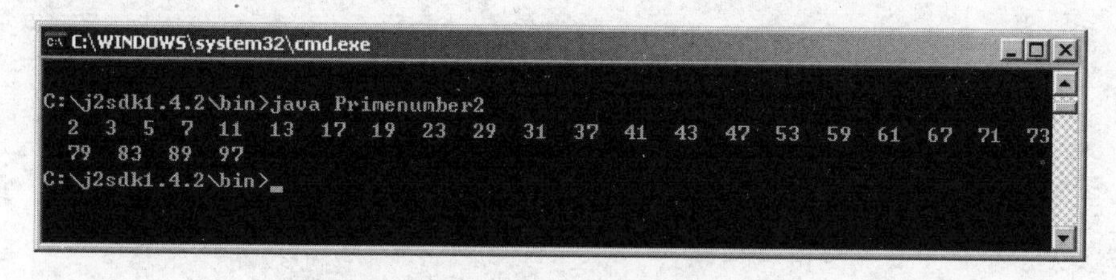

图 2-7　Primenumber2 程序的运行结果

同样,continue 语句只能继续当前的循环。如果要继续外层循环,就需要用标号指出相应的循环。找出[2,100]的所有素数的算法,还可以用下面的程序实现。

```
next: for (i=2; i<=100; i++){
  for (j=2;j<i; j++){
  if (i%j)==0
    continue next;
  }
  if (j==i)
    System.out.print(i);
}
```

6. 问题与思考

编写程序,输出以下的三角形。

```
          *
         * *
        * * *
       * * * *
      * * * * *
     * * * * * *
    * * * * * * *
   * * * * * * * *
  * * * * * * * * *
```

提示：主要程序段如下。

```
int a,b,c;
char star='*';
for (a=1;a<=9;a++){
  for (b=0;b<=11-a;b++)
    System.out.print(" ");
  for (c=1;c<=a;c++){
    System.out.print(" "+star);
  }
  System.out.println();
}
```

第3章 数组与字符串

3.1 在10个整数中找出最大数

知识要点

- 一维数组的定义
- 一维数组的引用
- 一维数组的初始化

在第1章中谈到命令行参数时已经接触到数组，命令行参数就保存在一个字符串数组中。下面的程序从命令行读取两个整数并分别保存在变量num1和num2中。

```
public class Myclass{
  public static void main(String args[]){
    int num1, num2;
    num1=Integer.parseInt(args[0]);
    num2=Integer.parseInt(args[1]);
  }
}
```

main方法中的String args[]表示args是一个字符串数组，字符串arg[0]是第一个命令行参数，字符串arg[1]是第二个命令行参数。因为每一个命令行参数是字符串类型，用Integer. parseInt()方法可以把它转换为整数。

如果从命令行读取更多的整数且需要保存时，则需要定义很多的变量。如果用数组来保存，结构清晰，而且方便访问。

实例 编写程序，从命令行读入10个整数，找出其最大数并输出。

前面用if-else语句编写了从3个数中找出最大数的程序，现在要从10个数中找出最大数，再用if-else语句的嵌套编写显得很复杂。把这些数保存在数组中，便于用循环来访问，这样程序可以写得很简单。

1. 详细设计

本程序由Maxof10类实现，在main()方法中用for循环逐个访问数组，从而找出最大数。

```
class Maxof10{
  main(){
```

```
    //定义数组及变量
    //读入10个数并保存
    //假设一个最大数
    //找最大数
    //输出最大数
  }
}
```

2. 编码实现

1）数组定义

语句如下：

```
int arr[]=new int[10];
```

分析：该语句定义了一个有10个元素的整型数组arr，相当于定义了10个整型变量arr[0]、arr[1]、…、arr[9]。注意下标从0开始，所以最后一个元素是arr[9]，而不是arr[10]。

2）读入10个数并保存

语句如下：

```
for (i=0;i<10;i++)
  arr[i]=Integer.parseInt(args[i]);
```

分析：通过控制下标值可以方便地访问到每一个数组元素。

3）找最大数

语句如下：

```
for (i=0;i<10;i++)
  if (max<arr[i])
    max=arr[i];
```

分析：数组的每一个元素不断与假设的最大数比较，从而找到最大的数。

3. 源代码

```
/* 文件名：Maxof10.java
 * Copyright (C)：2014
 * 功能：找出10个数中的最大数。
 */
public class Maxof10{
  public static void main(String args[]){
    int arr[]=new int[10];
    int i,max;
    //读入10个数并保存
    for (i=0;i<10;i++)
      arr[i]=Integer.parseInt(args[i]);
    //假设一个最大数
    max=arr[0];
    //找最大数
    for (i=0;i<10;i++)
```

```
        if (max<arr[i])
          max=arr[i];
      //输出最大数
      System.out.print("最大数是："+max);
    }
  }
```

4. 测试与运行

程序运行结果如图 3-1 所示。

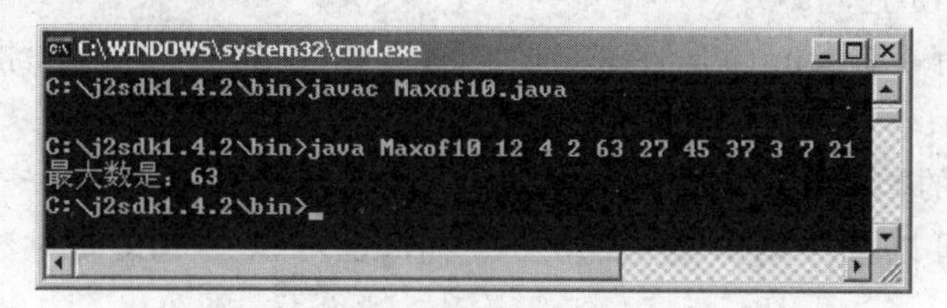

图 3-1　Maxof10 程序的运行结果

5. 技术分析

数组是有序数据的集合，数组中的每个元素具有相同的类型。数组名和下标可以唯一地确定数组中的元素。

1）一维数组的定义

一维数组的定义方式为：

```
type arrayName[];
```

或

```
type[] arrayName;
```

类型 type 可以为 Java 中任意的数据类型；数组名 arrayName 为一个合法的标识符；[]指明该变量是一个数组类型变量。如实例中声明数组的方式如下：

```
int arr[];
```

或

```
int[] arr;
```

定义数组时并不需要为数组元素分配内存空间，用运算符 new 可以为数组分配内存空间。其格式如下：

```
arr=new int[10];
```

该语句指明数组长度是 10，也就是为一个整型数组分配了 10 个 int 型数所占据的内存空间。

定义和分配空间可以同时进行，如：

```
int arr[]=new int[10];
```

2) 一维数组元素的引用

定义了一个数组,并用运算符 new 为它分配了内存空间后,就可以引用数组中的每一个元素。数组元素的引用方式如下:

```
arrayName[index]
```

index 为数组下标,它可以为整型常数或表达式。如 arr[3]、arr[6]等。下标从 0 开始,一直到数组的长度减 1。对于上面例子中的 arr 数组来说,它有 10 个元素,分别是:arr[0],arr[1],…,arr[9]。

每个数组都有一个 length 属性来指明它的长度,例如 arr. length 指明 arr 的长度值是 10。

3) 一维数组的初始化

对数组元素可以按照本节实例的方式赋值,也可以在定义时对数组进行初始化,例如:

```
int arr[]={1,2,3,4,5};
```

要用逗号(,)分隔数组的各个元素。在定义 arr 整型数组的同时,使得 arr[0]、arr[1]、arr[2]、arr[3]、arr[4]的值分别是 1、2、3、4、5,系统自动为数组分配空间。

例 3-1 利用冒泡的方法,找出一维数组中 10 个数的最大数。

所谓冒泡法,就是将第一个数与第二个数比较,如果第一个数大于第二个数,就将它们的位置交换;再把第二个数与第三个数比较,如果第二个数大于第三个数,就交换它们的位置;……最后把第九个数与第十个数比较,如果第九个数大于第十个数,就交换它们的位置。以上的过程结束后,就可以保证最后一个数一定是最大数。

本程序先初始化一个数组,然后找出数组中的最大数,程序代码如下:

```
public class Maxof10{
  public static void main(String args[]){
    int a[]={23,2,1,43,21,7,5,40,12,28};
    int temp;
    for (int i=0;i<9;i++)
      if (a[i]>a[i+1]){
          temp=a[i];
          a[i]=a[i+1];
          a[i+1]=temp;
      }
    System.out.print("最大数是: "+a[9]);
  }
}
```

程序运行的结果如图 3-2 所示。

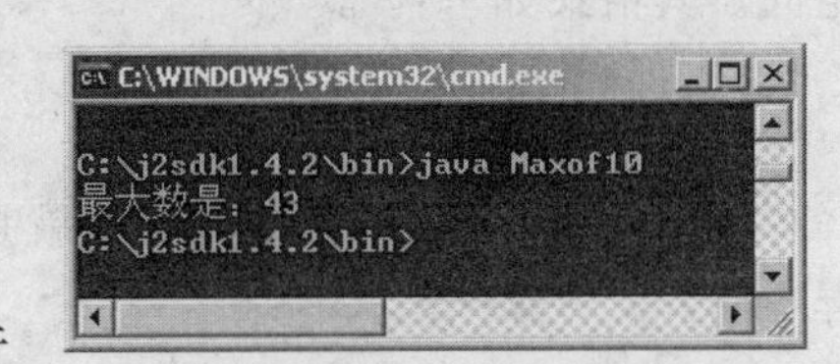

图 3-2 用冒泡法找出最大数

6. 问题与思考

用冒泡排序法,对命令行输入的 20 个数进行排序。

提示：主要程序段如下。

```
//假设20个整数已经放入arrInt数组中
for(i=0;i<arrInt.length-1;i++)
  for(j=0;j<arrInt.length-1-i;j++){
    if(arrInt[j]>arrInt[j+1]){
      temp=arrInt[j];
      arrInt[j]=arrInt[j+1];
      arrInt[j+1]=temp;
    }
  }
```

3.2 建立并输出一个矩阵

知识要点

- 多维数组的声明
- 多维数组的初始化
- 多维数组的引用

如果一维数组的每一个元素又是一个数组，就称这样的数组是二维数组。典型的应用是可以用二维数组来表示一个矩阵。见图3-3所示矩阵。

$$\begin{bmatrix} 1 & 2 & 3 \\ 4 & 5 & 6 \\ 7 & 8 & 9 \end{bmatrix}$$

图3-3　一个3×3的矩阵

通常情况下，用二维数组的第一维代表行，第二维代表列。如果定义了一个二维数组a，矩阵的第一行可用a[0][0]、a[0][1]、a[0][2]保存。同样，a[1][0]、a[1][1]、a[1][2]保存第二行，a[2][0]、a[2][1]、a[2][2]保存第三行。

二维数组可以继续延伸到三维，甚至更多维数，即多维数组。二维数组也是多维数组的一种。

实例　建立一个矩阵并输出。

图3-2的矩阵可以用一个二维数组表示。

1. 详细设计

本程序由Matrix类实现。

```
class Matrix{
  main() {
    //定义并初始化一个二维数组
    //输出二维数组元素
  }
}
```

2. 编码实现

1）定义并初始化一个二维数组

语句：

```
int [][] a={{1,2,3},{4,5,6},{7,8,9}};
```

分析：与一维数组类似，在定义二维数组时，就可以对它进行初始化。

2）输出二维数组元素

语句：

```
for (int i=0;i<a.length;i++) {
  for (int j=0;j<a[i].length;j++) {
    System.out.print(a[i][j]+" ");
  }
  System.out.println();
}
```

分析：矩阵有三行，每行结束后，需要换行，由 System. out. println()；语句实现。

3. 源代码

```
/* 文件名：Matrix.java
 * Copyright (C)：2014
 * 功能：建立一个矩阵并输出。
*/
class Matrix{
  public static void main(String args[]) {
    int [][] a={{1,2,3},{4,5,6},{7,8,9}};
    for (int i=0;i<a.length;i++){
      for (int j=0;j<a[i].length;j++){
        System.out.print(a[i][j]+" ");
      }
      System.out.println();
    }
  }
}
```

4. 测试与运行

程序运行结果如图 3-4 所示。

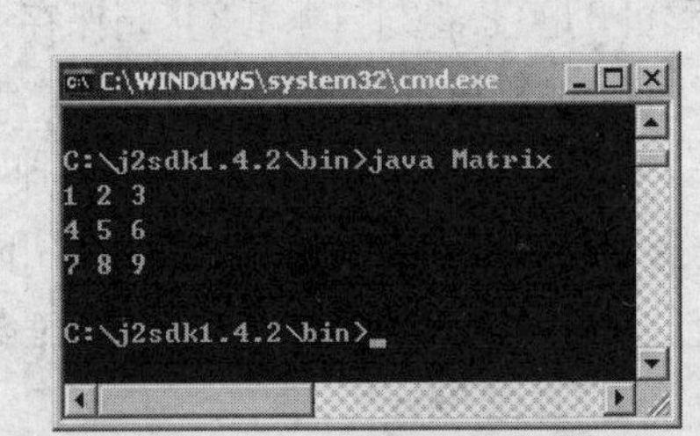

图 3-4　Matrix 程序的运行结果

5. 技术分析

1）Java 多维数组的声明

以二维数组为例，多维数组声明格式如下：

```
type[][] arrayName;
```

或

```
type arrayName[][];
```

其中 type 表示数据类型，arrayName 表示数组名称。同理，声明三维数组时需要三对中括号，中括号的位置可以在数据类型的后面，也可以在数组名称的后面，其他的以此类推。例如：

```
int[][] map;
```

```
char c[][];
```

与一维数组一样，数组声明以后在内存中没有分配具体的存储空间，也没有设定数组的长度。需用用 new 为数组申请内存空间。以二维数组为例，语法格式如下：

```
arrayName=new type[第一维的长度][第二维的长度];
```

示例代码：

```
byte[][] b=new byte[2][3];
int m[][];
m=new int[4][4];
```

与一维数组一样，内存的申请可以和数组的声明分开，内存的申请时需要指定数组的长度。默认情况下，使用这种方法的第二维的长度都是相同的。Java 允许第二维的长度不同，如果需要第二维长度不一样的二维数组，可以使用如下的格式：

```
int n[][];
n=new int[2][];         //只初始化第一维的长度
//分别初始化后续的元素
n[0]= new int[4];
n[1]= new int[3];
```

在定义第一维的长度时，就把数组 n 看成是一个一维数组，定义其长度为 2，则数组 n 中包含的 2 个元素分别是 n[0]和 n[1]，这两个元素分别是一个一维数组。后面使用一维数组分别定义 n[0]和 n[1]。

2）多维数组的初始化

以二维数组的初始化为例，说明多维数组初始化的语法格式。示例代码如下：

```
int[][] m={
            {1,2,3},
            {4,5,6},
            {7,8,9}
                    };
```

在二维数组初始化时，使用大括号嵌套实现。在最里层的大括号内部书写数字的值。数值和数值之间使用逗号分隔，内部的大括号之间也使用逗号分隔。

由该语法可以看出，内部的大括号其实就是一个一维数组的初始化，二维数组只是把多个一维数组的初始化组合起来。

3）多维数组的引用

对于二维数组来说，由于其有两个下标，所以引用数组元素值的格式为：

```
arrayName[第一维下标][第二维下标]
```

该表达式的类型和声明数组时的数据类型相同。例如引用二维数组 m 中的元素时，使用 m[0][0]引用数组中第一维下标是 0、第二维下标也是 0 的元素。这里第一维下标的区间是 0 到第一维的长度减 1，第二维下标的区间是 0 到第二维的长度减 1。

多维数组也可以获得数组的长度。但是使用数组名.length 获得的是数组第一维的

长度。如果需要获得二维数组中总的元素个数,可以使用如下的代码:

```
int[][] m={
                {1,2,3,1},
                {1,3},
                {3,4,2}
                       };

int sum=0;
for(int i=0;i <m.length;i++)          //循环第一维下标
  sum+=m[i].length;                   //第二维的长度相加
```

代码中,m. length 代表 m 数组第一维的长度,内部的 m[i]指每个一维数组元素,m[i]. length 是 m[i]数组的长度,把这些长度相加就是数组 m 中总的元素个数。

读者可能已经注意到,数组 m 是不规则的二维数组。因为该数组第一行有 4 个元素、第二行有 2 个元素、第 3 行有 3 个元素。

当给多维数组分配内存时,可以只指定第一个(最左边)维数,再单独地给余下的维数分配内存。例如,下面的程序在数组 m 被定义时给它的第一个维数分配内存,对第二个维数则是手工分配地址。

```
int m[][]=new int[3][];
m[0]=new int[4];
m[1]=new int[2];
m[2]=new int[3];
```

单独地给第二个维数分配内存没有什么优点。对于大多数应用程序,不推荐使用不规则多维数组,因为它们的运行与人们期望的相反。但不规则多维数组在某些情况下使用效率较高,例如需要一个很大的二维数组,而它仅仅被稀疏地占用(即其中一维的元素不是全被使用),这时不规则数组可能是一个完美的解决方案。

6. 问题与思考

① 请读者考虑三维数组的初始化格式。

② 编写程序,实现任意阶拉丁矩阵的存储和输出。拉丁矩阵是一种规则的数值序列,例如 4 阶的拉丁矩阵如下所示:

$$\begin{matrix} 1 & 2 & 3 & 4 \\ 2 & 3 & 4 & 1 \\ 3 & 4 & 1 & 2 \\ 4 & 1 & 2 & 3 \end{matrix}$$

该矩阵中的数字很规则,在实际解决该问题时,只需要把数值的规律描述出来即可。

提示:声明一个变量 n,代表矩阵的阶,声明和初始化一个 n×n 的数组,根据数据的规律,则对应的数值为(行号+列号+1),当数值比 n 大时,取其与 n 之间的余数。

实现的代码如下:

```
int n=6;
int[][] arr=new int[n][n];
int data;          //数值
```

```
//循环赋值
for(int row=0;row <arr.length;row++){
  for(int col=0;col <arr[row].length;col++){
    data=row+col+1;
    if(data <=n){
      arr[row][col]=data;
    }else{
      arr[row][col]=data %n;
    }
  }
}
```

③ 编写程序,实现 10 行杨辉三角元素的存储以及输出。

杨辉三角是数学上的一个数字序列,该数字序列如下:

```
1
1 1
1 2 1
1 3 3 1
1 4 6 4 1
```

该数字序列的规律为:数组中第一列的数字值都是 1,后续每个元素的值等于该行上一行对应元素和上一行对应前一个元素的值之和。

提示:杨辉三角第几行有几个数字,使用行号控制循环次数,内部的数值第一行赋值为 1,其他的数值依据规则计算。假设需要计算的数组元素下标为(row,col),则上一个元素的下标为(row －1,col),前一个元素的下标是(row －1,col －1)。

实现代码如下:

```
int[][] arr=new int[10][10];
//循环赋值
for(int row=0;row <arr.length;row++){
  for(int col=0;col <=row;col++){
    if(col==0){            //第一列
      arr[row][col]=1;
    }else{
      arr[row][col]=arr[row -1][col]+arr[row -1][col -1];
    }
  }
}
```

3.3 操作数组

知识要点

- Arrays 的 sort()方法
- Arrays 的 binarySearch()方法

➢ Arrays 的 fill()方法

➢ Arrays 的 equals()方法

Arrays 类包含用来操作数组(比如排序和搜索)的各种方法。此类还包含一个允许将数组作为列表来查看的静态工厂。

实例 编写程序,利用 Arrays 类对数组进行排序。

1. 详细设计

本程序由 ArrayDemo1 类实现。Arrays 类位于 java. util 包中,所以需要用 import 引入 java. util. Arrays 包。

```
import java.util.Arrays;
class ArrayDemo1 {
  void main(String args[]) {
    //定义整数数组并排序
    //输出结果
    }
  }
```

2. 编码实现

定义整数数组并排序。

语句:

```
int vec[]={37,47,23,-5,19,56};
Arrays.sort(vec);
```

分析:vec[]是一个整数数组,Arrays 的静态方法 sort()可以按 vec[]的元素排序。

3. 源代码

```
/* 文件名:ArrayDemo1.java
 * Copyright (C):2014
 * 功能:建立一个矩阵并输出。
 */
import java.util.Arrays;
public class ArrayDemo1 {
  public static void main(String args[]) {
    int vec[]={37,47,23,-5,19,56};
    Arrays.sort(vec);
    for (int i=0; i <vec.length; i++) {
      System.out.println(vec[i]);
    }
  }
}
```

4. 测试与运行

这个程序初始化一个整数数组,然后调用 Arrays. sort 并按升序对那个数组排序。运行结果如图 3-5 所示。

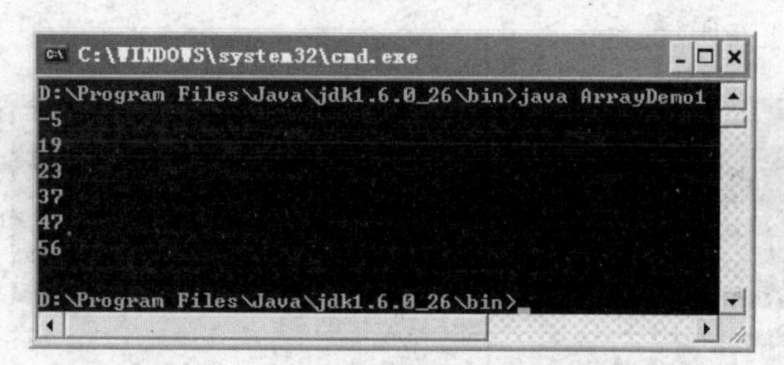

图 3-5　ArrayDemo1 程序的运行结果

5. 技术分析

Arrays 类位于 java. util 包中。除非特别注明，否则如果指定数组引用为 null，则 Arrays 类中的方法都会抛出 NullPointerException 异常。它提供了几个方法可以直接使用。

+sort()：指定的数组排序，所使用的是快速排序法。

| binarySearch()：对已排序的数组进行二元搜索，如果找到指定的值，就返回该值所在的索引，否则就返回负值。

+fill()：当配置一个数组之后，会依数据类型来给定默认值。例如整数数组就初始为 0，可以使用 Arrays. fill()方法将所有的元素设定为指定的值。

+equals()：比较两个数组中的元素值是否全部相等，如果相等将返回 true，否则返回 false。

例 3-2　使用 Arrays 来进行数组的填充与比较。

实现代码如下。

```
import java.util.Arrays;

public class ArraysMethodDemo {
  public static void main(String[] args) {
    int[] arr1=new int[10];
    int[] arr2=new int[10];
    int[] arr3=new int[10];

    Arrays.fill(arr1,5);
    Arrays.fill(arr2,5);
    Arrays.fill(arr3,10);

    System.out.print("arr1: ");
    for(int i=0; i<arr1.length; i++)
      System.out.print(arr1[i]+" ");

    System.out.println("\narr1=arr2?"+Arrays.equals(arr1,arr2));
    System.out.println("arr1=arr3?"+Arrays.equals(arr1,arr3));
  }
}
```

执行结果如图 3-6 所示。

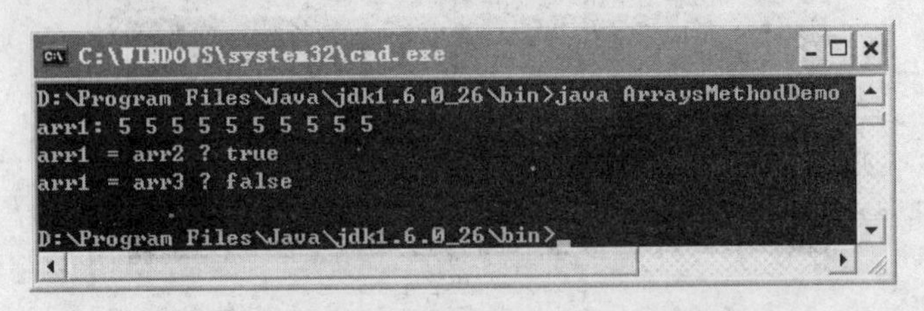

图 3-6 ArraysMethodDemo 程序的运行结果

注意：不可以用==来比较两个数组的元素值是否相等，==用于两个对象比较时，需要确定两个对象名称是否引用自同一个对象。

例 3-3 在排完序的数组上进行二分法查找。

实现代码如下。

```
import java.util.Arrays;
public class ArrayDemo2 {
  public static void main(String args[]) {
    int vec[]={-5,19,23,37,47,56};
    int slot=Arrays.binarySearch(vec,35);
    slot=-(slot+1);
    System.out.println("insertion point="+slot);
  }
}
```

注意：如果二分法查找失败，它将返回－(insertion point)－1。

程序运行的结果如图 3-7 所示。

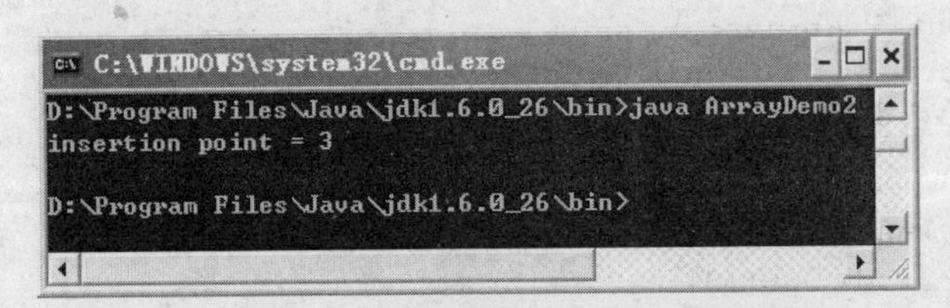

图 3-7 ArrayDemo2 程序的运行结果

该程序以参数 35 调用查找方法，而那个参数在数组中不存在，方法返回值为－4，如果这个值加 1 再取其负数就得到 3，这就是 35 应该被插入到数组中的位置，换言之，值－5、19 和 23 在数组中占据的位置是 0、1 和 2。因此值 35 应该在索引 3 的位置，而 37、47 以及 56 顺延。搜索方法并不进行实际的插入操作，而只是指出应该在何处插入。

6. 问题与思考

① 从键盘任意输入 10 个数，进行排序后输出。

② 用 Arrays 的 Sort()方法对以下的字符串数组进行排序。

```
String[]arrayToSort=newString[]{"Oscar","Charlie","Ryan","Adam",
"David","aff","Aff"};
```

3.4　字符串操作

知识要点

- 获取字符串对象信息
- 字符串的比较和操作
- 修改可变字符串等

Java 语言中，字符串数据实际上是由 String 类所实现的。Java 语言提供了 String 和 StringBuffer 两个类来分别处理不变长度和可变长度的字符串。对字符串的操作主要有获取字符串对象信息、字符串的比较和操作、修改可变字符串等。

实例　编写程序，连接字符串、截取子串、求字符串长度、确定子串位置等操作。

1. 详细设计

本程序由 StringDemo 类实现。

```
class StringDemo {
  main(String arg[]) {
    //常量、变量的定义
    //连接字符串并输出结果
    //截取子串并输出
    //求字符串长度并输出
    //求子串位置并输出
  }
}
```

2. 编码实现

1) 连接字符串并输出结果

语句如下：

```
String str=str1.concat(str2);
System.out.println("str1 和 str2 的连接结果 str 是: "+str);
```

分析：String 的 concat()方法实现字符串的连接。第二条输出语句中的“+”不再是实现加法的运算符，而是起到类似 concat()方法实现字符串连接的作用。

2) 截取子串并输出

语句如下：

```
System.out.println("str 截取子串结果: "+str.substring(5));
```

分析：substring(int beginIndex)方法实现从 beginIndex 处开始到末尾截取子串。

3) 求字符串长度并输出

语句如下：

```
System.out.println("str 的长度是: "+str.length());
```

分析:可用 length()方法求字符串长度。

4) 求子串位置并输出

语句如下:

```
System.out.println("world在 str 中的位置是: "+str.indexOf("World"));
```

分析:可用 indexOf()方法求子串位置。

3. 源代码

```
/* 文件名: StringDemo.java
 * Copyright (C): 2014
 * 功能: 字符串的常见操作
 */
public class StringDemo {
  public static void main(String arg[]) {
    String str1="Hello",str2="World";
    String str=str1.concat(str2);
    System.out.println("str1 和 str2 的连接结果 str 是: "+str);
    System.out.println("str 截取子串结果: "+str.substring(5));
    System.out.println("str 的长度是: "+str.length());
    System.out.println("world在 str 中的位置是: "+str.indexOf("World"));
  }
}
```

4. 测试与运行

程序运行结果如图 3-8 所示。

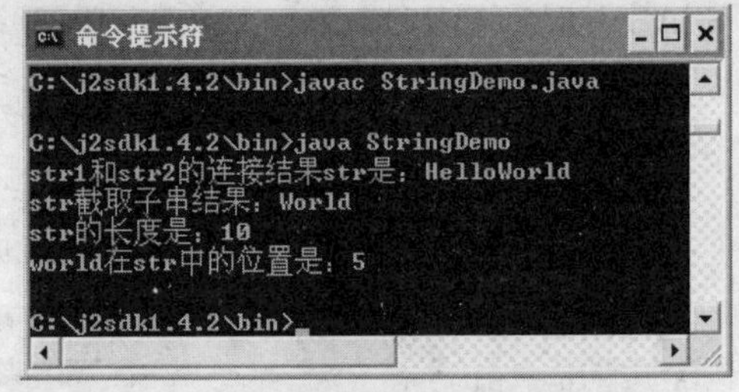

图 3-8 字符串操作

5. 技术分析

字符串是用一对双引号括起来的字符序列。在 Java 语言中,字符串数据实际上由 String 类所实现的。Java 字符串类分为两类:一类是在程序中不会被改变长度的不变字符串;另一类是在程序中会被改变长度的可变字符串。Java 环境为了存储和维护这两类字符串提供了 String 和 StringBuffer 两个类。

1) 得到字符串对象的有关信息

① 通过调用 length()方法得到 String 变量 str 的长度。

例:

```
String str="Hello,World!";
int len=str.length();
```

② StringBuffer 类的 capacity()方法与 String 类的 length()方法类似,但它是测试分配给 StringBuffer 的内存空间的大小,而不是当前被使用了的内存空间。

③ 如果想确定字符串中指定字符或子字符串在给定字符串的位置,可以用 indexOf()和 lastIndexOf()方法。

indexOf()方法返回当前字符串中第一次出现指定字符的位置,未找到则返回-1。

lastIndexOf()方法返回当前字符串中最后一次出现指定字符的位置，未找到返回－1。

例 3-4　编写程序，求字符在字符串中的位置。

```
public class StringMethod{
  public static void main(String arg[]) {
    String str="Hello,World!";
    int index1=str.indexOf("o");
    int index2=str.lastIndexOf("o");
    int index3=str.indexOf("String");

    System.out.println("index1 是: "+index1);
    System.out.println("index2 是: "+index2);
    System.out.println("index3 是: "+index3);
  }
}
```

程序运行结果如图 3-9 所示。

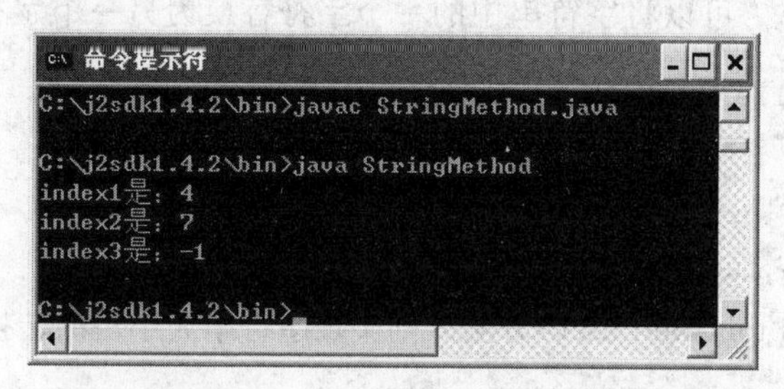

图 3-9　String 的 indexOf()和 lastIndexOf()方法

2) 对象的比较和操作

(1) String 对象的比较

String 类的 equals()方法用来确定两个字符串是否相等。

```
String str="Hello,World!";
Boolean result=str.equals("Hello World!");
```

result 的结果为 false。

(2) String 对象的访问

① charAt()方法：用于得到指定位置的字符。

```
String str="Hello,World!";
char chr=str.charAt(3);
```

chr 的结果是"l"。

② getChars()方法：用于得到字符串中的一部分子字符串，语法如下：

```
public void getChars(int srcBegin,int srcEnd,char[]dst,int dstBegin)
```

该方法将从 srcBegin(包含在内)到 srcEnd(不包含在内)之间的字符，复制到目标字符数组中并从 dstBegin 位置开始存放。

例 3-5 编写程序,用 getChars()方法从一个字符串中截取子串。

```
public class GetCharsDemo{
  public static void main(String arg[]) {
    String str="Hello,World!";
    char chr[]=new char[10];
    str.getChars(5,10,chr,0);
    for (int i=0; i<chr.length;i++)
      System.out.print(chr[i]);
  }
}
```

```
命令提示符
C:\j2sdk1.4.2\bin>java GetCharsDemo
,Worl
C:\j2sdk1.4.2\bin>
```

图 3-10 getChars 方法

程序的运行结果如图 3-10 所示。

subString()是提取字符串的另一种方法,它可以指定从何处开始提取字符串以及在何处结束。

(3) 操作字符串

① replace()方法:可以将字符串中的一个字符替换为另一个字符,见下面的例子:

```
String str="Hello,World!";
String str1=str.replace('H','h');
```

str1 的结果变成"hello,World!"。

② concat()方法:可以把两个字符串合并为一个字符串。

toUpperCase()和 toLowerCase()方法分别实现字符串大小写的转换,见下面的例子:

```
String str="HELLO,WORLD!";
String str1=str.toLowerCase();
```

str1 的结果变成"hello,world!"。

③ trim()方法:可以将字符串中开头和结尾处的空格去掉,见下面的例子:

```
String str="Hello World!";
String str1=str.trim();
```

str1 的结果是"HelloWorld!"。

String 类提供静态方法 valueOf(),它可以将任何类型的数据对象转换为一个字符串。如:

```
System.out.println(String,ValueOf(math,PI));
```

3) 修改可变字符串

StringBuffer 类为可变字符串的修改提供了 3 种方法,用于在字符串中间插入和改变某个位置所在的字符。

① append()方法用于在字符串后面追加字符串。

② insert()方法用于在字符串中间插入字符串。

③ 用 setCharAt()方法可以改变某个位置所在的字符。

6. 问题与思考

编写程序,任意输入一个字符串,从最后一个字符开始倒序输出它。

第 4 章　Java 面向对象程序设计

4.1　编写"人"类

知识要点

- 类与对象的概念
- 类的组成
- 构造方法
- 类的方法和属性的引用

Java 是面向对象的语言。本节学习类、对象等有关面向对象设计语言的基本概念。

类是一个适用面广泛的概念,表示一个有共同性质的群体,而对象指的是具体的一个实实在在的东西。例如,"人"是一个类,可以表示所有人。而"Simth"、"张国兵"、"刘清华"等则是一个个的对象,或者说它们是"人"这个类的一个个实例。

编写 Java 程序都从类开始,一个类中包含许多属性和方法。如"人"类中包含编号、姓名、性别等属性,以及对"人"的编码过程,并获取编码等描述的方法。

实例　编写程序,实现"人"类。

1. 详细设计

用 Java 实现"人"类 Human。在 Human 类中定义了编号(code)、姓名(name)和出生日期(birth)等属性。除了属性,类还包括 introduce()方法来输出对象的姓名。Human 类的结构如下:

```
class Human{
  //定义类的属性
  //定义 Human 方法
  //定义 introduce 方法
}
```

2. 编码实现

1) 定义类的属性

语句:

```
String code;
String name;
String birth;
```

分析：就像命令行参数的类型一样，这里把“人”类的编号(code)、姓名(name)和出生日期(birth)都定义为 String(字符串)类型。

2) 定义 Human 方法

语句：

```
Human(String nm){
  name=nm;
}
```

分析：Human 方法与类同名，这种方法称为构造方法。就像 main(String args[])方法可以接收来自命令行的参数一样，扩号内的 String nm 表示该方法可以接收调用者的参数，这里的参数 nm 称为形式参数，简称形参。调用者传送的参数称为实际参数，简称实参。

方法体内通过接收的参数对这个“人”的姓名(name)赋值。

Java 语言中，实例化一个对象用 new 调用构造方法来实现。例如，为了描述两个姓名分别是 Smith 和 Jane 的人 p1、p2(都是 Human 的对象)，用如下语句：

```
Human p1=new Human("Smith");
Human p2=new Human("Jane");
```

“=”左边为每个人的对象名，右边实例化该对象。要访问属性、方法，一般都要通过一个对象，表示是具体哪个人的编号等。比如，p1. code、p1. name、p1. birth 表示 Smith 这个人的编号、姓名和年龄。同样，p2. code、p2. name、p2. birth 表示 Jane 的编号、姓名和年龄。

3) 定义 introduce 方法

语句：

```
void introduce(){
  System.out.println("I am "+name);
}
```

分析：除构造方法以外，Java 的方法都要求返回一个值。如果不返回任何值，需用 void 修饰。该方法输出对象的姓名。

3. 源代码

```
/* 文件名：Human.java
 Copyright (C): 2014
 * 功能：实现“人”类。
 */
public class Human{
  String code;
  String name;
  String gender;
  String birth;
  Human(String nm){
    name=nm;
  }
  void introduce(){
    System.out.println("I am "+name);
```

```
    }
}
```

4. 测试与运行

为了测试 Human 类，需编写包含 main()方法的 HumanTest 类。main()方法中，实例化一个 Human 对象 p，再通过这个对象引用 Human 的方法和变量，见下面的 Human 测试类 HumanTest 的源程序。

```
public class HumanTest {
  public static void main(String args[]) {
    Human p=new Human("Smith");
    p.introduce();
  }
}
```

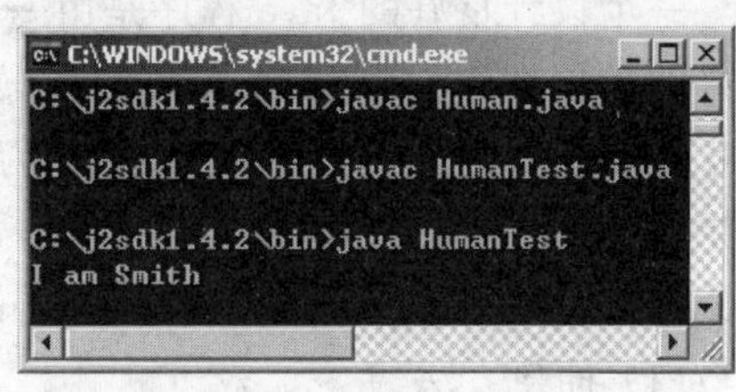

图 4-1　Human 程序的测试运行结果

运行前先要对 Human.java 进行编译，再对 HumanTest.java 进行编译，最后运行 HumanTest 的结果如图 4-1 所示。

为简化操作过程，可以把以上两个源程序放在一个文件里，因为 HumanTest 引用了 Human，文件保存在 HumanTest.java 中。然后编译 HumanTest.java，并运行 HumanTest.class。

5. 技术分析

1）类和对象

现实世界是由各种各样的实体(事物、对象)所组成的。为了更好地认识客观世界，把具有相似内部状态和运动规律的实体(事物、对象)综合在一起称为类。类是具有相似内部状态和运动规律的实体的抽象，客观世界是由不同类的事物间相互联系和相互作用所构成的一个整体。

例如“人”是一个类，具有“直立行走”等一些区别于其他事物的共同特征；而张三、李四等一个个具体的人，是“人”这个类的一个个“对象”。

面向对象(object-oriented)是按人们认识客观世界的系统思维方式，采用基于对象(实体)的概念建立模型，模拟客观世界分析、设计、实现软件的一种办法。通过面向对象的理念使计算机软件系统能与现实世界中的系统一一对应。面向对象有封装、继承和多态三个特征。

封装就是把一系列的数据放在一个类中，本实例的“人”类可以用编码(code)、姓名(name)、出生日期(birth)等来描述。如果不封装，需要 3 个变量来形容它。在面向对象中，用一个 Human 类封装这些数据，Human 具有 3 个成员变量，分别是 code、name、birth。使用的时候，每当生成一个这样的类的对象，就具有这 3 个属性。Java 的类还封装了很多方法，程序员不必了解实现的细节，只需知道如何使用。

Java 的类可以继承其他类的属性和方法。如果 B 类继承 A 类，那么 B 类将具有 A 类的所有方法，同时还可以扩展自己独有的方法和属性。“人”是父类，那么“教师”、“学生”都可继承“人”类的属性和方法。因为无论“教师”、“学生”都具有编号、姓名等属性，同时，他们可以有自己独有的属性。比如“教师”有职称等。

在 Java 中，同一个方法可以有多种不同的表现形式，这称为多态性，多态性有重载和覆盖的特点。重载就是一个方法的方法名相同而所具有的参数列表不同。覆盖是子类在继承父类的同时，重新实现了父类的某个方法。

2）类的组成

Java 程序由一系列类组成，类包括属性和成员函数，很多时候也把成员函数称为方法（method）。将数据与代码通过类紧密结合在一起，就形成了封装的概念。自然，类的定义也要包括以上两个部分。

一个设计良好的 Java 程序是由一些封装有属性和方法的类构成，这样使得程序具有很好的扩展性。

类有各种数据类型的属性，也称为变量或实例变量等。方法必须返回一个数据类型，如果不返回任何数据，就定义为 void。除此以外，Java 语言用 static、final、abstract、native、synchronized、public、private、protected 定义方法的种类。

（1）抽象方法

修饰符 abstract 修饰的抽象方法是一种仅有方法头，而没有具体的方法体和操作实现的方法。使用抽象方法的目的是使所有的子类对外都呈现一个相同名字的方法，是一个统一的接口。所有的抽象方法，都必须存在于抽象类之中。

（2）静态方法

用 static 修饰符修饰的方法，是属于整个类的类方法，不用的是对象或实例的方法。调用这种方法时，应该使用类名作前缀；这种方法在内存中的代码段将随着类的定义而分配和装载，不被任何一个对象专有；只能处理属于整个类的成员变量。

（3）最终方法

用 final 修饰符修饰的类方法，是功能和内部语句不能再作更改的方法，也不能再被继承。

注意：所有已被 private 修饰符限定为私有的方法，以及所有包含在 final 类中的方法，都被默认地认为是 final 的。

（4）本地方法

用 native 修饰符可以声明其他语言书写方法体并具体实现有特殊功能的方法。这里的其他语言包括 C、C++、FROTRAN、汇编等。由于 native 方法的方法体使用其他语言在程序外部写成，所以所有的 native 方法都没有方法体，而用一个分号代替。

（5）同步方法

如果 synchronized 修饰的方法是一个类的方法（即 static 的方法），那么在被调用执行前，将把对应当前类的对象加锁。如果 synchronized 修饰的是一个对象的方法（未用 static 修饰的方法），则这个方法在被调用执行前，将把当前对象加锁。Synchronized 修饰符主要用于多线程共存的程序中的协调和同步。

3）构造方法

正如本节实例中的 Human()方法一样，类中有和类名相同的方法，称为构造方法，用于实例化一个对象，这样可确保每个对象都会被初始化。即使一个类不定义构造方法，系统一般也会默认一个不带参数的构造方法。一个类可能不止一个构造方法（它们的参数类型或参数个数不一样），这样可以有选择地初始化即将实例的对象。构造方法与成员方法有着以下本质的区别：

① 构造方法只有访问修饰符 public、protected、private，不能使用其他修饰符。

② 构造方法没有返回类型，而普通方法则一定有（包括 void），构造方法的返回类型可以被认为是类本身。

③ 构造方法在生成实例时使用，而成员方法是在实例化对象后被对象所调用。下面以 string 类为例说明。

就像其他类都存在至少一个构造方法一样，String 类也有用于初始化对象的构造方法，用来创建字符串。Java 语言为每个用双引号括起来的字符串常量创建一个 String 类的对象，如：

```
String str="Hello,World!";
```

等同于：

```
String str=new String("Hello,World!");
```

下面再看一下 String 类的其他构造方法。

- public String()：这个构造方法用来创建一个空的字符串常量。如：

```
String str=new String();
```

- public String(char value[])：这个构造方法用一个字符数组作为参数来创建一个新的字符串常量。用法如：

```
char c[]={'h','e','l','l','o'};
String str=new String(c);
```

- public String(char value[], int offset, int count)：这个构造方法用字符数组 value，从第 offset 个字符起取 count 个字符来创建一个 String 类的对象。用法如：

```
char c[]={'h','e','l','l','o'};
String str=new String(c,1,3);
```

此时 str 中的内容为"ell"。

- public String(StringBuffer buffer)：这个构造方法用一个 StringBuffer 类的对象作为参数来创建一个新的字符串常量。String 类是字符串常量，StringBuffer 类是字符串变量。

4）类的方法和属性的引用

每创建一个类，就创建了一个新的数据类型，可以用这个数据类型去声明这种类型的对象。首先，须声明这个类型的一个变量，然后使用 new 调用构造方法获得这个对象的一个实际拷贝，并将其赋给已声明的那个变量。

下面是创建一个 Human 类对象的例子：

```
Human p=new Human("Smith");
```

```
p.introduce();
p.birth="19720103"
```

应注意,一旦定义了 Human 类的一个对象 p 后,就可以使用点(.)运算符访问其成员,包括 Human 类的属性和方法。

6. 问题与思考

为本节实例中的 Human 类增加两个方法 void setCode(String str)和 String getCode(),分别用于设置编码 code 和获取编码 code,并用下面的程序测试结果。

```
public class HumanTest {
  public static void main(String args[]) {
    Human p=new Human("Smith");
    p.setCode("001");
    System.out.println(p.name+"的编码是: "+p.getCode());
  }
}
```

4.2 把类打包

知识要点

- 包
- Eclipse 工具

就像 Human 类一样,Java 语言中已经编写好了很多类,这些类放在不同的目录下。不同操作系统目录的表示方法会有区别,为实现跨平台应用,Java 语言中把目录称为包,并统一格式。比如如果把编译好的 Human 类放在 mypackage\creature 目录下,Java 语言会义为是在 mypackage. creature 包中。如果类放在包中,程序引用时必须指明。

实例 将 4.1 节的 Human 类放在 mypackage\creature 目录下,测试并运行。

1. 详细设计

这里只要把类放入 mypackage\creature 目录中,程序结构和 4.1 节基本一致。

2. 编码实现

为把 Human 类放在 mypackage. creature 包内,需在 Human. java 源程序的第一行加上"package mypackage. creature"这样的对包进行引用的代码。

3. 源代码

```
/* 文件名: Human.java
 Copyright (C): 2014
 * 功能: 实现"人"类。
 */
package mypackage.creature;
  public class Human{
  String code;
```

```
    String name;
    String birth;
    public Human(String nm){
      name=nm;
    }
    public void introduce(){
      System.out.println("I am "+name);
    }
}
```

大家应注意到，Human 类除了第一行有变化外，在 Human()和 introduce()方法前面都加了修饰 public，这是因为 HumanTest 测试类和 Human 类不在同一个包内，而 HumanTest 类要调用这两个方法，所以必须用 public 修饰这两个方法，否则编译时会提示找不到这两个方法。

4. 测试与运行

在 HumanTest 测试类源程序中需用“import mypackage. creature. *；”语句明确指明引用的类所在包的具体位置，见下面的源程序：

```
import mypackage.creature.*;
public class HumanTest {
  public static void main(String args[]) {
    Human p=new Human("Smith");
    p.introduce();
  }
}
```

也可以用“mypackage. creature. Human”语句指明类所在包中的位置，见下面的源程序：

```
public class HumanTest {
  public static void main(String args[]) {
    mypackage.creature.Human p=new mypackage.creature.Human("Smith");
    p.introduce();
  }
}
```

现在需要把 Human 类放在 mypackage. creature 包内，所以对源程序编译后生成的文件 Human. class 也要放在 mypackage\creature 目录中。如果源程序也在 mypackage\creature 目录下，可以直接用带－d 参数的 Javac 命令对其进行编译，系统会在同一目录中产生 Human. class 文件，如图 4-2 所示。

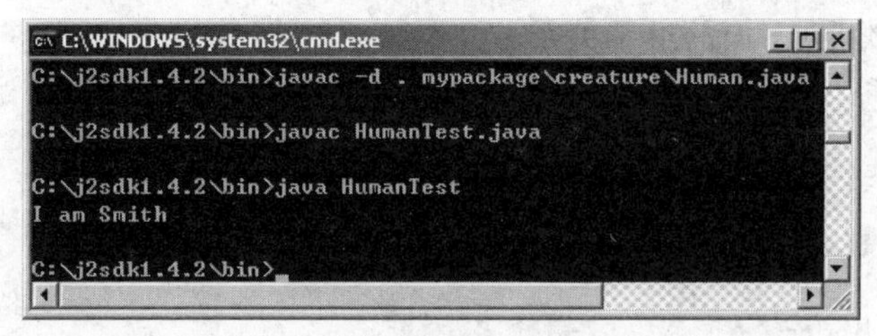

图 4-2　编译包内的源程序

在对源程序 Human.java 编译时,使用了-d 参数,指定存放生成的类文件的位置,其中"."代表当前目录。如果编译成功,会看到在 mypackage\creature 目录中有文件 Human.class,如图 4-3 所示。

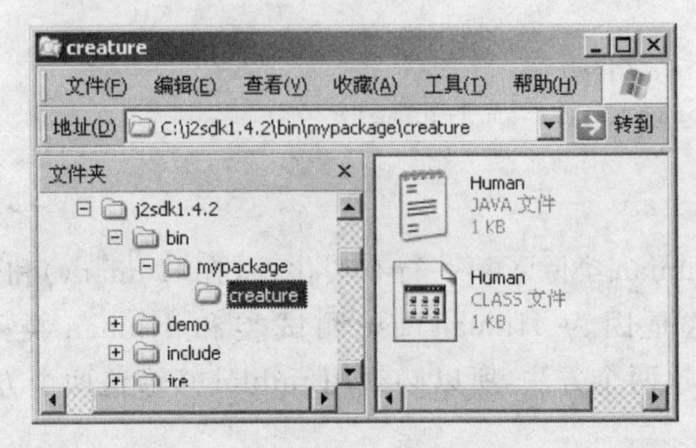

图 4-3 文件 Human.class 所在位置

5. 技术分析

1) 包

Java 语言是跨平台的,Java 大量的类文件需要按照树型目录结构组织管理。虽然各种操作系统平台对文件的管理都是以目录树的形式来组织,但是它们对目录的分隔表达方式不同,为了区别于各种平台,Java 中采用了"."来分隔目录,从而引入包的概念。正如本节实例中的 mypackage.creature 包一样,Java 的包本质上就是目录。

JDK 提供了很多标准的 Java 类,便于开发者在较短时间内开发功能强大的程序。Java 中常用的包有以下几种。

(1) java.lang 包

java.lang 包提供了 Java 语言的核心类库,包含了运行 Java 程序必不可少的系统类。运行 Java 程序时,系统会自动加载 Java.lang 包,这个包的加载是默认的。

(2) java.io 包

java.io 包提供了一系列用来读写文件或其他数据的输入/输出流。

(3) java.util 包

java.util 包提供了一些实用的方法和数据结构。例如,Java 语言提供日期(Data)类、日历(Calendar)类来产生和获取日期及时间,提供随机数(Random)类来产生各种类型的随机数,还提供了堆栈(Stack)、向量(Vector)、位集合(Bitset)以及哈希表(Hashtable)等类来表示相应的数据结构。

StringTokenizer 类可以从一个字符串中拆分出一个个单词。它在 java.util 包中,直接继承自 Object 类,见下面的继承关系:

```
java.lang.Object
  └─java.util.StringTokenizer
```

例 4-1 编写程序,用 StringTokenizer 拆分字符串。

```
import java.util.*;
public class StringTokenizertest {
```

```
    public static void main(String args[]) {
      StringTokenizer st=new StringTokenizer("I am Smith");
      while (st.hasMoreTokens()) {
        System.out.println(st.nextToken());
      }
    }
}
```

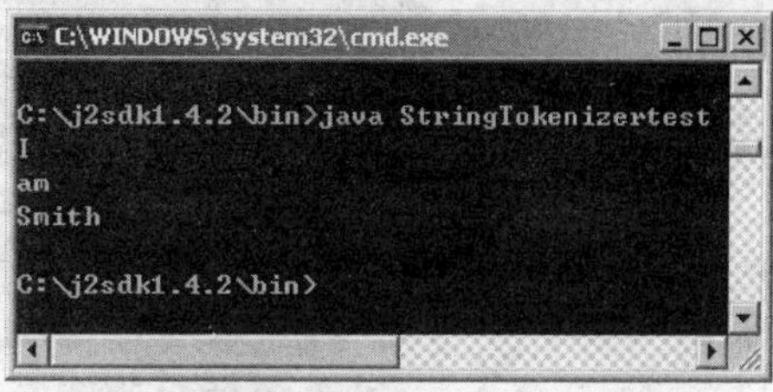

图 4-4 StringTokenizertest 程序的测试

运行程序后的显示如图 4-4 所示。

出于兼容性的原因，StringTokenizer 一直被高版本的 JDK 保留，在新代码中建议使用 String 的 split 方法或 java. util. regex 包。

下面的示例阐明了如何使用 String. split 方法将字符串分解为单词。

```
String[] result="this is a test".split("\\s");
for (int x=0; x<result.length; x++)
    System.out.println(result[x]);
```

(4) java. awt 包

java. awt 包是 Java 用来构建图形用户界面(GUI)的类库，包括许多界面元素和资源。

(5) java. net 包

java. net 包含一些与网络相关的类和接口，以方便应用程序在网络上传输信息。

(6) java. applet 包

java. applet 包是用来实现运行于 Internet 浏览器中的 Java applet 的工具类库。

正如本节测试运行部分那样，Java 允许开发者自己创建包。实际开发过程中可以将很多功能相近的类和接口放在同一个包中，以方便管理和使用。

2) Eclipse 工具

(1) Eclipse 概述

Eclipse 是一个开放源代码的、基于 Java 语言的可扩展开发平台。就其本身而言，它只是一个框架和一组服务，用于通过插件组件构建开发环境。Eclipse 附带了一个标准的插件集，包括 Java 开发工具(Java Development Tools，JDT)。Eclipse 还包括插件开发环境(Plug-in Development Environment，PDE)，它是构建与 Eclipse 环境无缝集成的工具。由于 Eclipse 中的每样东西都是插件，对于给 Eclipse 提供插件，以及给用户提供一致和统一的集成开发环境而言，所有工具开发人员都具有同等的发挥场所。尽管 Eclipse 是使用 Java 语言开发的，但它的用途并不限于 Java 语言。例如，支持诸如 C/C++、COBOL 等编程语言的插件已经可用。Eclipse 框架还可用来作为与软件开发无关的其他应用程序类型的基础，比如内容管理系统。

现在用 Eclipse 的开发环境创建并运行一个“Hello，world”应用程序。Eclipse 调试 Java 程序都是从一个项目开始的，单击“文件”→“新建”→“项目”命令，选择“Java 项目”，建立一个名称为 mypro 的项目，如图 4-5 所示。

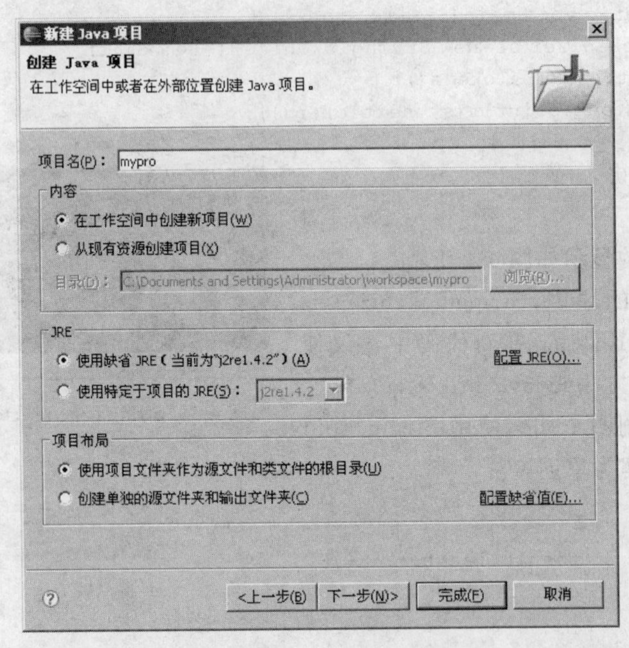

图 4-5　新建一个 Eclipse 项目

在项目名文本框中输入 mypro 后，单击"完成"按钮，就完成了 mypro 项目的创建。右击 mypro 项目，从快捷菜单中选择"新建"→"类"命令，在随后出现的对话框中输入 HelloWorld 作为类的名称，如图 4-6 所示。

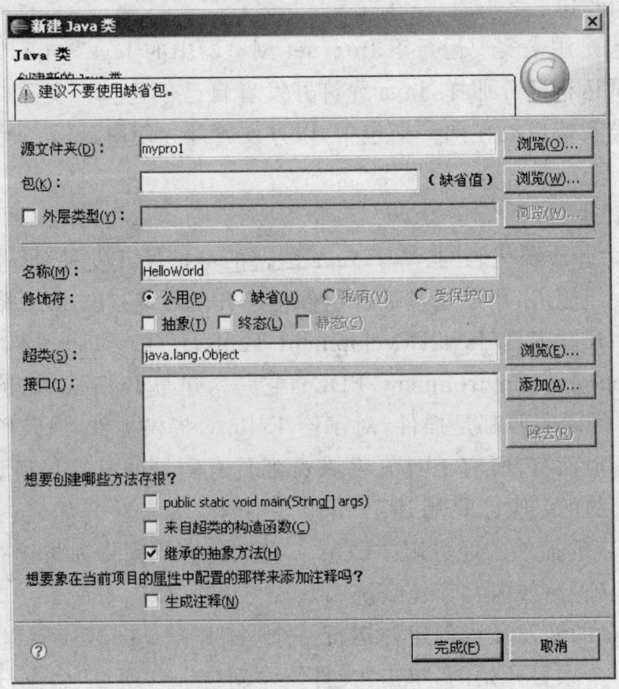

图 4-6　在项目中添加类

尽管系统建议不要用默认包，这里还是选择在默认包中编写 HelloWorld 类。单击“完成”按钮，系统生成了一个 HelloWorld 空类，这时需要按程序要求填写代码，如图 4-7 所示。

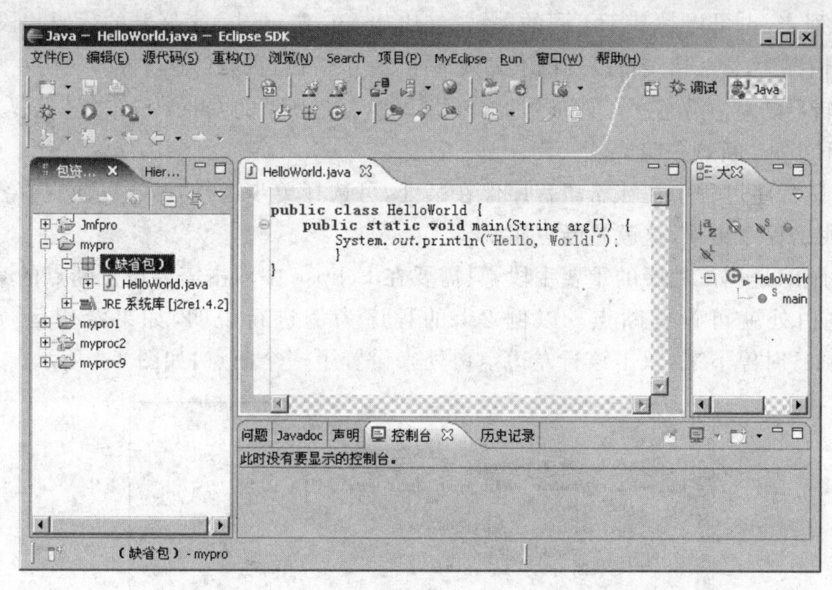

图 4-7　输入代码

右击源程序，在弹出的快捷菜单中选择“运行方式”→“Java 运行程序”命令或直接单击“运行”按钮，可以开始程序的运行，这时可以看到在 Eclipse 控制台中出现了程序的运行结果，如图 4-8 所示。

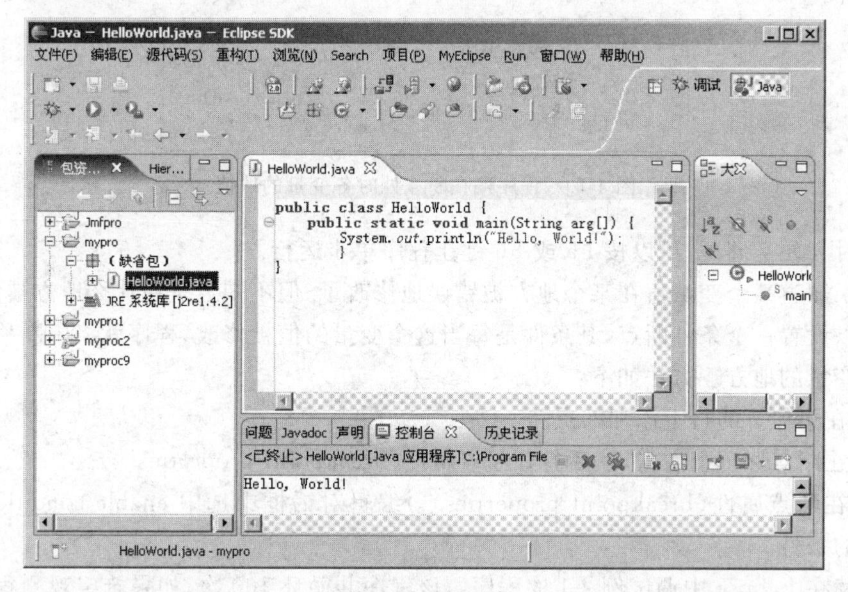

图 4-8　运行程序

以上实例看起来比较简单，但应注意到 Eclipse 编辑器的一些特性，包括语法检查和代码自动完成功能。

通过按 Ctrl+Space 组合键来调用代码自动完成功能。代码自动完成提供了上下文敏感的建议列表,可通过键盘或鼠标来从列表中选择。这些建议可以是针对某个特定对象的方法列表,也可以是基于不同的关键字(比如 for 或 while)来展开的代码片段。

默认情况下,语法错误将以红色下划线显示,一个带白色的红点将出现在左侧。其他错误在编辑器的左边沿通过灯泡状的图标来指示,这就是所谓的 Quick Fix(快速修复)特性。

(2) Eclipse 断点跟踪

在调试程序过程中往往希望程序停在某处,可选择单步运行方式,以便观察各个变量的变化,找出程序错误,这就是断点跟踪。

断点跟踪是调试程序的重要手段,只需要在 Eclipse 中双击需要设置断点的某行代码左边的空白处就可设置断点。以例 2-1 的程序为例进行说明,如果希望运行到语句“sum+=i;”时停下来,双击该行左边空白处来设置了一个断点,如图 4-9 所示。

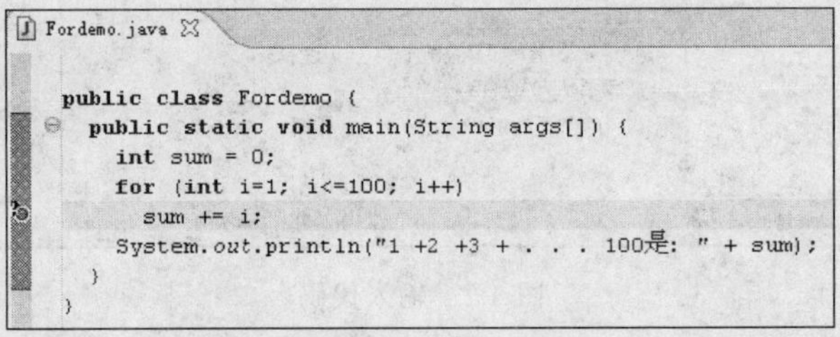

```
Fordemo.java
public class Fordemo {
  public static void main(String args[]) {
    int sum = 0;
    for (int i=1; i<=100; i++)
      sum += i;
    System.out.println("1 +2 +3 + . . . 100是: " + sum);
  }
}
```

图 4-9　在程序中设置断点

接着用 debug 方式运行该程序,程序会停留在该行,并通过 Eclipse 观测到各个变量的值,如图 4-10 所示。

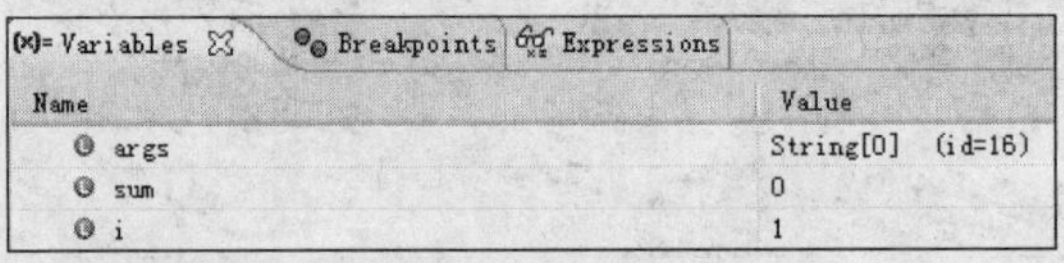

Variables　Breakpoints　Expressions

Name	Value
args	String[0] (id=16)
sum	0
i	1

图 4-10　程序停在断点处时各变量的取值

此时为便于调试,可以按 F5 或 F6 键让程序单步运行。

如果知道某个变量值在某个地方被错误地修改了,但不知道是在什么地方被修改了,这时可以设置一个条件断点,其条件是每当这个变量的值被修改,程序就将中断移到修改了这个变量的地方。方法如下:

① 在想停下的行上添加断点。

② 在断点标记上右击,然后打开断点属性(breakpoint properties...)。

③ 在断点属性(breakpoint properties...)编辑对话框中选中 enable condition,并加入相应的条件。

继续在 Eclipse 中调试例 2-1 的程序。该程序共循环 100 次,如果希望观测程序循环到 50 次时的运行情况,可以设置该断点为条件断点,见图 4-11 所示。

然后右击项目名并选择 Debug As 命令,进入调试模式,程序会在 i 为 50 时候挂起。观测其变量变化,表明当循环到第 50 次时 sum 的值为 1225,如图 4-12 所示。

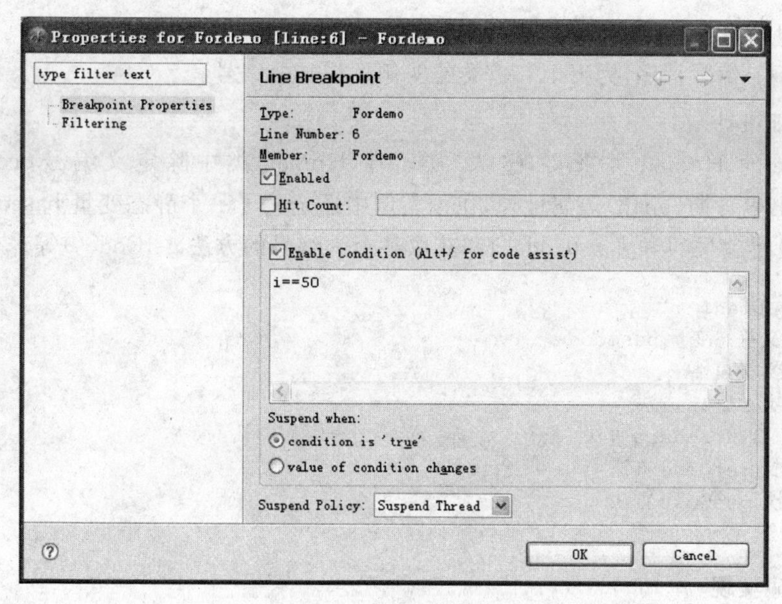

图 4-11　设置条件断点

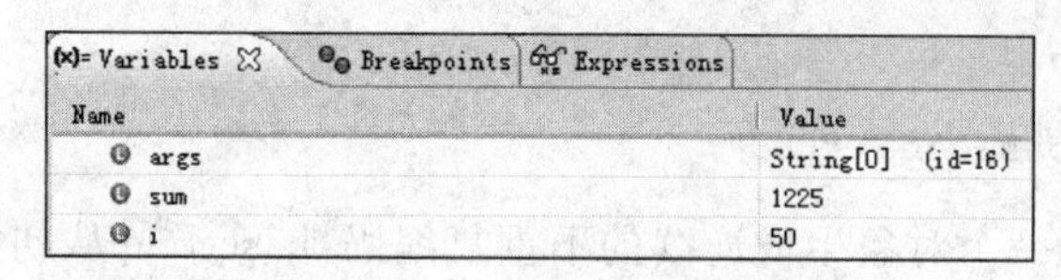

图 4-12　条件断点的挂起

6. 问题与思考

① 什么是默认包？默认包中主要包含了哪些类？

② 编写程序，用 String 的 split 方法从一个字符串中分解单词。

③ 编写 Human 类和 HumanTest 测试类。其中 Human 放在 mypackage 包中，测试类 HumanTest 放在 mypackage. test 包中。

④ 在 Eclipse 中调试例 2-1 程序，观测当程序循环 60、70、80、90 次后对应的 sum 值。

⑤ 在 Eclipse 调试过程中，按 F5 和 F6 键都可以实现单步运行，它们有什么区别？

4.3　为每个"人"类生成唯一编号

知识要点

➢ 静态变量

➢ 静态方法

➢ 静态块

静态变量可以理解为类的全局变量，静态变量的值不会初始化到以前的值，类的每个对象对它的改变都有效。比如，静态变量的初始值为 1，经过调用后它的值变成了 2，那么下次再调用它的时候,它的值就是2而不会是1。

实例 编写程序,为每个"人"类的实例生成唯一编号。

1. 详细设计

用Java的Human类来实现"人"类。在Human类中除定义编号(code)、姓名(name)和出生日期(birth)等属性外,在该实例中还定义了一个静态变量basecode。类方法增加了设置编号的方法setCode()和获取某个人编号的方法getCode()等。

```
class Human{
  //定义静态变量 basecode
  //定义类属性
  //定义 Human 方法
  //定义 introduce 方法
  //定义 setCode 方法
  //定义 getCode 方法
}
```

2. 编码实现

1) 定义静态变量

语句:

```
static String basecode="000";
```

分析:为了为每一个对象生成连续的不重复编码,basecode从初始编码000开始,每个对象在basecode基础上递增,成为自己的编码。basecode要保存最新编码,所以定义成静态变量,以便每个对象都可以访问。

2) 定义setCode方法

语句:

```
void setCode(){
  int icode;
  icode=Integer.parseInt(basecode)+1;
  if (icode<10)
    basecode="00"+Integer.toString(icode);
  else if (icode<100)
    basecode="0"+Integer.toString(icode);
  else basecode=Integer.toString(icode);
  code=basecode;
}
```

分析:icode在setCode()方法中定义,是局部整型变量。编码是字符型,不能进行算术运算,所以借助icode增1操作,再转换回字符串。Integer. parseInt()方法把字符串转换成整型,Integer. toString()把整型转换为字符型。

3) 定义getCode方法

语句:

```
String getCode(){
```

```
    return code;
  }
```

分析：该方法用 return 语句返回编码 code。因 code 是 String 类型，所以用 String 修饰该方法。调用该方法，可以得到某“人”的编码。

3. 源代码

```
/* 文件名：Human.java
 Copyright (C)：2014
  * 功能：实现“人”类。
 */
public class Human{
  String code;
  String name;
  String gender;
  String birth;
  Human(String nm){
    name=nm;
  }
  void introduced(){
    System.out.println("I am"+ name);
  }
}
```

4. 测试与运行

为了测试 Human 类，编写包含 main()方法的 HumanTest 类。在 main()方法中先实例化一个 Human 对象 p1，p1. code()方法通过 basecode 产生一个编码；再实例化一个对象 p2，p2. code 产生该对象的编码，会看到编码会自动递增。

```
public class HumanTest {
  public static void main(String args[]) {
    Human p1=new Human("Smith");
    p1.setCode();
    System.out.print(p1.code+" "+p1.name);
    System.out.println(" 序列码是: "+Human.basecode);

    Human p2=new Human("Jane");
    p2.setCode();
    System.out.print(p2.code+" "+p2.name);
    System.out.println(" 序列码是: "+Human.basecode);
  }
}
```

运行前先要对 Human. java 编译，再对 HumanTest. java 编译，最后运行 HumanTest 的结果如图 4-13 所示。

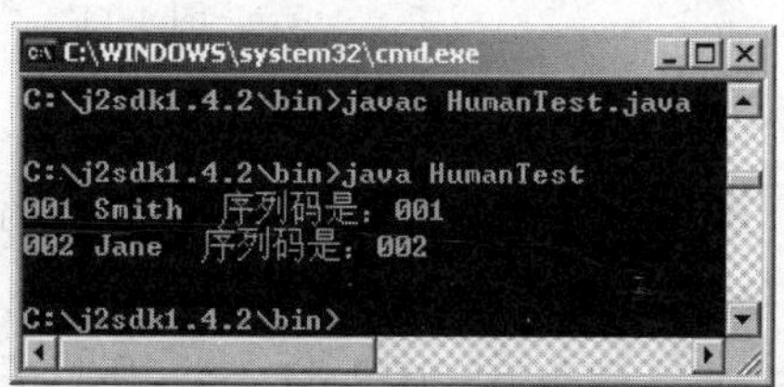

图 4-13　测试 Human 的 setCode()方法

5. 技术分析

除通过类的对象来引用外，类的静态变量和

静态方法可以直接用类名来引用。

1) 静态变量

用 static 修饰符修饰的变量称为静态变量,又称为静态域、类域、类变量。静态变量实质上就是一个全局变量,它不是保存在某个对象实例的内存空间中,而是保存在类的内存空间中。该类所有的实例变量都可以访问到静态变量。

类变量和实例变量的区别在于：类变量是所有对象共有,其中一个对象将它的值改变,其他对象得到的就是改变后的结果;而实例变量则属于对象私有,某一个对象将其值改变,不影响其他对象。

Java 语言中的静态变量能够通过静态方法来访问,在程序中的任何地方,可以不实例化而直接使用它。例如 Human. basecode 直接引用了 Human 的静态变量 basecode。

例 4-2 在 SC 类中分别定义一个类变量 a 和实例变量 b,分别通过 SC 的两个对象 sc1 和 sc2 访问类变量和实例变量,比较其结果有何不同。

```
class SC{
  static int a=0;                          //类变量
  int b=0;                                 //实例变量
}
public class SCTest{
  public static void main(String[] args){
    SC sc1=new SC();
    SC sc2=new SC();
    sc1.a=3;                               //等同于 SC.a=3;
    sc1.b=4;
    System.out.println(sc2.a);             //结果为 3
    //类变量是针对所有对象的,所以 sc1 改变了 a,sc2 的 a 也会改变
    System.out.println(sc2.b);             //结果为 0
    //实例只改变自身,所以 sc1 对象的 b 变量发生改变,不影响对象 sc2 的 b 变量
  }
}
```

运行结果如图 4-14 所示。

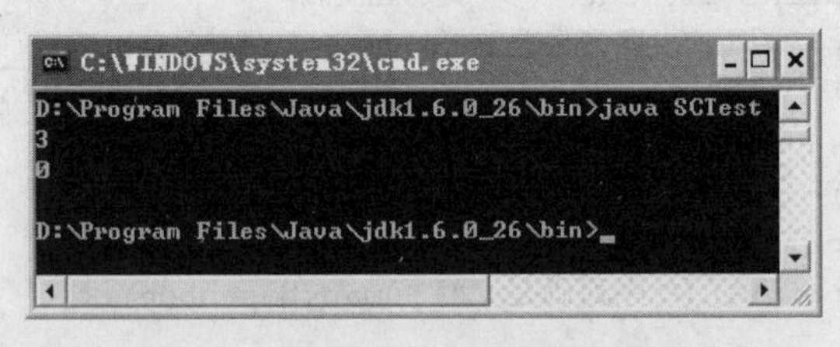

图 4-14 类变量与实例变量的区别

2) 静态方法

用 static 修饰符修饰的方法称为静态方法,又叫类方法,否则叫实例方法。类方法属于整个类,而实例方法属于每个实例。

由于静态方法属于整个类,所以它不能访问某个对象的成员变量和方法。Java 的 main()方法必须定义为静态的,意味着告诉 Java 编译器,这个方法不需要创建一个此类

的对象即可使用。但在 main()方法中去访问成员变量和方法都会出错。

同样，静态方法中不能使用 this 或 super 修饰符。

一个类中定义一个方法为 static，那就无须该类的对象即可调用此方法。

调用一个静态方法用“类名.方法名”的格式。静态方法常常为应用程序中的其他类提供一些实用工具，在 Java 的类库中大量的静态方法正是出于此目的而定义的，例如 Math 类中有可以产生随机数的静态方法 random()。

System 是位于 java.lang 包中的一个类，查看它的定义，会发现有语句为 public static final PrintStream out，表明 out 是 System 的一个静态变量，可以直接使用，而 out 所属的类有一个 println 方法，所以本书经常用 System.out.println()来输出字符串。

例 4-3　模拟掷一个骰子的数字。

六面骰子的编号为 1～6，游戏中掷一个骰子可以随机掷出数字 1，2，3，4，5，6。它们的几率相等。java.io.* 中 Math 类的静态方法 random()用于产生(0,1)之间的随机数。为了生成(1,6)之间的随机整数，可以先把该函数的值放大 10 倍或更多倍，再用 6 取余数并适当调整，即可实现相应目的。

程序如下。

```
import java.io.*;
public class OneDice {
  public static void main(String args[]) {
    for (int i=0; i<10; i++){
      System.out.print((int)(Math.random()*1000)%6+1);
      System.out.print(" ");          //留出一个空格
    }
  }
}
```

程序运行的结果如图 4-15 所示。

运行了三次本程序，只出现了(1,6)之间的整数，而且几率基本相同。

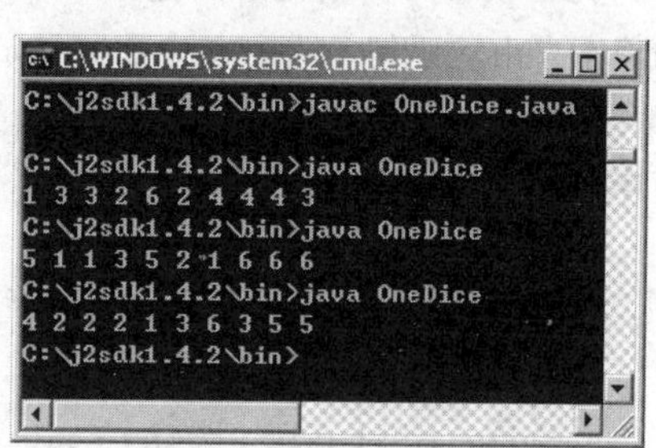

图 4-15　OneDice 的运行结果

java.util 包中的 Date 类封装了有关日期和时间的信息，用户可以通过调用相应的方法来获取系统时间或设置日期和时间。如 Date 的 setMonth(int month)方法和 getMonth()方法分别可以设定和获取月份值。

Calendar 类是一个抽象类，它完成日期(Date)类和普通日期表示法(即用一组整型域如 YEAR、MONTH、DAY、HOUR 表示日期)之间的转换。Java 语言提供了 Calendar 类的一个子类 GregorianCalendar，该子类实现了世界上普遍使用的公历系统。Calendar 的 get/set 方法可以获得或者设置日期。

可以用下面的方法实现 Date 与 Calendar 的转换。将 Calendar 转化为 Date 的程序如下。

```
Calendar cal=Calendar.getInstance();
Date date=cal.getTime();
```

Date 转化为 Calendar:

```
Date date=new Date();
Calendar cal=Calendar.getInstance();
cal.setTime(date);
```

这里的 getInstance()方法也是一个静态方法,所以可不需定义一个对象来引用,而直接用 Calendar. getInstance()就可以调用该方法。

3) 静态块

Java 语言中的自由块分为静态块和非静态块,这两种的执行是有区别的。

非静态块的执行时间是:在执行构造函数之前。

静态块的执行时间是:类文件加载时执行。

因执行的时间不同,造成的结果是:非静态块可以多次执行,只要初始化一个对象就会执行一次;但是静态块只会在类装载的时候执行一次,一般用来初始化类的静态变量的值。

每次初始化一个对象,都会导致一次非静态块的执行。

静态块的执行时机是在类文件装载的时候,由于类文件只会装载一次,因此静态块只会执行一次,后面再使用这个类时,不会再执行静态块中的代码。

静态块的执行时机是在类装载后的初始化阶段。如果采用 ClassLoader 的 loadclass 来仅仅装载类而不进行初始化,是不会触发执行静态块的。采用 Class 的 forname (String)表示采用了默认 initialize 为 true 的情况,也就是初始化了。如果使用 forname (String name,boolean initialize, ClassLoader loader),并设置 initialize 为 false,同样不会执行静态块。

类装载后的初始化阶段包括:运行<clinit>方法,这个方法包括类变量的初始化语句和静态自由块语句。这个方法是由 Java 的编译器收集信息后生成的,不能显式地进行调用。

例 4-4 编写程序,测试静态变量、静态初始化块、变量、初始化块、构造器的初始化顺序。

```
public class InitialOrderTest {

    //静态变量
    public static String staticField="静态变量";
    //变量
    public String field="变量";

    //静态初始化块
    static {
        System.out.println(staticField);
        System.out.println("静态初始化块");
    }

    //初始化块
    {
        System.out.println(field);
        System.out.println("初始化块");
```

```
    }

    //构造器
    public InitialOrderTest() {
        System.out.println("构造器");
    }

    public static void main(String[] args) {
        new InitialOrderTest();
    }
}
```

程序运行结果如图 4-16 所示。

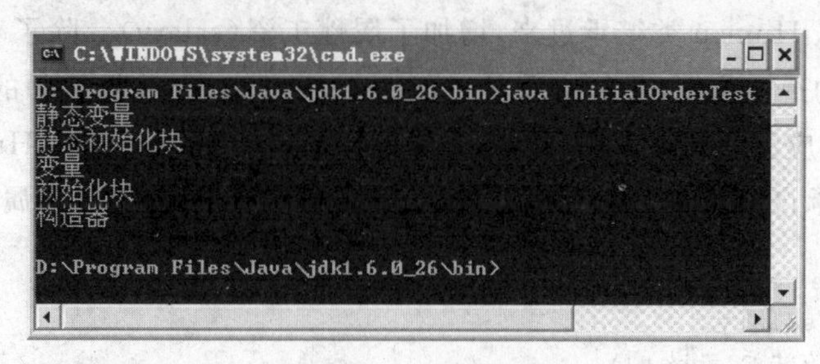

图 4-16 初始化顺序

初始化顺序是：(静态变量、静态初始化块)→(变量、初始化块)→构造器。

6. 问题与思考

① 编写程序，模拟掷两个骰子的数字。测试是否只出现(2,12)之间的整数，试问这些数字出现的几率相同吗？

② 编写程序，读取系统日期的年份。

提示：主要程序段如下。

```
Date dtNow=new Date();
Calendar calendar=new GregorianCalendar();
calendar.setTime(dtNow);
String year=String.valueOf(calendar.get(Calendar.YEAR));
System.out.println("今年是："+year);
```

③ 在 Human 类中增加整数类型的 age 属性表示年龄，编写 calcAge()方法，根据出生日期(birth)计算年龄。

4.4 在"人"类基础上编写教师类 Teacher

知识要点

- 类的继承
- 访问控制符

➢ this 和 super

一个新类可以从现有的类中派生,这个过程称为类继承。作为面向对象的编程语言,Java的类之间可以继承。被继承的类称为父类,继承它类的类称为子类。子类继承父类后,父类的属性和方法也被继承下来并可以使用。子类可以修改或增加新的方法使之更适合特殊的需要。继承可以在编码上省去大量的时间,实现代码复用。

教师和学生都属于人,在描述"教师"类时,可以从"人"类继承很多属性和方法。前面定义了Human类,下面看如何通过继承Human类来定义类Teacher。

实例 在"人"类的基础上编写"教师"类。

1. 详细设计

Teacher类从Human类继承过来,增加了属性工资(salary)。除了对对象进行实例化的Teacher()构造方法外,还包括设置工资(setSalary())和获得教师的工资(getSalary())的两个方法。应注意到在声明Teacher类的同时,使用了extends Human的内容,表明Teacher类继承自Human类。使得Teacher类仍然有编码、姓名等属性和方法。

```
class Teacher extends Human{
  //定义变量 salary
  //定义构造方法 Teacher()
  //定义方法 setSalary()
  //定义方法 getSalary()
}
```

2. 编码实现

1) 定义构造方法 Teacher

语句:

```
Teacher(String nm){super(nm);}
```

分析:该构造方法实例化一个教师时,需要确定教师的姓名。super在这里指父类的构造方法,即Human(String nm)。Teacher(String nm)是通过调用父类的Human(String nm)来实现的。

2) 定义方法 setSalary()

语句:

```
void setSalary(int duty){
  if (duty==1)
    salary=8000;
  if (duty==2)
    salary=6000;
  if (duty==3)
    salary=4000;
}
```

分析:该方法根据教师的行政级别设置工资,各级别划分的教师工资情况表4-1。

表 4-1　按行政级别划分的教师工资情况

代码	级别	工资	代码	级别	工资
1	处级	8000	3	职员	4000
2	科级	6000			

3）定义方法 getSalary()

语句：

```
float getSalary(){
  return salary;
}
```

分析：该方法用 return 语句返回编码 salary。因 salary 是 float 类型，所以用 float 修饰该方法。

3. 源代码

```
/* 文件名：Teacher.java
 Copyright (C)：2014
  * 功能：继承“人”类 Human,实现“教师”类 Teacher。
 */
class Teacher extends Human{
  float salary;
  Teacher(String nm){super(nm);}
  void setSalary(int duty){
    if (duty==1)
      salary=8000;
    if (duty==2)
      salary=6000;
    if (duty==3)
      salary=4000;
  }
  float getSalary(){
    return salary;
  }
}
```

4. 测试与运行

为了测试 Teacher 类，编写包含 main()方法的类 TeacherTest。在 main()方法中，先实例化一个教师张国兵，假设他是处级，t. setSalary()把该对象的工资设置为处级的工资并输出。

```
public class TeacherTest {
  public static void main(String args[]) {
    Teacher t=new Teacher("张国兵");
    t.setCode();
    t.setSalary(1);    //设置为处级的工资
    System.out.println(t.name+"编号："+t.getCode()+" 工资："+t.getSalary());
  }
}
```

运行前先要对 Teacher.java 进行编译，再对 TeacherTest.java 进行编译，最后运行 TeacherTest 的结果如图 4-17 所示。

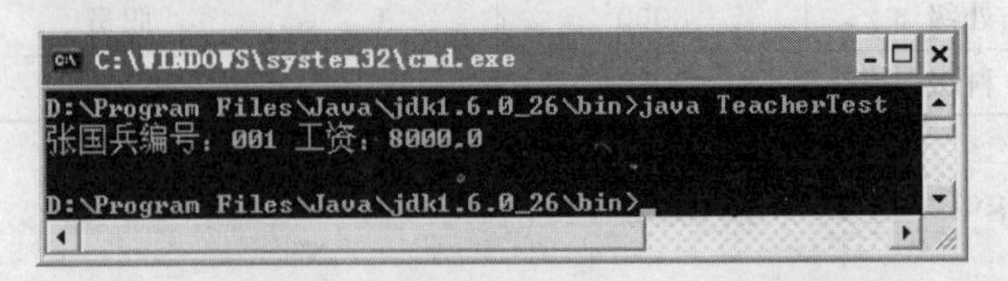

图 4-17 测试 Teacher 的运行结果

因为 Teacher 类继承自 Human 类，所以在 Teacher 类中，可以访问 Human 类的 name 属性和 setCode()、getCode()方法。

5. 技术分析

1) 类的继承

Java 语言的类之间可以继承，通过类的继承，子类可以访问父类的所有成员变量和方法，就像是自己定义的变量和方法一样。

继承可以在编码上省去大量的时间，实现代码复用。如图 4-18 所示是一棵由生物(Creature)、动物(Animal)、植物(Vegetation)和人(Human)等组成的继承树。

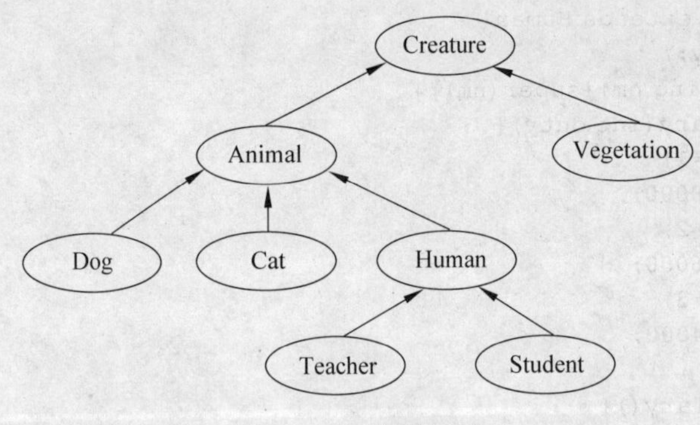

图 4-18 一棵继承树

在这棵树中，Teacher 类的父类是 Human，Human 类的父类为 Animal 类，Animal 的父类为 Creature 类。Creature、Animal、Human、Teacher 类形成了一个继承树分支。

所有的 Java 类都直接或间接地继承了 java.lang.Object 类。Object 类是所有 Java 类的祖先，在这个类中定义了所有的 Java 对象都具有的相同行为。在 Java 类中，具有继承关系的类形成了一棵继承树。在定义一个类时，没有使用 extends 关键字，那么这个类直接继承 Object 类。

通过实例，看到通过继承可以简化类的定义，Java 只允许单继承，不允许多重继承，但可以有多层继承，例如 B 继承 A，C 继承 B，那么 C 就间接继承了 A。

2) 访问控制符

访问控制符是一组限定类、域或方法是否可以被程序里的其他部分访问和调用的修饰符。类的访问控制符有 public 和 default，default 就是包内访问控制符。

域和方法的访问控制符有 public、private、protected、private protected 以及部分默认

的访问控制符。

(1) 类的访问控制符

Java 的类是通过包的概念来组织的,包是类的一个松散的集合。处于同一个包中的类可以不需要任何说明而方便地互相访问和引用,而对于不同包中的类则不行。但当一个类被声明为 public 时,就具有被其他包中的类访问的可能性,只要这些其他包中的类在程序中使用 import 语句引入 public 类,就可以访问和引用这个类。

每个 Java 程序的主类都必须是 public 类。

缺省访问控制权规定,该类只能被同一个包中的类访问和引用,而不可以被其他包中的类使用,这种访问特性又称为包访问性。

(2) 属性和方法的访问控制符

① 公有访问控制符 public:用 public 来声明数据成员或者是方法成为公共域、公共方法。如果公共域和公共方法属于公共类,则它能被所有的其他类所引用。

public 修饰符会造成具有安全性的数据封装性的下降,所以一般应减少 public 域的使用。

默认访问控制符:类内的域或方法如果没有访问控制符来限定,就具有包访问性。即在同一包中的类可以访问由默认访问控制符修饰的域或方法。

② 私有访问控制符 private:使用 private 修饰的内容只能在当前类中访问,而不能被类外部的任何内容访问。private 修饰符用来声明那些类的私有成员,它提供了最高的保护级别。

③ 保护访问控制符 protected:使用 protected 修饰的内容可以被同一个包中的类访问,也可以在不同包内部的子类中访问。其主要作用是允许其他包中该类的子类来访问父类的属性和方法。

私有保护访问控制符 private protected:用 private protected 修饰的成员变量可以被两种类访问和引用,一种是该类本身,另一种是该类的所有子类。把同一个包内的非子类排除在可访问的范围之外,使得成员变量更专注于具有明确继承关系的类,而不是松散地组合在一起的包。

属性和方法的访问控制符指定了成员变量或方法的访问规则,如表 4-2 所示。

表 4-2　属性和方法的访问控制符

访问控制符	同一类中	同一包中	同一子类中	通用(其他)
private	Yes			
default	Yes	Yes		
protected	Yes	Yes	Yes	
public	Yes	Yes	Yes	Yes

3) this 和 super

Java 语言中,this 通常指当前对象,super 则指父类。

Java 语言自动将所有实例变量和方法的引用与 this 关键字联系在一起,只是在写程序时常把 this 省略了。例如 Human 类可以写成:

```
public class Human{
  String code;
  String name;
  String birth;
  Human(String nm){
    this.name=nm;
  }
  void introduce(){
    System.out.println("I am "+this.name);
  }
}
```

这里两处引用了name,都是指当前的对象,所以用this.name,尽管this在这里可以省略。

在方法中的某个形参名与当前对象的某个成员有相同的名字,这时为了不至于混淆,需要明确使用this关键字来指明要使用某个成员,使用格式是"this.成员名",而不带this的那个参数便是形参。例如Human(String nm)的形参也命名为name。为便于区别,此时this就不能省去。见下面对构造方Human()的定义:

```
Human(String name){
  this.name=name;
}
```

同this类似,super用来引用其父类的方法或属性。

当this和super用在构造方法中时,super后加参数的是用来调用父类中具有相同形式的构造方法,this后加参数则调用的是当前具有相同参数的构造方法。

子类不继承父类的构造方法,在子类的构造方法中可以使用super()语句来调用父类的构造方法。

如果子类的构造方法中没有显式地调用父类的构造方法,也没有使用this关键字调用重载其他的构造方法,则在产生子类的实例对象时,系统默认调用父类的构造方法。

super和this不能同时在一个构造方法中出现。super和this调用语句只能作为构造方法的第一句出现。

4) 再谈静态域、块的初始化顺序

前面已经就Java类中静态域、块,非静态域、块,构造函数的初始化顺序作过讨论,如果存在继承关系,它们的初始化顺序又如何呢?

如果涉及继承关系,则是:首先执行父类的非静态块,然后是父类的构造函数,接着是自己的自由块,最后是自己的构造函数。

例4-5 Father是Son的父类,它们都包含静态块。编写程序,观测装入实例前后静态块的初试顺序。

实现代码如下:

```
package statictest;
class Father {
   static{        //静态块
```

```
        System.out.println("father's STATIC free block running");
    }
    {            //非静态块
        System.out.println("father's free block running");
    }
    public Father(){
        System.out.println("father's constructor running");
    }

}

class Son extends Father{
    static{      //静态块
        System.out.println("son's STATIC free block running");
    }
    {            //非静态块
        System.out.println("son's free block running");
    }
    public Son() {
        System.out.println("son's constructor running");
    }
}

public class ClientTest {
    public static void main(String[] args) {
        Class f;
        try {
            System.out.println("--------beforeload father--------");
            //装入类 statictest.Father
            f=Class.forName("statictest.Father");
            System.out.println("--------after load father---------");
            System.out.println("--------before initial father object--------");
            f.newInstance();
            System.out.println("--------after initial father object--------");
        } catch (ClassNotFoundException e) {
            e.printStackTrace();
        } catch (InstantiationException e) {
            e.printStackTrace();
        } catch (IllegalAccessException e) {
            e.printStackTrace();
        }

        Class s;
        try {
            System.out.println("-------before load son--------");
            s=Class.forName("statictest.Son");
            System.out.println("--------after load son-------");
            System.out.println("--------before initial son object----------");
            s.newInstance();
```

```
            System.out.println("--------after initial son object-----------");
        } catch (ClassNotFoundException e) {
            e.printStackTrace();
        } catch (InstantiationException e) {
            e.printStackTrace();
        } catch (IllegalAccessException e) {
            e.printStackTrace();
        }
    }
}
```

运行结果如图 4-19 所示。

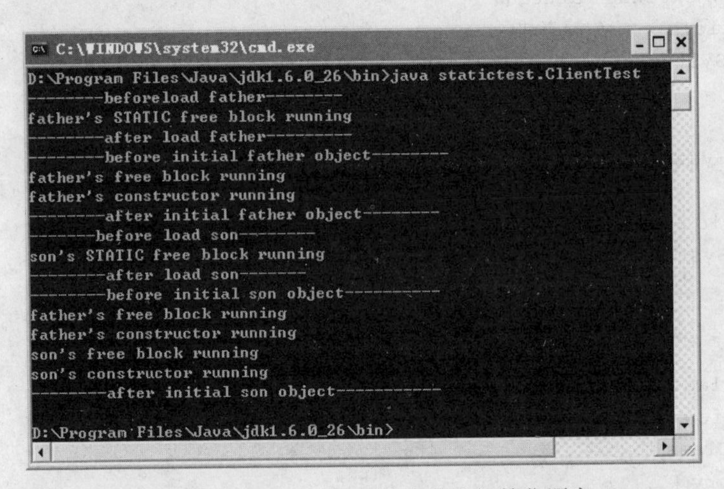

图 4-19　装入子、父类后静态块的初始化顺序

6. 问题与思考

编写 Student 类,继承自 Human 类,除从 Human 类中继承 code、name、birth 属性和 introdeuce()、setCode(). getCode()方法外,Student 类中包含 classnumber 属性,它是 int 类型,表示所在班级号。Student 类还定义 setClassnum()方法和 getClassnum()方法,分别实现对学生的编班和获知某学生所在班级。学生共分 3 个班,编班原则是:

如果学生编号除以 3 的余数是 0,编入 1 班;

如果学生编号除以 3 的余数是 1,编入 2 班;

如果学生编号除以 3 的余数是 2,编入 3 班。

用下面的类测试 Student 类:

```
public class OutPutStudent {
  OutPutStudent(Student s){
    s.setCode();
    s.setClassnum(s.code);
    System.out.println(s.name+"编号: "+s.getCode()+" 在第"+s.getClassnum()+"班");
  }
}
public class StudentTest {
```

```
  public static void main(String args[]) {
    new OutPutStudent(new Student("张国兵"));
    new OutPutStudent(new Student("刘妙妹"));
    new OutPutStudent(new Student("徐俊强"));
    new OutPutStudent(new Student("蔡俊伟"));
    new OutPutStudent(new Student("肖琳怡"));
  }
}
```

4.5　教师编码的生成

知识要点

- 类的多态性
- final

多态(Polymorphisn)就是多种形态。简单地说就是一个名称对应多个方法。多态有覆盖(override)和重载(overload)两种形式。

覆盖是指子类重新定义父类的方法。重载是指允许存在多个同名方法,而这些方法的参数表不同(或许参数个数不同,或许参数类型不同,或许两者都不同)。

在 Human 类中,通过静态变量可以为每一个人生成唯一的编码。Teacher 类继承自 Human 类,但教师的编码和一般人的编码会有所不同。比如,除了序列号外,还包括教师当年注册的年份。如张国兵和刘清华都是 2008 年编入学校,张国兵的编号是 2008001,刘清华的编号是 2008002。

实例　子类 Teacher 覆盖父类 Human 的 setCode()方法,教师的编码除了序列号外,教师注册的年份也在其编码中。

1. 详细设计

程序用到了 java. util. * 包中的 Date 类和 Calendar 类来获取系统的年份。

```
//引入包 java.util.*
class Teacher extends Human{
  //定义变量
  //定义构造方法
  //定义方法 setCode()
  //定义方法 setSalary()
  //定义方法 getSalary()
}
```

2. 编码实现

1) 引入包 java. util. *

语句:

```
import java.util.*;
```

分析：程序用到了 java. util. * 包中的 Date 类和 Calendar 类来获取系统的年份，所以需用 import 语句引入。

2）定义 setCode()方法

语句：

```
void setCode(){
  int icode;

  icode=Integer.parseInt(basecode)+1;
  if (icode<10)
    basecode="00"+Integer.toString(icode);
  else if (icode<100)
    basecode="0"+Integer.toString(icode);
  else basecode=Integer.toString(icode);

  java.util.Date dtNow=new java.util.Date();
  Calendar calendar=new GregorianCalendar();
  calendar.setTime(dtNow);
    String year=String.valueOf(calendar.get(Calendar.YEAR));

  code=year+basecode;
}
```

分析：与 Human 类的 setCode()方法不同，Teacher 类中没有直接把 basecode 赋给 code，而是加入了当年的年份 year。

3. 源代码

```
/* 文件名:Teacher.java
 Copyright (C):2014
  * 功能:覆盖父类的 zetCode()方法。
 */
import java.util.*;
class Teacher extends Human{
  float salary;
  Teacher(String nm){super(nm);}

  void setCode(){
    int icode;

    icode=Integer.parseInt(basecode)+1;
    if (icode<10)
      basecode="00"+Integer.toString(icode);
    else if (icode<100)
      basecode="0"+Integer.toString(icode);
    else basecode=Integer.toString(icode);

    java.util.Date dtNow=new java.util.Date();
    Calendar calendar=new GregorianCalendar();
```

```
    calendar.setTime(dtNow);
    String year=String.valueOf(calendar.get(Calendar.YEAR));
    code=year+basecode;
  }

  void setSalary(int duty){
    if (duty==1)
      salary=8000;
    if (duty==2)
      salary=6000;
    if (duty==3)
      salary=4000;
  }
  float getSalary(){
    return salary;
  }
}
```

4. 测试与运行

为测试 Teacher 类的 setCode()方法,编写下面的程序。

```
public class TeacherTest {
  public static void main(String args[]) {
    Teacher t=new Teacher("张国兵");
    t.setCode();
    System.out.println(t.name+t.code);
  }
}
```

测试程序运行的结果如图 4-20 所示。

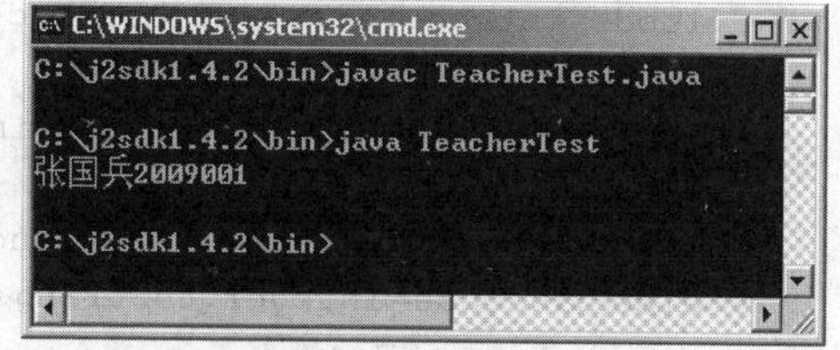

图 4-20　类方法的覆盖

5. 技术分析

1) 类的多态

(1) 覆盖

如果子类中定义方法所用的名字、返回类型和参数表和父类中方法使用的完全一样,则子类方法覆盖了父类中的方法,即子类中的成员方法将隐藏父类中的同名方法。利用方法隐藏,可以重定义父类中的方法。

覆盖的同名方法中,子类方法不能比父类方法的访问权限更严格。例如,如果父类中方法 method()的访问权限是 public,子类中就不能含有带有 private 限定符的 method()方法,否则会出现编译错误。

在子类中,若要使用父类中被隐藏的方法,可以使用 super 关键字。

(2) 方法的重载

前面提到的 Teacher 类中的 setSalary(int duty)方法根据职务级别来计算工资。在学院里,对任课教师还有另外一种计算方法,即根据职称的基本工资和当月上课的补贴来计算,职称基本工资表如表 4-3 所示。

表 4-3　职称基本工资表

职称代码	职称	基本工资	职称代码	职称	基本工资
1	教授	5000	3	讲师	6000
2	副教授	8000	4	助教	4000

例 4-6　编写 Teacher 类的 setSalary(int title, float subsidy)方法计算任课教师的工资。

在 Teacher 类中必须有一个方法来计算任课教师的工资,该方法是 setSalary(int title, float subsidy),其参数有 2 个,分别代表任课教师的职称和上课补贴。这个方法和原来的方法 setSalary(int dury)的方法名虽然一样,但参数个数或类型不一样,尽管都是用来计算工资的,它们却代表不一样的方法。见下面的源程序。

```
/* 文件名: Teacher.java
 Copyright (C): 2014
 * 功能: 重载 setSalary()方法。
 */
import java.util.*;
class Teacher extends Human{
  float salary;
  Teacher(String nm){super(nm);}

  void setCode(){
    int icode;

    icode=Integer.parseInt(basecode)+1;
    if (icode<10)
      basecode="00"+Integer.toString(icode);
    else if (icode<100)
      basecode="0"+Integer.toString(icode);
    else basecode=Integer.toString(icode);

    java.util.Date dtNow=new java.util.Date();
    Calendar calendar=new GregorianCalendar();
    calendar.setTime(dtNow);
    String year=String.valueOf(calendar.get(Calendar.YEAR));
    code=year+basecode;
  }

  void setSalary(int duty){
    if (duty==1)
      salary=8000;
    if (duty==2)
      salary=6000;
    if (duty==3)
      salary=4000;
  }
```

```
  void setSalary(int title,float subsidy){
    if (title==1)
      salary=5000+subsidy;
    if (title==2)
      salary=8000+subsidy;
    if (title==3)
      salary=6000+subsidy;
    if (title==4)
      salary=4000+subsidy;
  }
  float getSalary(){
    return salary;
  }
}
```

用下面的测试类运行它。

```
public class TeacherTest {
  public static void main(String args[]) {
    Teacher t1=new Teacher("张国兵");
    t1.setSalary(1);          //设置为处长的工资
    System.out.println(t1.name+"工资是: "+t1.salary);

    Teacher t2=new Teacher("刘清华");
    t2.setSalary(1,856.50f);         //教授,本月任课工作量补贴是 856.50
    System.out.println(t2.name+"工资是: "+t2.salary);
  }
}
```

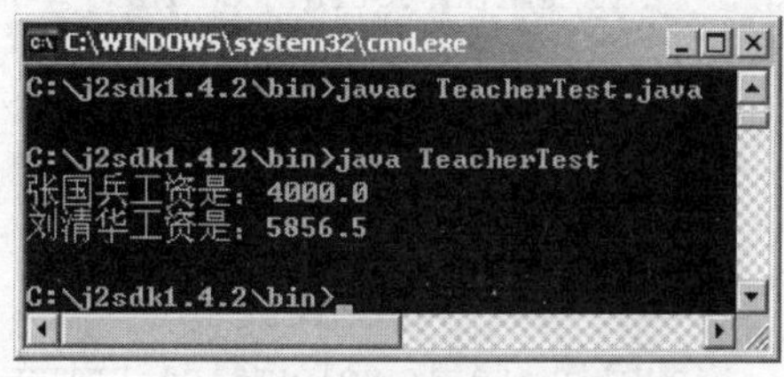

图 4-21　方法重载

程序运行结果如图 4-21 所示。

(3) 构造方法的重载

多数情况下,用 new 调用构造方法来实例化一个对象,所以构造方法往往用来做一些初始化工作,为实例变量赋予合适的初始值。构造方法必须满足以下语法规则且不要声明返回类型,不能被 static、final、synchronized、abstract 和 native 修饰。

不同条件下,对象可能会有不同的初始化行为。可通过重载构造方法来表达对象的多种初始化行为。上面实例中 Human 类只有一个构造方法 Human(String name),即

```
Human(String name){this.name=name;}
```

该方法只对对象的姓名赋值。如果希望在初始化对象时对姓名、性别和出生年月都赋值,可以在 Human 类中增加一个构造方法 Human(String nm, String gender,String birth)。

例 4-7　在 Human 类中增加一个构造方法 Human(String name, String gender, String birth),其中用 m 表示男性,f 表示女性。出生年月用 8 位字符串表示。

如要实例化一个对象,姓名是张国兵,出生年月是 1970 年 3 月 5 日,字符串表示为 "19700305"。Human(String name, String gender,String birth)方法如下:

```
Human(String name,String gender,String birth){
  this.name=name;
  this.gender=gender;
  this.birth=birth;
}
```

增加这个构造方法后,语句 new Human("张国兵","m","19700305")就实例化为一个姓名为张国兵、性别为男、出生日期是 1970 年 3 月 5 日的对象。见下面的 Human 类。

```
public class Human{
  String code;
  String name;
  String gender;
  String birth;
  Human(String name){
    this.name=name;
  }
  Human(String name,String gender,String birth){
    this.name=name;
    this.gender=gender;
    this.birth=birth;
  }
  void introduce(){
    System.out.println("I am "+name);
  }
}
```

可用下面的程序进行测试:

```
public class HumanTest {
  public static void main(String args[]) {
    Human p=new Human(args[0],args[1],args[2]);
    p.introduce();
    if (p.gender.equals("m"))
      System.out.print("性别: "+"男");
    else
      System.out.print("性别: "+"女");
    System.out.println(" 出生日期: "+p.birth);
  }
}
```

运行结果如图 4-22 所示。

在一个类的多个构造方法中可能会出现一些重复操作。为了提高代码的可重用性,Java 语言允许在一个构造方法中用 this 语句来调用另一个构造方法。

假如在一个构造方法中使用了 this 语句,那么它必须作为构造方法的第一条语句

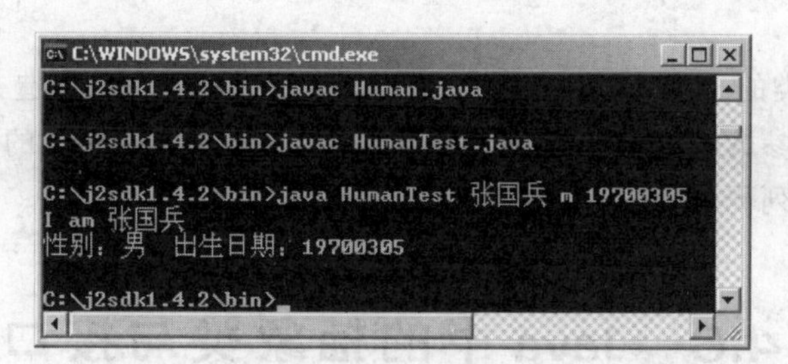

图 4-22 构造方法的重载

(不考虑注释语句)。以下构造方法是非法的：

```
public Human(){
  String name;
  this(name);      //编译错误,this 语句必须作为第一条语句
}
```

只能在一个构造方法中用 this 语句来调用类的其他构造方法，而不能在实例方法中用 this 语句来调用类的其他构造方法。

Java 语言中，每个类至少有一个构造方法。如果用户定义的类中没有提供任何构造方法，Java 语言将自动提供一个隐含的默认构造方法。该构造方法没有参数，用 public 修饰，而且方法体为空。默认情况下构造方法会自动把所有实例变量初始化为 0。

程序中也可以显式地定义默认的构造方法，它可以是任意的访问级别。如果类中显式定义了一个或多个构造方法，并且所有的构造方法都带有参数，那么这个类就失去了默认的构造方法。

2) final

final 可以控制成员、方法或者一个类是否具有可被覆写或继承等功能。

(1) final 成员

定义变量时，在其前面加上 final 关键字，会使这个变量一旦被初始化便不可改变。

还有一种用法是定义方法中的参数为 final，对于基本类型的变量，这样做并没有什么实际意义，因为基本类型的变量在调用方法时是传值的，也就是可以在方法中更改这个参数变量而不会影响到调用语句。然而对于对象变量，使用 final 关键字却显得很实用，因为对象变量在传递时是传递其引用，这样在方法中对对象变量的修改也会影响到调用语句中的对象变量，当在方法中不需要改变作为参数的对象变量时，明确使用 final 进行声明会防止误修改影响到调用方法。

(2) final 方法

将方法声明为 final，说明不允许任何从此类继承的类来覆写这个方法，但可以继承这个方法。

(3) final 类

一个 final 类是无法被任何人继承的，也就意味着此类在一个继承树中是不能进行修改或扩展一个叶子类。对于 final 类中的成员，可以为 final，也可以不是 final。而对于方法，由于所属类为 final 的关系，自然也就成了 final 类型的。

6. 问题与思考

编写 Human 类的子类 Student,至少有两个构造方法,一个构造方法只有姓名参数,另一个构造方法的参数有姓名和性别。Student 类覆盖 Human 类的 setCode()方法,在编码的时候除了序列码外,还可以包含入学年份(取自系统日期)。

4.6 Java 中的抽象类与接口

4.6.1 用抽象类计算几何形状的面积

知识要点

➢ 抽象方法与抽象类

Java 的抽象类是包含一种或多种抽象方法的类,不需要构造实例。定义抽象类后,其他类可以对它进行扩充并且通过实现其中的抽象方法,使抽象类具体化。

例如可以把 Shape 定义成一个抽象类,在 Shape 类中的抽象方法 area()用于计算某个图形的面积,面积的计算方法因图形不同而有所差异。具体由 Shape 类的子类 Circle、Rectangle、Triangle 来实现 area()方法,分别计算圆、长方形和三角形的面积,如图 4-23 所示。它们的继承关系如下。

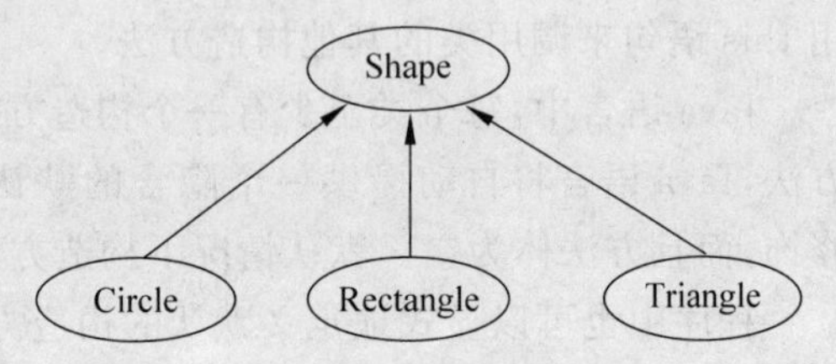

图 4-23　Shape 类与子类 Circle、Rectangle、Triangle 的继承关系

实例　编写程序,分别实现 Shape 类和 Circle 子类。

1. 详细设计

Shape 类中定义了变量 x,y。对圆形来说,x 代表半径;在长方形中,x、y 分别代表长和宽;对三角形而言,x、y 分别代表底和高。

```
abstract class Shape{
  //定义变量 x,y
  //构造方法 1 对 x 初始化
  //构造方法 2 对 x,y 初始化
  //定义抽象方法 area()
}
class Circle extends Shape{
  //用构造方法初始化一个圆
  double area(){
    //返回面积
  }
}
class AbstractDemo{
```

```
main(String args[]){
    //定义一个半径为 5 的圆
    //输出圆的面积
  }
}
```

2. 编码实现

1）Shape 类的构造方法

语句：

```
Shape (int a){x=a;}
Shape (int a,int b){x=a;y=b;}
```

分析：圆形面积只需由一个参数即半径决定，长方形和三角形的面积需要更多参数决定，所以 Shape 类为了初始化某个对象，需要多个构造方法。

2）定义抽象方法 area()

语句：

```
abstract double area();
```

分析：包含抽象方法的类称为抽象类，抽象方法的定义很简单，没有方法体。它需要子类来实现。

3）返回面积

语句：

```
return 3.14*(x*x);
```

分析：在圆形中 x 被定义为半径，所以 3.14*(x*x)就是该圆的面积。

3. 源代码

```
/* 文件名：AbstractDemo.java
 * Copyright (C): 2014
 * 功能：通过继承抽象类实现圆的面积的计算。
 */
abstract class Shape{
  int x,y;
  Shape (int a){x=a;}
  Shape (int a,int b){x=a;y=b;}
  abstract double area();
}
class Circle extends Shape{
  Circle (int a){super(a);}
  double area(){
    return 3.14*(x*x);
  }
}
public class AbstractDemo{
  public static void main(String args[]){
    Circle c=new Circle(5);
```

```
    System.out.println(c.area());
  }
}
```

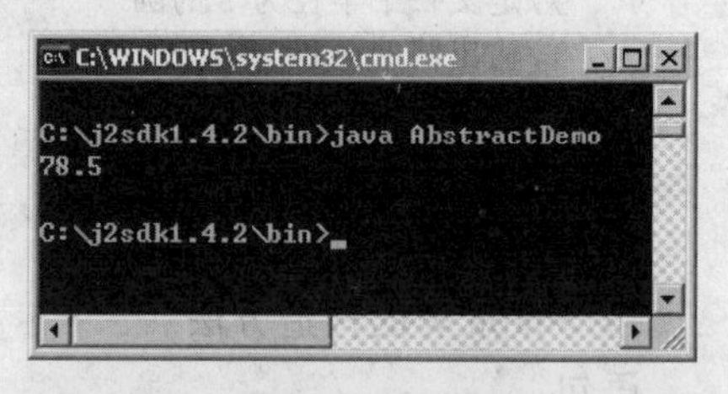

图 4-24　抽象类实例程序的运行结果

4. 测试与运行

程序运行结果如图 4-24 所示。

5. 技术分析

Java 语言的所有对象都是通过类来描绘的。抽象类是对问题领域进行分析、设计后得出的抽象概念，是对一系列看上去不同、但是本质上相同的具体概念的抽象。就像“三角形”是一个“形状”，现实世界中有“三角形”这样具体的东西，但是却没有“形状”这样的东西。要描述“形状”的概念就要用到抽象类。Java 中抽象类是不允许被实例化的。

在面向对象领域，抽象类主要用来进行类型隐藏。通过类型隐藏，可以构造出一个有固定的一组行为的抽象描述，但是这组行为却能够有任意数量的可能的具体实现方式。这个抽象描述就是抽象类，而这一组任意数量的可能的具体实现则表现为所有可能的派生类。好比动物是一个抽象类，人、猴子、老虎就是具体实现的派生类，可以用动物类型来隐藏人、猴子和老虎的类型。

Java 抽象类有以下特点：

① 普通的 Java 类也可以在 class 关键字前加 abstract 来声明为抽象类型，只不过此时该类不可以再实例化。

② 如果一个类中有一个以上的抽象方法，则该类必须声明为抽象类，该方法也必须声明为抽象。

③ 抽象类不能被实例化，但不代表它不可以有构造方法，抽象类可以有构造方法，以备继承类扩充。

6. 问题与思考

对照计算 Circle 面积的方法，编写 Rectangle 类和 Triangle 类，实现计算长方形和三角形的面积。

提示：核心语句如下：

```
Rectangle (int a,int b){super(a,b);}
double area(){
  return x*y;
}
⋮

Triangle (int a,int b){super(a,b);}
double area(){
  return 0.5*x*y;
}
```

4.6.2　用接口计算几何形状面积

知识要点

- 接口与接口的实现
- 接口的用法
- 接口的多继承

类似抽象类，Java 语言的接口是一系列方法的声明，一个接口只有方法的特征而没有方法的实现。这些方法需要在不同的地方被不同的类实现，不同类对接口的方法可以有不同的实现。类和接口的关系不再是继承关系，而是实现(implements)关系。

用圆心坐标和半径可以唯一确定一个圆，两个对角线坐标可以唯一确定一个长方形，用三个坐标可以唯一确定一个三角形。这些形状主要由一些坐标点确定，所以有必要定义 Point 类来描述坐标点。Circle、Rectangle 和 Triangle 类通过继承 Point 类，可以很容易进行描述。

实例　Shape 接口中定义了求面积的方法 area()，请在 Circle 类中实现 area()方法，求圆的面积。

1. 详细设计

Shape 接口中定义了变量 x、y。对圆形来说，x 代表半径；在对长方形中，x、y 分别代表长和宽；对三角形而言，x、y 分别代表底和高。实现方法如下：

```
interface Shape{
  //定义常量 PI
  //声明方法 area()
}
class Circle implements Shape{
  //定义变量 r 来保存圆的半径
  Circle(double r){
    //用参数对半径赋值
  }
  public double area(){
    //返回圆的面积
  }
}
class InterfaceTest{
  main(String args[]){
    //定义一个半径为 5 的圆
    //输出圆的面积
  }
}
```

2. 输出圆面积的编码实现

语句：

```
System.out.println(c.area());
```

分析：c 是 Circle(圆)的对象。在 Circle 类中，area()方法实现了 Shape 接口中的定义，所以 c. area()就是 c 的面积。

3. 源代码

```
/* 文件名: InterfaceTest.java
 * Copyright (C): 2014
 * 功能: 通过继承抽象类实现圆形面积的计算。
 */
interface Shape{
  static final double PI=3.14;
  double area();
}
class Circle implements Shape{
  private double r;
  Circle(double r){
    this.r=r;
  }
  public double area(){
    return PI * r * r;
  }
}
public class InterfaceTest{
  public static void main(String args[]){
    Circle c=new Circle(5);
    System.out.println(c.area());
  }
}
```

4. 测试与运行

程序运行结果如图 4-25 所示。

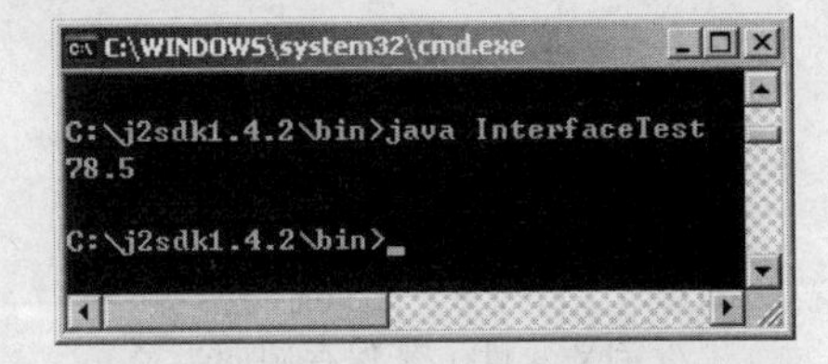

图 4-25 接口实例程序的运行结果

5. 技术分析

1）接口与接口的实现

Java 语言中，接口可看做是“纯粹的抽象类”。接口与类一样，有方法名、参数列表、返回类型。Java 语言接口的方法只能是抽象的，所以没有方法体。Java 接口不能有构造方法，接口的方法都隐含带有 public 和 final。

创建接口时用 interface 来代替 class，前面可以有 public 限定符。如果不加访问权限，那么它就是默认的包访问权限。接口中的方法的访问权限默认为 public。类实现接口要用 implements 关键字。

子类在继承父类的同时可以实现一个或多个接口。前面的实例中，除计算圆的面积外，还需要知道它在二维空间中位置。为此需要先定义一个 Point 类，用于记录坐标。Circle 类继承自 Point 类，并实现了 Shape 接口，见下面的例子。

例 4-8 Point 类描述二维坐标。Shape 是一个接口，定义方法来计算某个图形的面积。通过继承 Point 类和实现 Shape 接口，可以描述 Circle 类的位置和计算其面积。

实现程序如下：

```
class Point{
  double x,y;
  public Point(double x,double y){
    this.x=x;
    this.y=y;
  }
}

interface Shape{
  static final double PI=3.14;
  double area();
}
class Circle extends Point implements Shape{
  private double r;
  Circle(double x,double y,double r){
    super(x,y);
    this.r=r;
  }
  public double area(){
    return PI * r * r;
  }
}
public class ExtendandInterface{
  public static void main(String args[]){
    Circle c=new Circle(3,4,5);
    System.out.println("该圆圆心在: "+"x="+c.x+" y="+c.y);
    System.out.println("面积是:"+c.area());
  }
}
```

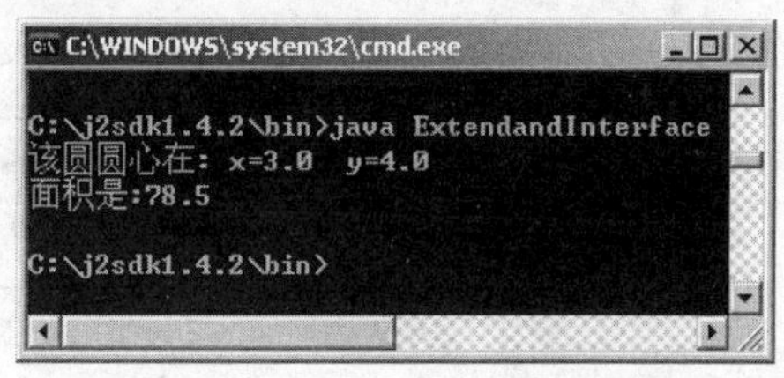

图 4-26　ExtendandInterface 类的运行结果

程序测试运行结果如图 4-26 所示。

2）接口的用法

在 Java 语言接口的应用中，要注意以下几点。

① 接口一般定义的是常量和一些抽象方法。而抽象类中可以包含抽象方法，也可以包含非抽象方法。

② 接口的引用可指向其实现的对象，尽量定义为接口的引用。接口的引用有可能出现多态的情况。

③ 接口只能定义抽象方法而且默认为是 public。常量用 public static final 修饰。

④ 多个类可以实现一个接口，接口的引用指向实现的对象。

⑤ 一个类可以实现多个接口，这点和继承要有所区别。

⑥ 与继承一样，接口与实现类之间可能存在多态。

⑦ 接口可以继承其他的接口，并添加新的属性和抽象方法。

⑧ 在类中实现接口的方法时必须加上 public 修饰符。

下面通过例子来对上面的要点进行说明。

例 4-9 Runner、Eater 都是接口,其中 Eater 是 Runner 的子接口,Operator 对象实现了 Eater 接口。分别用 Operator 对象和 Eater 对象启动 Runner 接口的 start()方法,观测其结果。

实现代码如下:

```
interface Runner{                                //定义接口
  int i=3;
  public void start();
  void run();
  void stop();
}
interface Eater extends Runner{                  //接口间可以继承
  public final static int j=4;
  void openMouth();
  void upAndDown();
  void goIn();
}
class Operator implements Eater{                 //引用接口
  public void start(){
    System.out.println("---------start()-------");
  }
  public void run(){
    System.out.println("---------run()-------");
  }
  public void stop(){
    System.out.println("---------stop()-------");
  }
  public void openMouth(){
    System.out.println("---------openMouth()-------");
  }
  public void upAndDown(){
    System.out.println("---------upAndDown()-------");
  }
  public void goIn(){
    System.out.println("---------goIn()-------");
  }
}
public class TestInterface1{
  public static void main(String[] args){
    Runner operator=new Operator();        //接口的引用指向实现的对象
    System.out.println(operator.i);
    System.out.println(Runner.i);
    operator.start();
    Eater eater=new Operator();            //接口的引用指向实现的对象
    System.out.println(eater.j);
    System.out.println(Eater.j);
```

```
    eater.start();
  }
}
```

运行结果如图 4-27 表示。

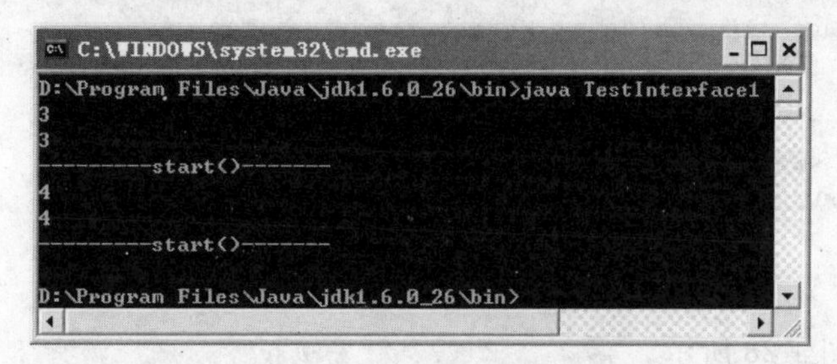

图 4-27　分别用 Operator 对象和 Eater 对象启动 Runner 接口的 start()方法的运行结果

再分析一个接口的例子。

例 4-10　CareAnimalable、Farmer、Worker 都是接口，其中 Famer 和 Worker 都继承自 CareAnimalable。在类 TestInterface2 的 t()方法内调用 CareAnimalabel 的方法。分别用 Worker 接口和 Farmer 接口建立 CareAnimalable 对象后，观测调用 TestInterface2 的 t()方法的运行结果。

代码如下：

```
public class TestInterface2 {
  public static void main(String[] args){
    CareAnimalable c=new Worker();
    TestInterface2 test=new TestInterface2();
    test.t(c);                              //多态
    c=new Farmer();
    test.t(c);
  }
  public void t(CareAnimalable c){          //尽量定义为接口或父类的引用
    c.feed();
    c.play();
  }
}

interface CareAnimalable{
  public void feed();
  public void play();
}

class Worker implements CareAnimalable{
  public void feed(){
    System.out.println("-----feed()----");
  }
  public void play(){
    System.out.println("-----play()----");
```

```
    }
  }

  class Farmer implements CareAnimalable{
    public void feed(){
      System.out.println("-----Farmer feed()----");
    }

    public void play(){
      System.out.println("-----Farmer play()----");
    }
  }
```

运行结果如图 4-28 所示。

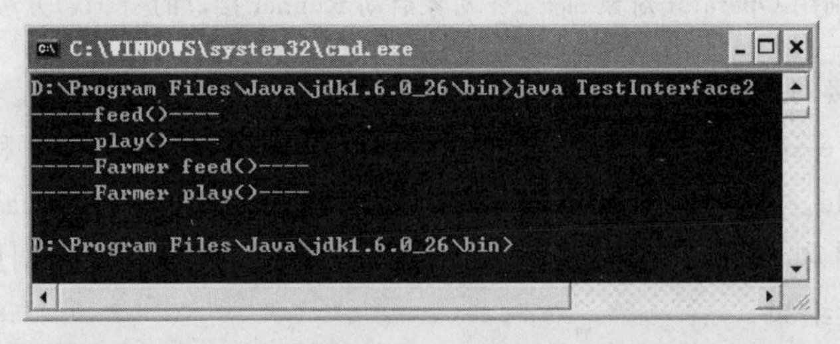

图 4-28　分别用 Worker 和 Farmer 对象测试 t()方法的运行结果

以上就是接口的用法,在编程开发中可以通过定义接口来简化编程。

3) 接口的多继承性

Java 语言中的类只能支持单继承,也就是说 Java 语言中的任何类都只有一个父类。接口之间可以实现多继承。

人类的继承关系是一个多继承关系,因为每个人都有父、母亲。以小说《红楼梦》中贾宝玉和林黛玉的人物关系图为例,他们的继承关系如图 4-29 所示。

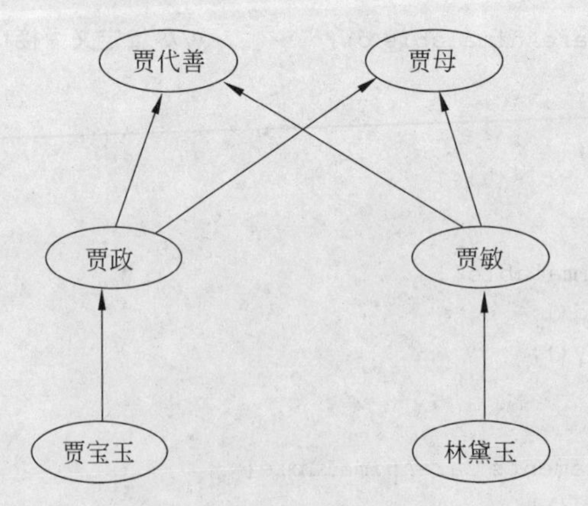

图 4-29　《红楼梦》中贾宝玉和林黛玉的人物关系图

例 4-11　用 Java 编写贾宝玉和林黛玉的人物继承关系。

因为类不支持多继承,这里只能用接口代表各个人物,分别用接口 Jiadaishan、

Jiamu、Jiazheng、Jiamin、Jiabaoyu 和 Lindaiyu 编程实现。每个接口中包含自我介绍的方法。ShowEveryone 类实现 Jiabaoyu 接口和 Lindaiyu 接口，因为接口之间已经有继承关系，ShowEveryone 除要实现 Jiabaoyu 接口和 Lindaiyu 接口的方法外，还必须实现 Jiabaoyu 和 Lindaiyu 父接口的所有方法。代码如下：

```
interface Jiadaishan{
  void showJiadaishan();
}
interface Jiamu{
  void showJiamu();
}
interface Jiazheng extends Jiadaishan,Jiamu{
  void showJiazheng();
}
interface Jiamin extends Jiadaishan,Jiamu{
  void showJiamin();
}
interface Jiabaoyu extends Jiazheng{
  void showJiabaoyu();
}
interface Lindaiyu extends Jiamin{
  void showLindaiyu();
}
class ShowEveryone implements Jiabaoyu,Lindaiyu{
  public void showJiadaishan(){System.out.println("I am Jiadaishan");}
  public void showJiamu(){System.out.println("I am Jiamu");}
  public void showJiazheng(){System.out.println("I am Jiazheng");}
  public void showJiamin(){System.out.println("I am Jiamin");}
  public void showJiabaoyu(){System.out.println("I am Jiabaoyu");}
  public void showLindaiyu(){System.out.println("I am Lindaiyu");}
}
```

编写 ShowEveryTest 类如下：

```
public class ShowEveryoneTest {
  public static void main(String args[]) {
    ShowEveryone p=new ShowEveryone();
    p.showJiadaishan();
    p.showJiamu();
    p.showJiazheng();
    p.showJiamin();
    p.showJiabaoyu();
    p.showLindaiyu();
  }
}
```

该程序的测试运行结果如图 4-30 所示。

```
C:\WINDOWS\system32\cmd.exe
C:\j2sdk1.4.2\bin>javac ShowEveryoneTest.java

C:\j2sdk1.4.2\bin>java ShowEveryoneTest
I am Jiadaishan
I am Jiamu
I am Jiazheng
I am Jiamin
I am Jiabaoyu
I am Lindaiyu

C:\j2sdk1.4.2\bin>
```

图 4-30　测试运行 ShowEveryone 类的结果

6. 问题与思考

① Point 类描述二维坐标,程序如下:

```
class Point{
  double x,y;
  public Point(double x,double y){
    this.x=x;
    this.y=y;
  }
}
```

Shape 是一个接口,定义计算某个图形的面积。

```
interface Shape{
  static final double PI=3.14;
  double area();
}
```

编写 Triangle 类,根据三角形三个顶点的二维坐标计算其面积。

提示:根据三角形坐标求面积的公式:

$$S=abs((x1 * y2+x2 * y3+x3 * y1-x1 * y3-x2 * y1-x3 * y2)/2)$$

下面的构造方法可以初始化一个三角形:

```
private Point p1,p2,p3;
Triangle(double x1,double y1,double x2,double y2,double x3,double y3){
  p1=new Point(x1,y1);
  p2=new Point(x2,y2);
  p3=new Point(x3,y3);
}
```

另一种方法用海伦公式,具体如下:

$$L=(a+b+c)/2$$

$$S=sqrt(L*(L-a)*(L-b)*(L-c))$$

② 仿照例 4-6,编写 ShowJiabaoyu 类来实现 Jiabaoyu 接口。

第 5 章　Java 异常处理

5.1　捕 获 异 常

知识要点

- 异常的概念和 Java 异常体系结构
- 异常的捕获和处理
- 常见异常类

异常描述了正确程序中所发生的问题，例如数组越界、被 0 除、参数不满足规范等导致的错误。

Java 异常机制由 try 块、catch 块、finally 块组成，try 块后必须紧跟一个 catch 块，或一个 finally 块，或两者都有，比如：

```
try{ }
catch(异常类 e){ }
```

或

```
try{ }
finally{ }
```

或

```
try{ }
catch(异常类 e){ }
finally{ }
```

try 块用来捕获异常，catch 块用来处理捕获到的异常，finally 块里的代码无论是否有异常都要执行，通常用于释放一些关键资源，比如数据库连接等。

实例　编写一个求某数倒数的程序，一旦用 0 做除数，即捕获系统产生的异常。

1. 详细设计

本程序由 ExceptionProcess 类实现。

```
class ExceptionProcess{
  //定义整数型数组 a
  //构造方法
  ExceptionProcess(){
```

```
        //初始化 a 数组
    }
    //countDownt 方法
    countDown(int i){
      try{
        //求 a[i]的倒数
      }
      //捕获算术运算异常
      catch(ArithmeticException e){
        //输出算术运算异常信息
      }
      finally{
        //调用 countDown()结束
      }
    }
}
```

2. 编码实现

1）初始化a数组

语句：

```
a[0]=0; a[1]=1; a[2]=2; a[3]=3;
```

分析：数组长度为4，最后一个分量是a[3]，a[0]初值为0。

2）求a[i]的倒数

语句：

```
System.out.println("a["+i+"]的倒数是: "+1/a[i]);
```

分析：用System.out.println直接输出1/a[i]的值。

3）输出算术运算异常信息

语句：

```
System.out.println("算术运算异常: "+e.getMessage());
```

分析：算术异常ArithmeticException的getMessage()方法可以获得异常的信息。

3. 源代码

源程序由异常类ExceptionProcess实现，当出现用0做除数时会发生异常，并被捕获，程序如下：

```
/* 文件名: ExceptionProcess.java
 * Copyright (C): 2014
 * 功能: 一个异常类。
 */
class ExceptionProcess{
  int a[]=new int[4];
  ExceptionProcess(){
    a[0]=0; a[1]=1; a[2]=2; a[3]=3;
  }
```

```
    void countDown(int i){
      try{
        System.out.println("a["+i+"]的倒数是: "+1/a[i]);
      }
      catch(ArithmeticException e){
        System.out.println("算术运算异常: "+e.getMessage());
      }
      finally{
        System.out.println("调用 countDown()结束");
      }
    }
}
```

4. 测试并运行

一旦有异常，就进行捕获并处理。测试程序如下：

```
class ExceptionProcessTest {
  public static void main(String args[]) {
    ExceptionProcess ep=new ExceptionProcess();
    System.out.println("----------第一次调用-----------");
    ep.countDown(0);
  }
}
```

程序运行结果如图 5-1 所示。

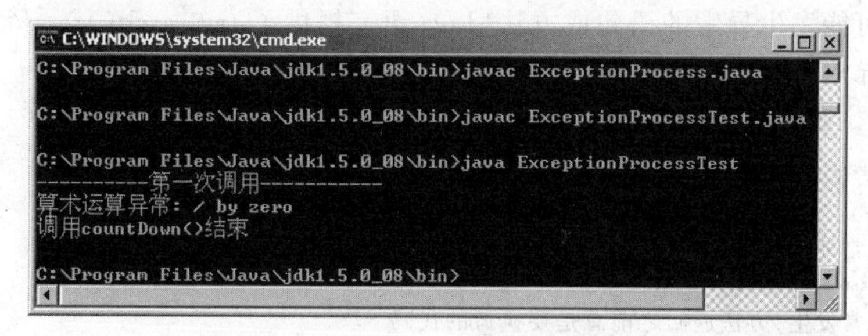

图 5-1　异常处理

5. 技术分析

1) 异常的概念和 Java 异常体系结构

异常是程序运行过程中未按程序的正常流程而出现的错误。Java 语言把异常当作对象来处理，并定义一个基类 java.lang.Throwable 作为所有异常的超类。在 Java API 中已经定义了许多异常类，这些异常类分为两大类，即错误(Error)和异常(Exception)。Java 异常体系结构呈树状分布，其层次结构图如图 5-2 所示。

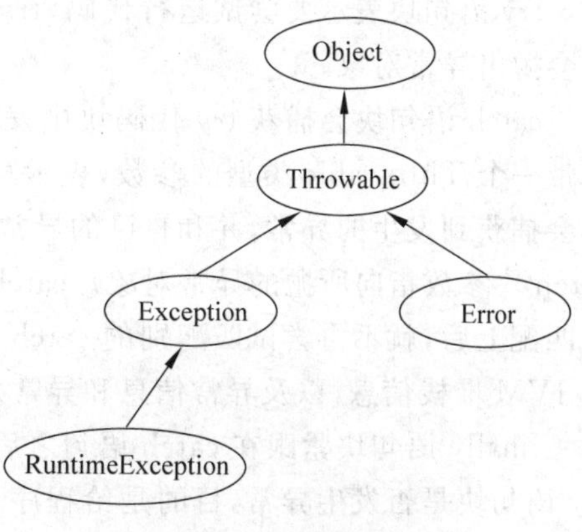

图 5-2　Java 异常体系结构

Exception 类是用户程序能够捕捉到的

“异常”情况。异常类 Exception 又分为运行时异常(RuntimeException)和非运行时异常。

运行时异常都是 RuntimeException 类及其子类异常,如 NullPointerException、IndexOutOfBoundsException 等,这些异常不被检查,程序中可以选择捕获处理,也可以不处理。这些异常一般是由程序逻辑错误引起的,程序应该从逻辑角度尽可能避免这类异常的发生。

非运行时异常是 RuntimeException 以外的异常,类型上都属于 Exception 类及其子类。从程序语法角度讲是必须进行处理的异常,如果不处理,程序就不能编译通过。如 IOException、SQLException 等以及用户自定义的 Exception 异常,一般情况下不检查异常。

另一个异常类 Error 是指程序无法处理的错误,当在 Java 虚拟机中发生动态连接失败或其他定位失败的时候,Java 虚拟机抛出一个 Error 对象,比如 OutOfMemoryError、ThreadDeath 等。这些异常发生时,Java 虚拟机(JVM)一般会选择终止线程。

Java 异常处理涉及五个关键字,分别是 try、catch、finally、throw、throws。由 try、catch、finally 三个块处理结构捕获和处理异常。其中 try 块存放将可能发生异常的 Java 语言,catch 捕获异常,不管 try 块中是否出现异常都将执行 finally 块。

throw 关键字是在方法体内抛出一个 Throwable 类型的异常。throws 关键字用来声明方法可能会抛出某些异常。

2) 异常的捕获和处理

凡是有可能发生异常的语句或方法,Java 语言提供了 try-catch(){...}语句来运行、捕获并处理异常。Java 语言中,异常处理的完整结构是:

```
try{
    //(尝试运行的)程序代码
}catch( ){
    //异常处理代码
}finally{
    //异常发生,方法返回之前总是要执行的代码
}
```

try 语句块表示要尝试运行代码,try 语句块中代码受异常监控,其中代码发生异常时会抛出异常对象。

catch 语句块会捕获 try 代码块中发生的异常并在其代码块中做异常处理,catch 语句带一个 Throwable 类型的参数,表示可捕获异常类型。当 try 块中出现异常时,catch 块会捕获到发生的异常,并和自己的异常类型匹配,若匹配,则执行 catch 块中代码,并将 catch 块参数指向所抛的异常对象。catch 语句可以有多个,用来匹配不同类型的异常,一旦匹配上后,就不再尝试匹配别的 catch 块了。通过异常对象可以获取异常发生时完整的 JVM 堆栈信息,以及异常信息和异常发生的原因等。

finally 语句块紧跟在 catch 语句之后,这个语句块总是会在方法返回前执行,而不管 try 语句块是否发生异常,目的是给程序一个补救的机会。这样做也体现了 Java 语言的健壮性。

try、catch、finally 三个语句块均不能单独使用，三者可以组成 try...catch...finally、try...catch、try...finally 三种结构，catch 语句块可以有一个或多个，finally 语句块最多有一个。

3）常见异常类

程序员必须对程序中常见的异常有一定的了解，这里列举出 Java 语言中的一些常见异常类。

（1）java.lang.NullPointerException

这个异常是"程序遇上了空指针"，简单地说就是调用了未经初始化的对象或者是不存在的对象，这个错误经常出现在创建图片、调用数组等操作中。

（2）java.lang.ClassNotFoundException

表示"指定的类不存在"，主要检查类的名称和路径是否正确。

（3）java.lang.ArithmeticException

这个异常是"数学运算异常"，如果程序中出现了除以零这样的运算就会发生这样的异常。

（4）java.lang.ArrayIndexOutOfBoundsException

表示"数组下标越界"，也就是在调用数组的时候，数组的下标超出了数组的范围。

（5）java.lang.IllegalArgumentException

表示"方法的参数错误"，需检查一下方法调用中的参数传递是不是出现了错误。

（6）java.lang.IllegalAccessException

表示"没有访问权限"。当应用程序要调用一个类时，但当前的方法却没有对该类的访问权限，此时便会出现这个异常。

还有其他很多异常，如表 5-1 所示。

表 5-1 Java 常见的异常类

异 常 类	说 明
ClassCastException	类型转换异常类
ArrayStoreException	数组中因包含不兼容的值而抛出的异常
SQLException	操作数据库异常类
NoSuchFieldException	未找到字段异常
NoSuchMethodException	因方法未找到抛出的异常
NumberFormatException	因字符串转换为数字而抛出的异常
NegativeArraySizeException	因数组元素个数为负数而抛出的异常类
StringIndexOutOfBoundsException	字符串索引超出范围而抛出的异常
IOException	输入/输出异常类
InstantiationException	当应用程序试图使用 Class 类中的 newInstance()方法创建一个类的实例，而指定的类对象无法被实例化时，抛出该异常
EOFException	文件已结束异常
FileNotFoundException	文件未找到异常

这是最常见的一些异常，程序员需要对 Java 中常见的问题有相当的了解和相应的解

决办法。关于异常的详细说明,可以在日后的使用中查看 JDK 的文档。

6. 问题与思考

下面计算倒数的程序可以捕获 ArrayIndexOutOfBoundsException 异常。

```
class ExceptionProcess{
  int a[]=new int[4];
  ExceptionProcess(){
    a[0]=0; a[1]=1; a[2]=2; a[3]=3;
  }
  void countDown(int i){
    try{
      System.out.println("a["+i+"]的倒数是: "+1/a[i]);
    }
    catch(ArithmeticException e){
      System.out.println("算术运算异常: "+e.getMessage());
    }
    catch(ArrayIndexOutOfBoundsException e){
      System.out.println("数组下标超界异常: "+e.getMessage());
    }
    finally{
      System.out.println("调用 countDown()结束");
    }
  }
}
```

编写测试程序 ExceptionProcessTest,设置适当的参数 i,使得调用 countDown()方法时产生一个 ArrayIndexOutOfBoundsException 异常,并被程序捕获。

5.2 自定义异常

知识要点

➢ 异常的抛出和声明

Human 类用"m"或"f"代表“男”和“女”,调用其构造方法 Human(String name, String gender,String birth)时,如果传送给形参 gender 的不是"m"或"f",该方法不能按正常的程序执行,而应该抛出一个异常,并对异常进行处理,比如提示“性别字符不正确!”等信息。

面向对象的设计思想在 Java 中无处不体现,Java 把异常也看成是一个个对象,所有异常类都必须继承自 Exception 类。Human 类的构造方法 Human(String name, String gender,String birth)中的第二个参数 gender 一旦接收到不是"m"或"f"的字符串,就发生了一个异常,这里将异常取名为 GenderCharacterException,它继承自 Exception,可以编写这个异常类如下:

```
class GenderCharacterException extends Exception{
```

```
    public GenderCharacterException(){
        super();
    }
    public GenderCharacterException(String msg){
        super(msg);
    }
}
```

异常类 GenderCharacterException 很简单,分别调用父类的构造方法来实现自己的两个构造方法。

在编写构造方法 Human(String name, String gender,String birth)时,必须声明可能发生异常,见下面 Human(String name, String gender,String birth)的格式:

```
Human(String name,String gender,String birth)
        throws GenderCharacterException{
  ⋮
}
```

在调用构造方法 Human(String name, String gender,String birth)时,需用 try{...}catch(){...}语句去捕获圆扩号( )内可能发生的异常。如果没有异常,程序正常执行 try{...}内的语句,如果产生异常,会被 catch 语句捕获并运行 catch(){...}内的语句,代码用如下格式:

```
try{
   Human p=new Human(args[0],args[1],args[2]);
   ⋮//运行正常的程序
}
catch(GenderCharacterException e){
   ⋮ //进行异常处理
}
```

实例 通过用户输入数据实例化 Human 对象时,如果用户输入错误,会抛出一个异常并处理。

1. 详细设计

本程序首先编写一个异常类 GenderCharacterException,它必须是 Exception 类的子类。接着在编写 Human 类时,当表示性别的字符不是"m"或"f"时,抛出 GenderCharacterException 异常。

```
class GenderCharacterException extends Exception{
   //定义无参数的构造方法
   //定义带参数的构造方法
}
public class Human{
   //定义属性变量
   Human(String name){
   //给 this.name 赋值
   }
```

```
Human(String name,String gender,String birth)
throws GenderCharacterException{
  if 接收的性别字符是"m"或"f"
    //给 this.gender 赋值
  else
    //抛出 GenderCharacterException 异常
    //给 this.name 等赋值
}
void introduce(){
  //输出该对象的 name 值
}
}
```

2. 编码实现

1) 异常类的构造方法

语句:

```
public GenderCharacterException(){
  super();
}
public GenderCharacterException(String msg){
  super(msg);
}
```

分析:所有自定义的异常类都是 Exception 类的子类,这里不论无参数的构造方法还是带参数的构造方法,都通过覆盖 Exception 类的构造方法来实现。

2) 声明异常

语句:

```
Human(String name, String gender,String birth)
throws GenderCharacterException{
⋮
}
```

分析:如果某方法体内有可能抛出异常,在编写该方法时,第一行方法名后须用 throws 声明发生的异常,这里声明为 GenderCharacterException。

3) 抛出异常

语句:

```
if (gender.equals("m")||gender.equals("f"))
  this.gender=gender;
else throw (new GenderCharacterException("性别字符不正确!"));
```

分析:"m"表示男,"f"表示女,如果接收到其他字符时,用 throw 语句抛出 GenderCharacterException 异常。

3. 源代码

源程序由 GenderCharacterException 异常类和 Human 类组成,GenderCharacterException.java 代码如下:

```
/* 文件名: GenderCharacterException.java
 * Copyright (C): 2014
 * 功能: 定义一个异常类。
*/
class GenderCharacterException extends Exception{
  public GenderCharacterException(){
    super();
  }
  public GenderCharacterException(String msg){
    super(msg);
  }
}
```

Human.java 如下:

```
/* 文件名: Human.java
 * Copyright (C): 2014
 * 功能: 抛出异常的 Human 类。
*/
public class Human{
  String code;
  String name;
  String gender;
  String birth;
  Human(String name){
    this.name=name;
  }
  Human(String name,String gender,String birth)
  throws GenderCharacterException{
    if (gender.equals("m")||gender.equals("f"))
      this.gender=gender;
    else throw (new GenderCharacterException("性别字符不正确!"));
    this.name=name;
    this.birth=birth;
  }
  void introduce(){
    System.out.println("I am "+name);
  }
}
```

4. 测试与运行

Human 类的构造方法 Human(String name, String gender,String birth){…}有可能抛出异常 GenderCharacterException,所以在调用该方法时,用 try-catch(){…}语句,一旦有异常,则捕获并处理。测试程序如下:

```
public class HumanTest {
  public static void main(String args[]) {
    try {
      Human p=new Human(args[0],args[1],args[2]);
```

```
      p.introduce();
      if (p.gender.equals("m"))
        System.out.print("性别: "+"男");
      else
        System.out.print("性别: "+"女");
      System.out.println(" 出生日期: "+p.birth);
    }
    catch(GenderCharacterException e){
      System.out.println(e.getMessage());
    }
  }
}
```

程序运行结果如图 5-3 所示。

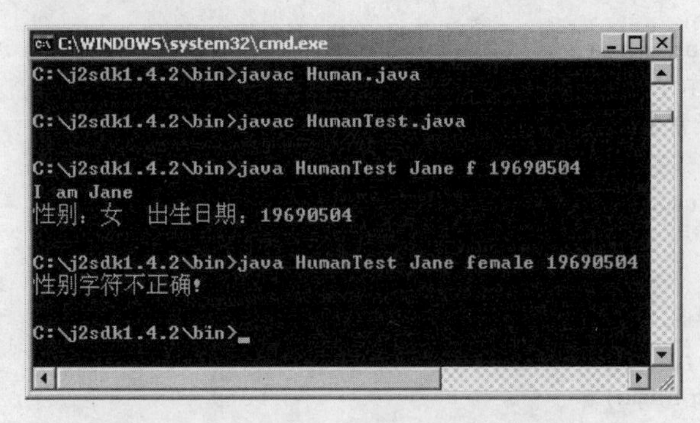

图 5-3　异常处理

5. 技术分析

异常的抛出和声明：throw 关键字用于方法体内部，用来抛出一个 Throwable 类型的异常。如果抛出了检查异常，则还应该在方法头中声明方法可能抛出的异常类型。该方法的调用者也必须检查处理抛出的异常。如果所有方法都层层上抛获取的异常，最终 JVM 会进行处理。处理也很简单，就是打印异常消息和堆栈信息。如果抛出的是 Error 或 RuntimeException，则该方法的调用者可选择处理该异常。

throws 关键字用于方法体外部的方法声明部分，用来声明方法可能会抛出某些异常。仅当抛出了检查异常，该方法的调用者才必须处理或者重新抛出该异常。当方法的调用者无力处理该异常的时候，应该继续抛出，而不是在 catch 块中打印一下堆栈信息做勉强处理。

6. 问题与思考

在 java. util. Vector 基础上封装一个 VectorStack 类实现堆栈功能，VectorStack 类有压入方法 push()和弹出方法 pop()，见下面的程序：

```
import java.util.Vector;
class VectorStack{
  static final int CAPACITY=5;
  Vector v;
  VectorStack(){
```

```
    v=new Vector();
  }
  void push(Object obj){
    v.addElement(obj);
    System.out.print(" PUSH: "+obj);
  }
  Object pop(){
    Object obj=v.lastElement();
    v.removeElementAt(v.size()-1);
    System.out.println(" Pop: "+obj);
    return obj;
  }
}
```

大家可以改进该 pop()方法，使得在弹出数据时，如果栈为空会抛出一个异常，可以编写测试程序进行验证。

第6章 Java图形用户界面

6.1 通过图形界面输入数据来初始化 Human 对象

知识要点

- 图形用户界面
- 事件处理机制
- 布局管理

除了在命令控制方式进行编程,Java 的图形方式下的编程功能也很强大。

图形方式需要有事件处理机制,java. awt. event 包中处理事件处理机制的所有功能,Java 通过实现不同的事件接口来处理事件。

实例 在图形界面的窗口中读入姓名,并初始化一个 Human 对象。

1. 详细设计

本实例由 InstanceOfHuman 实现,它继承自类窗口 Frame,而且实现了 ActionListener 接口。见下面的设计。

```
//引入 java.awt 包和 java.awt.event 包
class InstanceOfHuman extends Frame implements ActionListener{
  //窗口中各个对象的定义
  public InstanceOfHuman(){
  //图形界面的布局
  //按钮的监听
  //窗口调整
  }
  //处理 ActionEvent 事件的 actionPerformed()方法
}
```

2. 编码实现

1) 引入 java. awt 包和 java. awt. event 包

语句:

```
import java.awt.*;
import java.awt.event.*;
```

分析:java. awt 包中包含了处理图形界面的类,图形界面都在一个窗口(Frame 是一种窗口)内。本实例窗口内有文本框(TextField)、显示标签(Label)、按钮(Button)等。

在图形方式工作时，往往希望单击按钮产生一个事件，并自动转到事件处理程序。事件处理机制都包含在 java.awt.event 包中，而且要求类实现 ActionListener 接口。

2）图形界面的布局

语句：

```
setLayout(new FlowLayout());
add(namelabel);
add(nametextfield);
add(okbutton);
add(out);
```

分析：FlowLayout()是一种布局方式，决定对象在窗口中如何排列。add()方法把一个个对象放在窗口中。

3）按钮的监听

语句：

```
okbutton.addActionListener(this);
```

分析：窗口中的对象都有可能引发事件，本实例希望一旦按下按钮产生事件，就能初始化一个对象，所以只对按钮进行监听。

4）窗口调整

语句：

```
setSize(400,100);
show();
```

分析：本实例把窗口大小调整为 400×100 像素，并处于显示状态。

5）处理 ActionEvent 事件的 actionPerformed()方法

语句：

```
public void actionPerformed(ActionEvent a){
  Human p=new Human(nametextfield.getText());
  out.setText("I am "+p.name);
}
```

分析：按钮已被监听，一旦按下按钮会产生一个 ActionEvent 事件，自动转到 actionPerformed()方法去执行。本实例实现 actionPerfomed()方法，实例化一个 Human 对象，并在一个 Label(标签)控件上显示这个人的名字。

3. 源代码

```
/* 文件名：InstanceOfHuman.java
 * Copyright (C): 2014
 * 功能：在图形环境下接收姓名，初始化一个“人”。
*/
import java.awt.*;
import java.awt.event.*;
class InstanceOfHuman extends Frame implements ActionListener{
```

```
    Label namelabel=new Label("姓名");
    TextField nametextfield=new TextField(10);
    Button okbutton=new Button("确定");
    Label out=new Label("          ");
    public InstanceOfHuman(){
      setLayout(new FlowLayout());
      add(namelabel);
      add(nametextfield);
      add(okbutton);
      add(out);
      okbutton.addActionListener(this);
      setSize(400,100);
      show();
    }
    public void actionPerformed(ActionEvent a){
      Human p=new Human(nametextfield.getText());
      out.setText("I am "+p.name);
    }
  }
```

4. 测试与运行

测试程序如下：

```
public class InstanceOfHumanTest {
  public static void main(String args[]) {
    new InstanceOfHuman();
  }
}
```

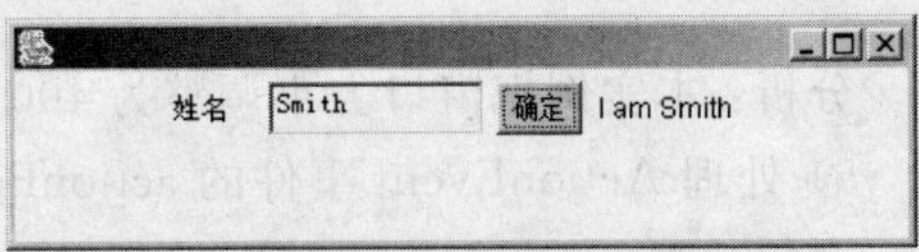

图 6-1 图形界面

程序运行结果如图 6-1 所示。

运行 InstanceOfHumanTest. class 前，必须保证 Human. java 和 InstanceOfHuman. java 编译成功。

5. 技术分析

1) 图形用户界面

Java 的 java. awt 包中有 AWT(Abstract Window Toolkit)负责生成各种标准图形界面和处理界面的各种事件。AWT 中包含的标准图形界面包括如 Frame、Panel 等容器和 Button、Choice、TexTField 等控制组件。通过 AWT，可以安排各个组件在容器中的布局，改变组件的大小、形状、颜色，绘制图形、图像，处理文字和对事件进行响应。

JDK 1.2 版本以后，Java 语言引入了一个新的 javax. Swing 包，在 AWT 的基础上增添了新的功能。

(1) 容器(Container)

容器是一种比较特殊的组件，可以把其他组件放在组件容器中。容器也是一种组件，所以一个容器可以放在另一个容器中，这样就形成了有层次的组件结构。AWT 有着复杂的继承关系，如图 6-2 所示。

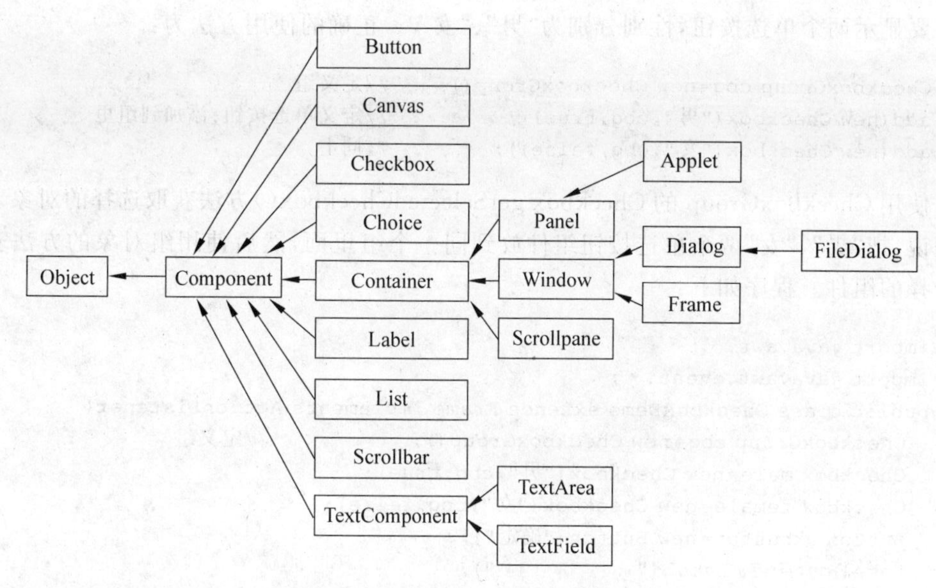

图 6-2 Java 常用组件的继承关系

所有容器都是由 Container 类或者 Container 类的子类实现。

容器分为顶层容器和非顶层容器两类。顶层容器是可以独立的窗口，不需要其他组件的支撑。顶层容器的类是 Window，它的子类有 Frame 和 Dialog。Window、Frame、Dialog 和 FileDialog 是一组大都含有边框，可以移动、放大、缩小、关闭的功能较强的容器。

非顶层容器不是独立的窗口，必须位于窗口之内，非顶层容器包括 Panel 和 ScrollPane 等。Panel 必须放在 Window 组件中才能显示，它为一矩形区域，其中可以摆放其他组件，可以有自己的布局管理器。

Panel 是 Container 的子类，Applet 的父类。Panel 在小应用程序中不可缺少，当小应用程序在 WWW 浏览器中执行的时候，浏览器会自动地为它准备一个 Panel，然后程序中有关窗口的操作都会在这个 Panel 上进行。

(2) 控制组件

Label：构造一个显示字符串 s 的标识。

Button：构造一个以字符串 s 为标识的按钮。

Checkbox：复选按钮，构造一个以字符串 s 为标识的复选框条目，未被选中。

Radio Buttons：单选按钮，构造一个条目组。

Choice Menu：构造一个选择菜单。构造完之后，再使用 Choice 类中的 addItem 方法加入菜单的条目。

Scrolling List：构造一个有 n 个列表项的列表框，并根据 b 的值决定是否允许多选。

TextField：构造一个字符串单行文本输入框。

TextArea：构造一个多行文本输入框。

例 6-1 编写 Java 图形界面程序，获取单选按钮的值。

要显示两个单选按钮,性别分别为“男”、“女”。正确的使用方法为:

```
CheckboxGroup cbg=new CheckboxGroup();        //定义组
add(new Checkbox("男",cbg,true));             //定义单选按钮,添加到组里
add(new Checkbox("女",cbg,false));            //同上
```

使用 CheckboxGroup 的 Checkbox getSelectedCheckbox()方法获取选择的对象。也就是说,把“男”、“女”两个单选按钮组件放到同一个组里面,然后使用组对象的方法获取被选择的组件。程序如下:

```
import java.awt.*;
import java.awt.event.*;
public class CheckboxDemo extends Frame implements ActionListener{
  CheckboxGroup cbg=new CheckboxGroup();                  //定义组
  Checkbox male=new Checkbox("男",cbg,true);
  Checkbox female=new Checkbox("女",cbg,false);
  Button okbutton=new Button("确定");
  Label out=new Label("              ");
  public CheckboxDemo(){
    setLayout(new FlowLayout());
    add(male);                                             //定义单选,添加到组里
    add(female);                                           //同上
    add(okbutton);
    add(out);
    okbutton.addActionListener(this);
    setSize(400,100);
    show();
  }
  public void actionPerformed(ActionEvent a){
    if (cbg.getSelectedCheckbox().equals(male))
      out.setText("选择男性");
    else
      out.setText("选择女性");
  }
}
```

测试程序如下:

```
public class CheckboxDemoTest {
  public static void main(String args[]) {
   new CheckboxDemo();
  }
}
```

启动测试程序,运行结果如图 6-3 所示。

图 6-3 单选按钮程序的运行结果

2) 事件处理机制

图形用户界面通过事件机制实现用户和程序的交互。组件会发生不同的事件,以 Button 为例,如果对 Button 用 addActionListener()方法进行监听,单击该按钮发生

ActionEvent 事件后，程序自动转移到 ActionListener 接口的方法进行处理。所以编写程序时，需要了解对组件用什么监听方法监听不同的事件，该事件由什么接口的方法实现。概括地讲，在事件处理机制这部分需要学习 Java 事件的种类、不同组件用不同方法监听不同事件、不同事件用什么接口的方法来实现。

(1) Java 事件的种类

Java 语言将用户在用户界面中引发的事件封装成为事件对象，所有与该事件有关的信息和参数均封装在事件对象中。定义在 java. util 包中的 EventObject 类是所有这些事件的父类。在 java. awt 包中定义的 AWTEvent 抽象类中，定义了各种事件类型的标识以及获取这些事件标识的方法，该类也是所有事件对象的抽象父类。定义在 java. awt. event 包中的事件对象的定义和继承关系如图 6-4 所示。

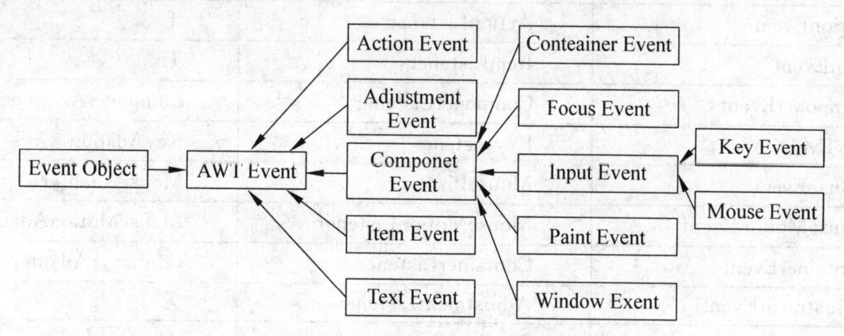

图 6-4 AWT 事件对象类型和定义继承关系图

(2) 不同组件用不同方法监听不同事件(如表 6-1 所示)

表 6-1 组件的监听方法和对应的事件

组件	监听方法	发生的事件
Button	addActionListener()	ActionEvent
Checkbox	addItemListener()	ItemEvent
CheckboxMenuItem	addItemListener()	ItemEvent
Chioce	addItemListener()	ItemEvent
Componet	addComponetListener()	ComponetEvent
	addKeyListener()	KeyEvent
	addMouseListener()	MouseEvent
	addMouseMotionListener()	MouseEvent
Container	addContainerListener()	ContainerEvent
List	addActionListener()	ActionEvent
	addItemListener()	ItemEvent
MenuItem	addActionListener()	ActionEvent
Scrollbar	addAdjustmentListener()	AdjustmentEvent
TextArea	addTextListener()	TextEvent
TextField	addTextListener()	TextEvent
Window	addWindowListener()	WindowEvent

续表

组　件	监听方法	发生的事件
JInternalFrame	addInternalFrameListener()	InternalFrameEvent
JTree	addTreeExpansionListener()	TreeExpansionEvent
	addTreeSelectionListener()	TreeSelectionEvent
JMenuItem	AddMenuKeyListener()	MenuKeyEvent

(3) 不同事件用不同接口的方法来实现(如表 6-2 所示)

表 6-2　不同事件对应的接口及方法

事件类	处理事件方法对应接口	Adapter 类
ActionEvent	ActionListener	无
ItemEvent	ItemListener	无
ComponetEvent	ComponetListener	ComponetAdapter
KeyEvent	KeyListener	KeyAdapter
MouseEvent	MouseListener	MouseAdapter
MouseMotionEvent	MouseMotionListener	MouseMotionAdapter
ContainerEvent	ContainerListener	ContainerAdapter
AdjustmentEvent	AdjustmentListener	无
TextEvent	TextListener	无
WindowEvent	WindowListener	WindowAdapter
InternalFrameEvent	InternalFrameListener	InternalFrameAdapter
TreeExpansionEvent	TreeExpansionListener	无
TreeSelectionEvent	TreeSelectionListener	无
MenuKeyEvent	MenuKeyListener	无

这个表能快速查找预处理某事件时该执行哪个接口,表中第三栏是 Java 语言的适配器。处理事件除了可以用对应的接口外,也可用适配器。

不同接口定义了不同的方法,实现这些接口的类,必须实现该接口的所有方法。其中每一个方法可能对应着同一个事件类型的不同动作。例如鼠标事件 MouseEvent 有按下和松开等动作,所以 MouseListener 接口有 mousePressed(MouseEvent e)、mouseReleased(MouseEvent e)等方法。表 6-3 中列出了不同接口所定义的方法。

表 6-3　不同接口定义的方法

处理事件方法接口	事件处理方法接口
ActionListener	void actionPerformed(ActionEvent e)
ItemListener	void itemStateChanged(ItemEvent e)
ComponetListener	void componetHidden(ComponetEvent e)
	void componetMoved(ComponetEvent e)
	void componetResized(ComponetEvent e)
	void componetShown(ComponetEvent e)

续表

处理事件方法接口	事件处理方法接口
KeyListener	void keyPressed(KeyEvent e)
	void keyReleased(KeyEvent e)
	void keyTyped(KeyEvent e)
MouseListener	void mouseClicked(MouseEvent e)
	void mouseEntered(MouseEvent e)
	void mouseExited(MouseEvent e)
	void mousePressed(MouseEvent e)
	void mouseReleased(MouseEvent e)
MouseMotionListener	void mouseDragged(MouseEvent e)
	void mouseMoved(MouseEvent e)
ContainerListener	void componetAdded(ContainerEvent e)
	void componetRemoved(ContainerEvent e)
AdjustmentListener	void adjustmentValueChanged(AdjustmentEvent e)
TextListener	void TextValueChanged(TextEvent e)
WindowListener	void windowActivated(InternalFrameEvent e)
	void windowDeactivated(InternalFrameEvent e)
	void windowDeiconified(InternalFrameEvent e)
	void windowIconified(InternalFrameEvent e)
	void windowOpened(InternalFrameEvent e)
	void windowClosed(InternalFrameEvent e)
	void windowClosing(InternalFrameEvent e)
InternalFrameListener	void internalFrameActivated(InternalFrameEvent e)
	void internalFrameDeactivated(InternalFrameEvent e)
	void internalFrameDeiconified(InternalFrameEvent e)
	void internalFrameIconified(InternalFrameEvent e)
	void internalFrameOpened(InternalFrameEvent e)
	void internalFrameClosed(InternalFrameEvent e)
	void internalFrameClosing(InternalFrameEvent e)
TreeExpansionListener	void treeCollapsed(TreeExpansionEvent e)
	void treeExpended(TreeExpansionEvent e)
TreeSelectionListener	void valueChanged(TreeSelectionEvent e)
MenuKeyListener	void menuKeyPressed(MenuKeyEvent e)
	void menuKeyReleased(MenuKeyEvent e)
	void menuKeyTyped(MenuKeyEvent e)

编写图形界面程序时，程序员要知道用什么方法监听什么事件，程序员自己的类需要实现这个事件对应接口的所有方法。如前面的实例中，希望单击 Button 后处理相应程序。

Java 语言中,单击 Button 按钮会产生 ActionEvent 事件,该事件用 addActionListener()方法可以监听到。ActionEvent 事件对应的接口是 ActionListener,用户程序必须实现 ActionListener 接口的所有方法,这里只有唯一的方法 actionPerformed(ActionEvent e)。

添加监听器时,通常由组件类提供的一个 addXXXXListener 方法来完成。比如 Frame 就提供了 addWindowListener 方法来添加窗口监听器(WindowListener)。

用户程序可能处理一个以上的事件,所以往往实现不止一个接口。

本节实例中读者可能已注意到,虽然单击 Button 可以初始化一个 Human 对象,但当单击窗口右上角的“关闭”按钮时,程序没有反应。那是因为程序只处理了 ActionEvent 事件,而没有处理 WindowEvent 事件的原因。

例 6-2 在本节实例的基础上,可以处理 WindowEvent 事件,使得关闭窗口的按钮有效。

本程序除了要处理 ActionEvent 事件,还要处理 WindowEvent 事件。WindowEvent 事件对应的接口是 WindowListener,所以程序需同时实现 ActionListener 接口和 WindowListener 接口。WindowEvent 事件用 Frame 类的 addWindowListener()方法可以监听到。代码如下。

```
import java.awt.*;
import java.awt.event.*;
class InstanceOfHuman extends Frame implements ActionListener,WindowListener{
  Label namelabel=new Label("姓名");
  TextField nametextfield=new TextField(10);
  Button okbutton=new Button("确定");
  Label out=new Label("          ");
  public InstanceOfHuman(){
    setLayout(new FlowLayout());
    add(namelabel);
    add(nametextfield);
    add(okbutton);
    add(out);
    okbutton.addActionListener(this);
    addWindowListener(this);
    setSize(400,100);
    show();
  }
  public void actionPerformed(ActionEvent a){
    Human p=new Human(nametextfield.getText());
    out.setText("I am "+p.name);
  }
  public void windowClosing(WindowEvent e){
    System.exit(0);
  }
  public void windowClosed(WindowEvent e){}
  public void windowOpened(WindowEvent e){}
  public void windowIconified(WindowEvent e){}
  public void windowDeiconified(WindowEvent e){}
```

```
  public void windowDeactivated(WindowEvent e){}
  public void windowActivated(WindowEvent e){}
}
```

用测试程序运行该程序，单击窗口右上角的“关闭”按钮，可以关闭程序。

除 ActionEvent 接口的 actionPerformed(ActionEvent e)方法之外，WindowListener 接口的 7 个方法都要实现。

(4) 适配器(Adapter)

如例 6-2 所示，虽然程序只用到 windowclosing()方法，但其他 6 个方法却一个都不能少。用接口处理事件时必须把接口的所有事件处理方法都列出，这样显得比较麻烦。Java 语言用适配器类提供了更简便的处理方法。不通过接口，而通过继承各事件处理对应的适配器来处理事件，例如 WindowAdapter 类，表 6-2 中有事件处理方法接口与 Adapter 类对照。

事件处理方法接口对应的 Adapter 类都定义为与对应接口同名，适配器类都是抽象类。Java 语言只支持单继承，由于 InstanceOfHuman 类已经继承了 Frame 类，不能再继承 WindowAdapter 类，所以另外写一个 CloseWin 类继承 WindowAdapter 类，并实现 windowClosing(WindowEvent e)方法，见下面的程序。

例 6-3 用适配器的方法，实现例 6-2 中对 WindowEvent 事件的处理。

```
import java.awt.*;
import java.awt.event.*;
class InstanceofHuman extends Frame implements ActionListener{
  Label namelabel=new Label("姓名");
  TextField nametextfield=new TextField(10);
  Button okbutton=new Button("确定");
  Label out=new Label("          ");
  public InstanceofHuman(){
    setLayout(new FlowLayout());
    add(namelabel);
    add(nametextfield);
    add(okbutton);
    add(out);
    okbutton.addActionListener(this);
    addWindowListener(new CloseWin());
    setSize(400,100);
    show();
  }
  public void actionPerformed(ActionEvent a){
    Human p=new Human(nametextfield.getText());
    out.setText("I am "+p.name);
  }
}

class CloseWin extends WindowAdapter{
  public void windowClosing(WindowEvent e){
    System.exit(0);
```

```
    }
  }
```

用测试程序调用 InstanceOfHuman 类,会看到同样的效果,但这个程序比实现 WindowListener 接口的方法简洁一些。

不是所有的接口都有对应 Adapter 类,如果在接口中只有一个事件处理方法,定义这样的接口对应的 Adapter 类就没有意义。

3) 布局管理

窗格(Panel)和滚动窗格(ScrollPane)在图形用户界面设计中大量用于各种组件在窗口上的布置和安排。

将加入到容器(通常为窗口等)的组件按照一定的顺序和规则放置,使之看起来更美观,这就是布局。布局由布局管理器(Layout Manager)来管理。

设计窗口要添加若干组件时,为了对组件进行合理的布局,需使用布局管理器。不同的布局需要不同的布局管理器。常用的布局管理器有:FlowLayout、BorderLayout、GridLayout、BoxLayout 等,其中 FlowLayout 和 BorderLayout 最常用,下面列表说明它们的布局特点,如表 6-4 所示。

表 6-4 Java 语言布局管理器的特点

布局管理器	布局特点
FlowLayout	将组件按从左到右、从上到下的顺序依次排列,一行不能放完则折到下一行继续放置
BorderLayout	将组件按东、南、西、北、中五个区域放置,每个方向最多只能放置一个组件
GridLayout	形似一个无框线的表格,每个单元格中放一个组件
BoxLayout	就像整齐放置的一行或者一列盒子,每个盒子中放一个组件

如果选用 FlowLayout,所有的组件会排列在一行,直到窗口一行显示不了时,下面的组件会自动转到下一行。

任何布局管理器都是在容器上进行布局。比如 Frame、Panel 等,容器组件一般都提供了一个 setLayout 方法来设置布局管理器。默认情况下,Frame 类的 ContentPanel 使用的是 BorderLayout 布局管理器,而 Panel 类使用的是 FlowLayout 布局管理器。

设置好布局管理器后,接下来只需要往容器里添加组件。如果使用 FlowLayout 布局管理器,只需要使用容器的 add(Component c)方法添加组件就行了。如果使用 BorderLayout 布局管理器就不一样了,此时要指定是把组件添加到哪个区域。用容器的 add(Component c, Object o)方法添加组件,该方法的第二个参数用于指明添加到的区域。BorderLayout 布局管理器将布局划分为 5 个区,这五个区域分别是用下列五个常量来描述:

BorderLayout.EAST 东

BorderLayout.SOUTH 南

BorderLayout.WEST 西

BorderLayout.NORTH 北

BorderLayout.CENTER 中

6. 问题与思考

① 本节实例和例子中的 InstanceOfHuman 类都是从 Frame 类继承过来的，能从 Panel 类继承吗？为什么？

② 在图形界面的窗口中，读入姓名、性别、出生年月，并利用以下 Human 类的构造方法 Human(String name, String gender,String birth)初始化一个 Human 对象。为防止用户输入错误，用单选按钮输入性别，再对 gender 参数分别赋予"m"或"f"。

6.2　Java Applets

6.2.1　在网页中显示一句话的程序

知识要点

- HTML 的基本结构
- <APPLET>标签
- Applet 类

网页实质上是一个 HTML(Hypertext Marked Language)文件。HTML 文件以.html 或者.htm 的扩展名结尾，是一种用来制作超文本文档的简单标记语言。

Java Applet 是用 Java 语言编写的一些小应用程序，这些程序是直接嵌入到页面中，由支持 Java 的浏览器(IE 或 Netscape)解释执行能够产生特殊效果的程序。它可以大大提高 Web 页面的交互能力和动态执行能力。

Java Applet 程序都必须从继承 Applet 类开始(由关键字 extend 声明)。见图 6-2，Applet 类包含在 AWT 中。

含有 Applet 网页的 HTML 文件代码中必须带有<applet>和</applet>这样一对标记，当支持 Java 的网络浏览器遇到这对标记时，将下载相应的小程序代码并在本地计算机上执行该 Applet 小程序。

实例　编写 Java Applet 程序，在浏览器中输出一句话“Hello world!”。

1. 详细设计

paint()方法是从 Applet 继承过来的方法，在 Applet 初始化时、窗口移动时，paint()方法会被反复地调用。因为 Applet 程序的界面是图形环境，因此不能再用 System.out.println()方法显示文字。在 paint()方法中，使用 Graphics 类中的 drawString()方法就能实现显示文字的功能。

```
class HelloWorld extends Applet {
  public void paint ( ) {
    drawString ()方法显示"Hello World!";
  }
}
```

2. 输出文字编码的实现

语句：

```
g.drawString("Hello World!",5,25);
```

分析：drawString()是Graphics类的方法，类的方法一般由类对象调用；g是Graphics的一个对象，“g.drawString("Hello World!",5,25);”实现在坐标(5,25)处显示“Hello World!”。

3. 源代码

```
/* 文件名：HelloWorld.java
 * Copyright (C)：2014
 * 功能：在网页中输出"Hello World!"。
*/
import java.awt.*;
import java.applet.*;
public class HelloWorld extends Applet  //继承Applet类
{
  public void paint(Graphics g )
  {
    g.drawString("Hello World!",5,25);
  }
}
```

4. 测试与运行

以上源程序保存在HelloWorld.java文件中，需要对它编译并生成HelloWorld.class文件。源程序必须不含任何语法错误，否则Java编译器将在屏幕上显示语法错误提示信息。直到修改完所有的错误，Java编译器才能为appletviewer和浏览器生成能够执行的程序HelloWorld.class。

在运行创建的HelloWorld.class之前，还需创建一个HTML文件，appletviewer或浏览器将通过该文件访问创建的Applet。为运行HelloWorld.class，需要创建包含如下HTML语句的名为HelloWorld.html的文件。

```
<HTML>
<TITLE>HelloWorld! Applet </TITLE>
<APPLET CODE="HelloWorld.class" WIDTH=200 HEIGHT=100>
</APPLET>
</HTML>
```

本例中，<APPLET>语句指明该Applet字节码类文件名和以像素为单位的窗口的尺寸。如果用appletviewer运行HelloWorld.html，需输入如图6-5所示的命令行。

可以看出，该命令启动了appletviewer并指明了HTML文件，该HTML文件包含了对应于HelloWorld的<APPLET>语句，运行结果如图6-6所示。

如果用浏览器运行HelloWorld Applet，则需在浏览器的地址栏中输入HTML文件的URL地址，如图6-7所示。

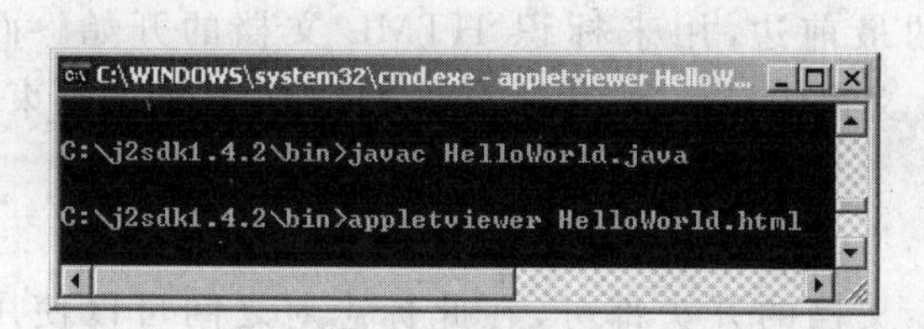

图 6-5　用 appletviewer 启动 JavaWorld. html

图 6-6　在网页中显示“Hello World!”程序的结果

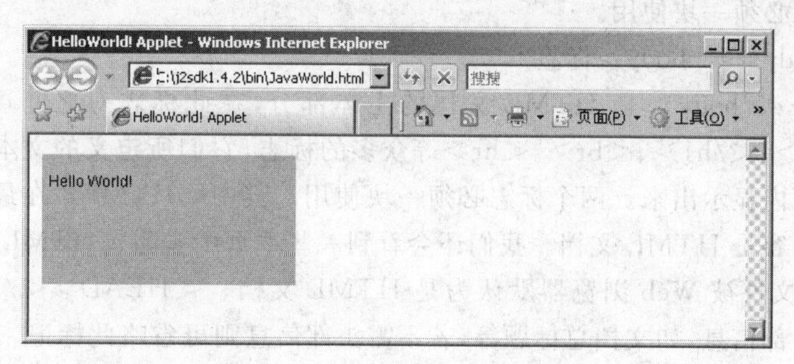

图 6-7　用 IE 浏览器直接查看网页

至此，一个 Applet 程序的开发运行整个过程结束了（包括 Java 源文件、编译的 class 文件、HTML 文件，可用 appletviewer 或用浏览器运行）。

5. 技术分析

网页实质上是一个 HTML（Hypertext Marked Language）文件。HTML 文件以 . html 或者. htm 的扩展名结尾，是一种用来制作超文本文档的简单标记语言。

HTML 可以加入图片、声音、动画、影视等内容，它还可以从一个文件跳转到另一个文件，并能与世界各地主机上的文件连接。

1）HTML 的基本结构

超文本文档分文档头和文档体两部分。在文档头里，对这个文档进行了一些必要的定义，文档体中才是要显示的各种文档信息。

```
<HTML>
    <HEAD>
        //头部信息
    </HEAD>
    <BODY>
    //文档主体，正文部分
    </BODY>
</HTML>
```

HTML 语言使用标志对的方法编写文件，既简单又方便，它通常使用<标志名></标志名>来表示标志的开始和结束（例如<html></html>标志对），因此在 Html 文档中这样的标志对都必须是成对使用的。下面先讲一下 HTML 的基本标志。

(1) <html></html>标签

<html>标志用于 HTML 文档的最前边,用来标识 HTML 文档的开始。而</html>标志恰恰相反,它放在 HTML 文档的最后边,用来标识 HTML 文档的结束,两个标志必须一起使用。

(2) <head></head>标签

<head>和</head>构成 HTML 文档的开头部分,在此标志对之间可以使用<title></title>、<script></script>等标志对,这些标志对都是描述 HTML 文档相关信息的标志对,<head></head>标志对之间的内容是不会在浏览器的框内显示出来的。两个标志必须一块使用。

(3) <body></body>标签

<body></body>是 HTML 文档的主体部分,在此标志对之间可包含<p>、</p>、<h1>、</h1>、
、<hr>等众多的标志,它们所定义的文本、图像等将会在浏览器的框内显示出来。两个标志必须一块使用。其中<HTML>在最外层,表示这对标记间的内容是 HTML 文档。我们还会看到一些主页中省略<HTML>标记,因为. html 或. htm 文件被 Web 浏览器默认为是 HTML 文档。<HEAD></HEAD>之间包括文档的头部信息,如文档总标题等,若不需头部信息则可省略此标记。<BODY>标记一般不省略,表示正文内容的开始。

(4) <title></title>标签

使用过浏览器的人可能都会注意到浏览器窗口最上边蓝色部分显示的文本信息,那些信息一般是网页的"主题"。要将网页的主题显示到浏览器的顶部其实很简单,只要在<title></title>标志对之间加入要显示的文本即可。

注意:<title></title>标志对只能放在<head></head>标志对之间。

例 6-4 用 HTML 编写一个文件 helloworld. html,用浏览器打开该文件后,输出文字 hello world。下面是该 HTML 文件的源代码:

```
<HTML>
<HEAD>
<TITLE>一个简单的 HTML 示例</TITLE>
</HEAD>
<BODY>
<H3>hello world</H3>
</BODY>
</HTML>
```

将以上源代码保存在 helloworld. html 文件中,用浏览器打开,可以看到效果如图 6-8 所示。

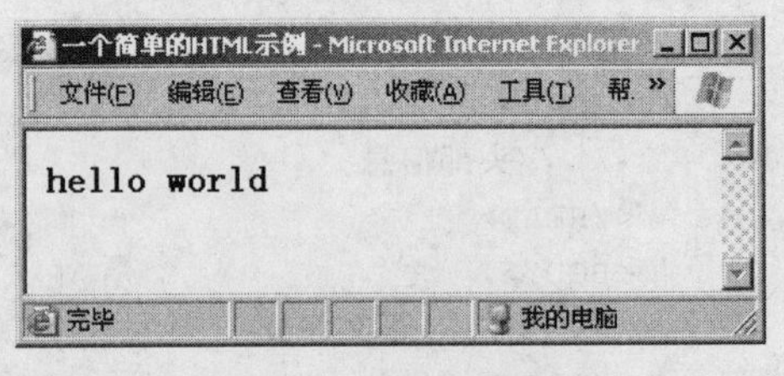

图 6-8 一个简单的网页

2) <APPLET>标签

Java Applet 是用 Java 语言编写的一些小应用程序,它继承自 Applet 类。这些程序嵌入到 HTML 页面中,由支持 Java 的浏览器(IE 或 Netscape)解释执行。当用户访问这样的网页时,Applet 被下载到用户的计算机上执行。

一个在HTML页面中包含Applet的HTML文档，须用<APPLET></APPLET>标签指明Applet容器应该装入和执行哪一个Applet。

下面是一个完整的包含Applet的HTML源代码：

```
<HTML>
  <HEAD>
      <TITLE>包含有 Applet 的 HTML 页面</TITLE>
  </HEAD>

  <BODY>
      <APPLET CODE="MyAppletName.class"
          WIDTH="Applet_width_in_pixels"
          HEIGHT="Applet_height_in_pixels" >
      </APPLET>
  </BODY>
</HTML>
```

Applet类隶属于<applet>和</applet>标记之间，其余部分都是标准的HTML标记。

Applet标记内的"CODE"属性，表示该Applet的.class文件，它假设Applet位于包含该Applet的网页所在的相同目录下。本例指明Applet容器，载入一个名为"MyApplet Name"的Applet字节码文件。

如果.class文件和HTML文件不在同一目录下，则需要使用一个CODEBASE属性，它拥有一个URL值，指明applet源代码的位置，URL可以是绝对值(以http://开头)，也可以是相对值。

WIDTH属性表示该Applet在网页上显示的宽度，用像素表示。属性HEIGHT表示该Applet在网页上显示的高度，也用像素表示。

并非所有浏览器都对其提供支持，如果某浏览器无法运行Java Applet，那么它在遇到APPLET语句时将显示ALT属性指定的文本信息。

ALIGN属性用来控制把Applet窗口显示在HTML文档窗口的什么位置。与HTML<LMG>语句一样，ALIGN标志指定的值可以是TOP、MIDDLE或BOTTOM。

VSPACE和HSPACE属性指定浏览器显示在Applet窗口周围的水平和竖直空白条的尺寸，单位为像素。

NAME属性把指定的名字赋予Applet的当前实例。当浏览器同时运行两个或多个Applet时，各个Applet可通过名字相互引用或交换信息。如果忽略NAME标志，Applet的名字将对应于其类名。

PARAM属性用来在HTML文件里指定参数，格式如下：

```
PARAM Name="name" Value="Liter"
```

Java Applet可调用getParameter方法获取HTML文件里设置的参数值。

3) Applet类

Applet类是所有Applet应用的基类，所有的Java小应用程序都必须继承该类。Applet类用四种基本方法init()、start()、stop()、destroy()来控制其运行状态。

init():这个方法主要是为Applet的正常运行做一些初始化工作。当一个Applet被系统调用时,系统首先调用的就是该方法。通常可以在该方法中完成从网页向Applet传递参数、添加用户界面的基本组件等操作。

start():系统在调用完init()方法之后,将自动调用start()方法。而且每当用户离开包含该Applet的主页后又再返回时,系统又会再执行一遍start()方法。这就意味着start()方法可以被多次执行,而不像init()方法。因此,可把只希望执行一遍的代码放在init()方法中。可以在start()方法中开始一个线程,如继续一个动画、声音等。

stop():这个方法在用户离开Applet所在页面时执行,因此,它也是可以被多次执行的。它使你可以在用户并不注意Applet的时候,停止一些耗用系统资源的工作以免影响系统的运行速度,且并不需要人为地去调用该方法。如果Applet中不包含动画、声音等程序,通常也不必实现该方法。

destroy():Java语言在浏览器关闭的时候才调用该方法。Applet是嵌在HTML文件中的,所以destroty()方法不关心何时Applet被关闭,它在浏览器关闭的时候自动执行。在destroy()方法中一般可以要求收回占用的非内存独立资源。如果在Applet仍在运行时浏览器被关闭,系统将先执行stop()方法,再执行destroy()方法。

Applet类的构造方法只有一种,即public Applet()。Applet实现了很多基本的方法,下面列出了Applet类中其他常用方法和用途。

- public final void setStub(AppletStub stub):设置Applet的stub. stub是Java语言和C语言之间转换参数并返回值的代码位,它是由系统自动设定的。
- public boolean isActive():判断一个Applet是否处于活动状态。
- public URL getDocumentBase():检索表示该Applet运行的文件目录的对象。
- public URL getCodeBase():获取该Applet代码的URL地址。
- public String getParameter(String name):获取该Applet由name指定参数的值。
- public AppletContext getAppletContext():返回浏览器或小应用程序观察器。
- public void resize(int width,int height):调整Applet运行的窗口尺寸。
- public void resize(Dimension d):调整Applet运行的窗口尺寸。
- public void showStatus(String msg):在浏览器的状态条中显示指定的信息。
- public Image getImage(URL url):按url指定的地址装入图像。
- public Image getImage(URL url,String name):按url指定的地址和文件名加载图像。
- public AudioClip getAudioClip(URL url):按url指定的地址获取声音文件。
- public AudioClip getAudioClip(URL url, String name):按url指定的地址和文件名获取声音。
- public String getAppletInfo():返回Applet应用有关的作者、版本和版权方面的信息。
- public String[][] getParameterInfo():返回描述Applet参数的字符串数组,该数组通常包含三个字符串:参数名、该参数对应值的类型和该参数的说明。
- public void play(URL url):加载并播放一个url指定的音频剪辑。

6. 问题与思考

① 编写一个Applet程序,输出自己的姓名。写出该程序的源代码和包含<APPLET>标

签的网页。

② 编写 Yanghui 类，它是一个 Applet 程序，绘制可变大小的杨辉三角，如下图所示。

1
1　1
1　2　1
1　3　3　1

行数由 Applet 参数决定。

提示：类主要由 4 个方法实现，主要代码如下。

```
public static long fac(int n) {
    long res=1;
    for (int k=2;k<=n;k++)
        res=res * k;
    return res;
}

public static long com(int n,int m) {
    return fac(n)/(fac(n-m) * fac(m));
}

public void init(){
    rows=Integer.parseInt(getParameter("lines"));
}

public void paint(Graphics g) {
    int x,y=10;
    for (int n=0;n<=rows;n++) {
        x=10;
        for (int m=0;m<=n;m++) {
            g.drawString(""+com(n,m) ,x,y);
            x=x+40;
        }
        y=y+20;
    }
}
```

HTML 代码如下：

```
<applet code="Yanghui.class" width=300 height=300>
<param name=lines value=4>
</applet>
```

6.2.2 Applets 应用

知识要点

➢ 与用户的交互

➢ 处理图像
➢ 处理声音

与用户的交互是Java语言的主要作用,也正是Java语言吸引人的原因。

实例 编写Java Applet程序,处理按下键和松开键。

1. 详细设计

本程序由Applet类的Keyboard子类实现。

```
public class Keyboard extends Applet {
  //定义初始字符串变量
  //在 paint()方法中输出字符串
  //定义键盘按下的处理方法
  //定义键盘被松开的处理方法
}
```

2. 输出文字编码的实现

1) 在paint()方法中输出字符串

语句:

```
public void paint(Graphics g){
  g.drawString(text,20,20);
}
```

分析:paint()方法是Applet的画图方法,Applet一旦启动或调用repaint(),都会运行paint()方法。

2) 定义键盘按下的处理方法

语句:

```
public boolean keyDown(Event evt,int x){          //键盘被按下的处理函数
  text="Key Down";
  repaint();
  return true;
}
```

分析:键盘按下事件会触发运行该方法。其中,对字符串变量text赋值后,调用repaint()方法重新画图。

3) 定义键盘被松开的处理方法

语句:

```
public boolean keyUp(Event evt,int x){          //键盘被松开的处理函数
  text="";
  repaint();
  return true;
}
```

分析:键盘放松事件会触发运行该方法,其中,对字符串变量text赋空值后,调用repaint()方法重新画图。

3. 源代码

```
/* 文件名：Keyboard.java
 * Copyright (C)：2014
 * 功能：处理按下键和松开键。
 */
import java.awt.*;
import java.applet.*;
public class Keyboard extends Applet {
  String text="";
  public void paint(Graphics g){
    g.drawString(text,20,20);
  }
  public boolean keyDown(Event evt,int x){       //键盘被按下的处理函数
    text="Key Down";
    repaint();
    return true;
  }
  public boolean keyUp(Event evt,int x){         //键盘被松开的处理函数
    text="";
    repaint();
    return true;
  }
}
```

4. 测试与运行

启动 Applet 程序前，编辑一个网页 Keyboard. html，包含以下内容：

```
<HTML>
<TITLE>Keyboard </TITLE>
<APPLET CODE="Keyboard.class" WIDTH=200 HEIGHT=100>
</APPLET>
</HTML>
```

然后用如图 6-9 所示的命令启动 Applet 程序。
启动的 Applet 程序如图 6-10 所示。

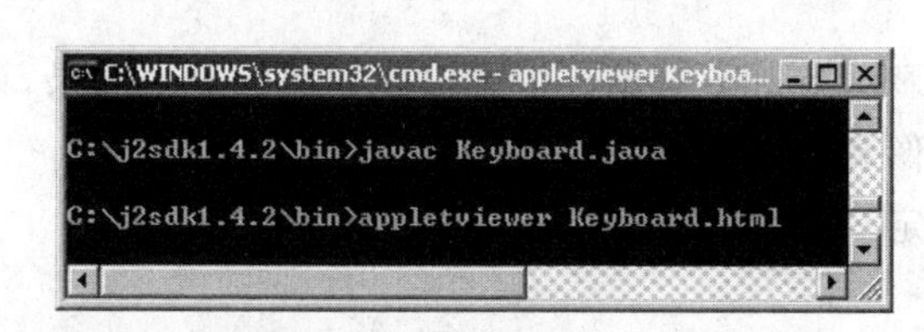

图 6-9　启动 applet 程序

图 6-10　任意按一个键的结果

当键盘被按下时，程序就会显示 Key Down，键盘松开时清除文字。

5. 技术分析

Applet 运行于浏览器上，可生成生动的页面，或进行友好的人机交互，同时还能处理

图像、声音、动画等多媒体数据。

1) 与用户的交互

用户可以通过鼠标与 Java Applet 程序对话。下面是响应鼠标的例子:

```
//Mouse.java
import java.awt.*;
import java.applet.*;
public class Mouse extends Applet
{
  String text="";
  public void paint(Graphics g)
  {
    g.drawString(text,20,20);
  }
  public boolean mouseDown(Event evt,int x,int y)      //鼠标按下时的处理函数
  {
    text="Mouse Down";
    repaint();
    return true;
  }
  public boolean mouseUp(Event evt,int x,int y)        //鼠标松开时的处理函数
  {
    text="";
    repaint();
    return true;
  }
}
```

当用户运行程序时,程序将显示 Mouse Down,说明程序对鼠标作出了响应。注意,Java 语言并不区分鼠标的左右键。

2) 处理图像

Java Applet 常用来显示存储在 GIF 文件中的图像。Java Applet 装载 GIF 图像非常简单。在 Applet 内使用图像文件时需定义 Image 对象。多数 Java Applet 使用的是 GIF 或 JPEG 格式的图像文件。Applet 使用 getImage 方法把图像文件和 Image 对象联系起来。

Graphics 类的 drawImage 方法用来显示 Image 对象。为了提高图像的显示效果,许多 Applet 都采用双缓冲技术:首先把图像装入内存,然后再显示在屏幕上。

Applet 可通过 imageUpdate 方法测定一幅图像已经装了多少在内存中。

(1) 装载一幅图像

Java 语言把图像也当做 Image 对象处理,所以装载图像时需首先定义 Image 对象,格式如下:

```
Image picture;
```

然后用 getImage 方法把 Image 对象和图像文件联系起来:

```
picture=getImage(getCodeBase(),"ImageFileName.GIF");
```

getImage方法有两个参数。第一个参数是对getCodeBase方法的调用，该方法返回Applet的URL地址，如www.sun.com/Applet。第二个参数指定从URL装入的图像文件名。如果图像文件位于Applet之下的某个子目录中，文件名中则应包括相应的目录路径。

用getImage方法把图像装入后，Applet便可用Graphics类的drawImage方法显示图像，形式如下：

```
g.drawImage(Picture,x,y,this);
```

该drayImage方法的参数指明了待显示的图像、图像左上角的x坐标和y坐标以及this。

第四个参数的目的是指定一个实现ImageObServer接口的对象，即定义了imageUpdate方法的对象。

显示图像(ShowImage.java)的程序。

```
//源程序清单
import java.awt.*;
import java.applet.*;
public class ShowImage extends Applet
Image picure;                                      //定义类型为 Image 的成员变量
public void int()
{
  picture=getImage(getCodeBase(),"Image.gif"); //装载图像
}
public void paint(Graphics g)
{
  g.drawImage(picture,0,0,this);                   //显示图像
}
}
```

为此，HTML文件中有关Applet的语句如下：

```
<HTML>
<TITLE>Show Image Applet</TITLE>
<APPLET
CODE="ShowImage.class"                          //class 文件名为 ShowImage.class
WIDTH=600
HEIGHT=400>
</APPLET>
</HTML>
```

编译之后运行该Applet时，图像不是一气呵成的，这是因为程序不是drawImage方法返回之前把图像完整地装入并显示的。与此相反，drawImage方法创建了一个线程，该线程与Applet的原有线程并发执行，它一边装入一边显示，从而产生了这种不连续现象。为了提高显示效果，许多Applet都采用图像双缓冲技术，即先把图像完整地装入内存，然

后再显示在屏幕上,这样可使图像的显示一气呵成。

(2) 双缓冲图像

使用双缓冲图像技术例子(BackgroundImage.java)如下。

```
//源程序清单
import java.awt.*;
import java.applet.*;
public class BackgroundImage extends Applet                    //继承 Applet
{
  Image picture;
  Boolean ImageLoaded=false;
  public void init()
  {
    picture=getImage(getCodeBase(),"Image.gif");          //装载图像
    Image offScreenImage=createImage(size().width,size().height);
    //用 createImage 方法创建 Image 对象
    Graphics offScreenGC=offScreenImage.getGraphics(); //获取 Graphics 对象
    offScreenGC.drawImage(picture,0,0,this);               //显示非屏幕图像
  }
  public void paint(Graphics g)
  {
    if(ImageLoaded)
    {
      g.drawImage(picture,0,0,null);        //显示图像,第四参数为 null,不是 this
      showStatus("Done");
    }
    else
      showStatus("Loading image");
  }
  public boolean imageUpdate(Image img,int infoflags,int x,int y,int w,int h)
  {
    if(infoflags==ALLBITS)
    {
      imageLoaded=true;
      repaint();
      return false;
    }
    else
      reture true;
  }
}
```

分析该 Applet 的 init 方法可知,该方法首先定义了一个名为 offScreenImage 的 Image 对象并赋予其 createImage 方法的返回值,然后创建了一个名为 offScreenGC 的 Graphics 对象并赋予其图形环境——非屏幕图像将由它来产生。因为这里画的是非屏幕图像,所以 Applet 窗口不会有图像显示。

每当 Applet 调用 drawImage 方法时,drawImage 将创建一个调用 imageUpdate 方法的线程。Applet 可以在 imageUpdate 方法里测定图像已装入内存多少。drawImage 方

法创建的线程不断调用 imageUpdate 方法，直到该方法返回 false 为止。

imageUpdate 方法的第二个参数 infoflags 使 Applet 能够知道图像装入内存的情况。该参数等于 ImageLoaded 设置为 true 并调用 repaint 方法重画 Applet 窗口。该方法最终返回 false，防止 drawImage 的执行线程再次调用 imageUpdate 方法。

该 Applet 在 paint 方法里的操作是由 ImageLoaded 变量控制的。当该变量变为 true 时，paint 方法便调用 drawImage 方法显示出图像。paint 方法调用 drawImage 方法时把 null 作为第四参数，这样可防止 drawImage 方法调用 imageUpdate 方法，因为这时图像已装入内存，所以图像在 Applet 窗口的显示可一气呵成。

(3) 处理声音

使用 Applet 播放声音时需首先定义 AudioClip 对象，getAudioClip 方法能把声音赋予 AudioClip 对象。如果仅想把声音播放一遍，应调用 AudioClip 类的 play 方法，如果想循环把声音剪辑，应选用 AudioClip 类的 loop 方法。

WAV 和 AU 是最常用的两种声音文件，目前 Java 仅支持 AU 文件。

AudioClip 类用来在 Java Applet 内播放声音，该类在 java. Applet 包中有定义。下面演示了如何利用 AudioClip 类播放声音。

装入一个名为 Sample. Au 的声音文件并播放(SoundDemo. java)。

```
//源程序清单
import java.awt.*;
import java.applet.*
public class SoundDemo extends Applet
{
    public void paint(Graphics g)
    {
      AudioClip audioClip=getAudioClip(getCodeBase(),"Sample.AU");
      //创建 AudioClip 对象并用 getAudioClip 方法将其初始化
      g.drawstring("Sound Demo! ",5,15);
      audioClip.loop();          //使用 AudioClip 类的 loop 方法循环播放
    }
}
```

需把如下的 HTML 语句放入 SoundDemo. HTML 文件，为运行该 Applet 做准备。

```
<HTML>
<TITLE>SoundDemo Applet</TITLE>
<APPLET CODE="SoundDemo.class" WIDTH=300 HEIGHT=200>
</APPLET>
</HTML>
```

编译并运行该 Applet，屏幕上将显示出一个 Applet 窗口并伴以音乐。关闭 Applet 时音乐终止。

6. 问题与思考

编写一个 Applet 程序，当拖曳鼠标时，以按下鼠标和释放鼠标的位置为对角线绘制一个矩形。

6.3 匿名类简化图形事件处理程序

知识要点

- 内部类的概念
- 内部的种类

例 6-2 的程序 InstanceOfHuman 实现了 ActionListener 和 WindowListener 两个接口,其中 WindowListener 有 7 个方法,程序中每个方法都要实现,代码显得过于冗长。例 6-3 用适配器 WindowAdapter 的子类 CloseWin 只需要实现一个方法,简化了程序。下面用匿名类的方法进一步简化程序,连 CloseWin 的定义也省略了。

实例 用匿名类实现 InstanceOfHuman 类。

1. 详细设计

本实例由 InstanceOfHuman 实现,它继承自类窗口 Frame,而且实现了 ActionListener 接口。见下面的设计:

```
//引入 java.awt 和 java.awt.event 包
class InstanceOfHuman extends Frame implements ActionListener{
  //窗口中各个对象的定义
  public InstanceOfHuman(){
    //图形界面的布局
    //按钮的监听
    //匿名类监听窗口
    addWindowListener(new WindowAdapter(){
      public void windowClosing(WindowEvent e){
        System.exit(0);
      }
    });
    //窗口调整
  }
 //处理 ActionEvent 事件的 actionPerformed()方法
}
```

2. 编码实现

程序的结构与前面程序主要的区别是用匿名类监听窗口,实现语句如下:

语句:

```
addWindowListener(new WindowAdapter(){
  public void windowClosing(WindowEvent e){
    System.exit(0);
  }
});
```

分析:以上代码直接用 new WindowAdapter(){...}定义了一个类。这个类没有名字，所以称为匿名类。该匿名类在 InstanceOfHuman 类中定义，又称内部类，匿名类是内部类的一种。

3. 源代码

```
/* 文件名: InstanceOfHuman.java
 * Copyright (C): 2014
 * 功能: 在图形环境下接收姓名，初始化一个"人"。
 */
import java.awt.*;
import java.awt.event.*;
class InstanceOfHuman extends Frame implements ActionListener{
  Label namelabel=new Label("姓名");
  TextField nametextfield=new TextField(10);
  Button okbutton=new Button("确定");
  Label out=new Label(" ");
  public InstanceOfHuman(){
    setLayout(new FlowLayout());
    add(namelabel);
    add(nametextfield);
    add(okbutton);
    add(out);
    okbutton.addActionListener(this);
    addWindowListener(new WindowAdapter(){
      public void windowClosing(WindowEvent e){
        System.exit(0);
      }
    });
    setSize(400,100);
    show();
  }
  public void actionPerformed(ActionEvent a){
    Human p=new Human(nametextfield.getText());
    out.setText("I am "+p.name);
  }
}
```

4. 测试与运行

测试程序如下：

```
public class InstanceOfHumanTest {
  public static void main(String args[]) {
    new InstanceOfHuman();
  }
}
```

程序运行结果如图 6-11 所示。

图 6-11　图形界面

运行 InstanceOfHumanTest.class 前，必须保证 Human.java 和 InstanceOfHuman.java

编译成功。

编译 InstanceOfHuman. java 成功后,会发现产生了两个. class 文件,如图 6-12 所示。

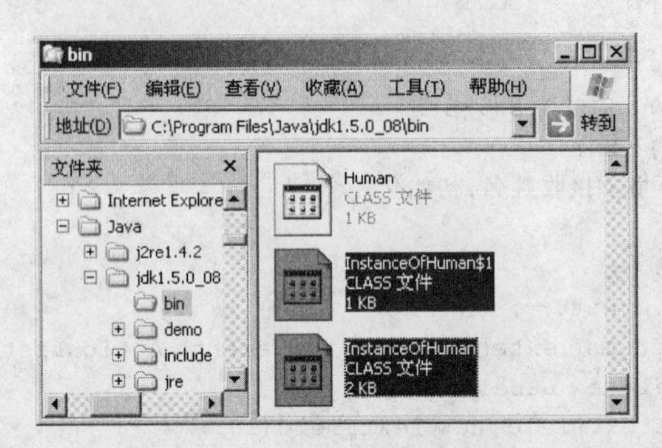

图 6-12 编译 InstanceOfHuman 成功后产生的两个类

一个是 InstanceOfHuman. class,另一个是 InstanceOfHuman $ 1. class,即匿名类。

5. 技术分析

1) 内部内概念

在一个类的内部还有另外一个类,称为内部类,一般格式如下:

```
class 外部类{
  class 内部类{
  }
}
```

例 6-5 在内部类 Outer 中,定义一个内部类 Inner,它只有一个方法 print(),输出一个字符串。下面说明一个内部类的代码的实现。

实现的程序如下:

```
class Outer{
  private String info="hello world!";
  class Inner{
    public void print(){
      System.out.println(info);
    }
  };
  public void say(){
    new Inner().print();
  }
}
public class OuterTest{
  public static void main(String args[]){
    new Outer().say();
  }
}
```

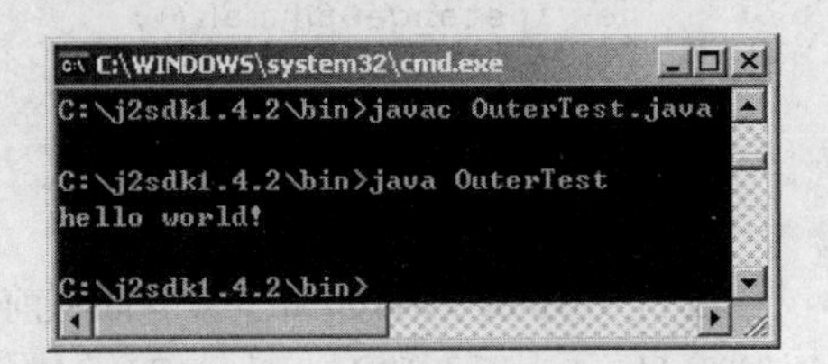

图 6-13 OuterTest 的运行结果

程序编译并运行的结果如图 6-13 所示。

注意:程序编译成功后,除产生 Outer. class

类和 OuterTest. class 类之外，还有内部类 Outer. Inner. class。

如果在程序的外部访问内部类，必须使用“外部类. 内部类”的格式，才可以找到内部类，如 Outer. Inner。

什么情况下使用内部类呢？比如想实现一个接口，但是这个接口中的一个方法和构想的这个类中的一个方法的名称、参数相同，这时候可以建一个内部类实现这个接口。由于内部类对外部类的所有内容都是可访问的，所以这样做可以完成所有直接实现这个接口的功能。

C++ 的多继承设计起来很复杂，Java 通过内部类、接口，可以很好地实现多继承的效果。

2）内部类的种类

(1) 非静态内部类

在类中定义类，称为内部类(Inner class)或巢状类(Nested class)。没有 static 修饰符的内部类可以分为三种：成员内部类(Member inner class)、区域内部类(Local inner class)与匿名内部类(Anonymous inner class)。

成员内部类是直接声明类为成员，就像例 6-5 的例子。内部类可以直接存取外部类的私用(private)成员。所以在图形界面程序中，可以使用内部类来实现一个事件监听类，这个窗口监听类可以直接存取窗口组件，而不用透过参数传递。

内部类同样也可以使用 public、protected 或 private 来修饰，通常声明为 private 的情况较多。

区域内部类的使用与成员内部类类似，区域内部类定义于一个方法中，类的可视范围与生成之对象仅止于该方法之中，区域内部类的应用一般较为少见。

例 6-6　在一个方法中定义内部类。

实现的程序如下：

```
class Outer{
  private String info="hello world!";
  //如果想让方法中定义的内部类,访问此参数,则此参数前加一个 final 修饰符
  public void say(final int temp){
  //直接在方法中定义内部类
    class Inner{
      public void print(){
      //此处,方法中定义的内部类可以直接访问外部类中定义的属性
        System.out.println(info);
        System.out.println(temp);
      }
    }
    new Inner().print();
  }
}
public class OuterTest{
  public static void main(String args[]){
    new Outer().say(30);
  }
}
```

程序运行的结果如图 6-14 所示。

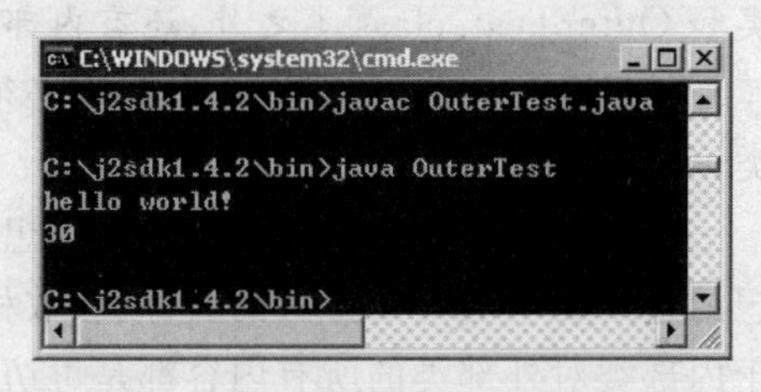

图 6-14 区域内部类运行的结果

内部匿名类可以不声明类名称,而使用 new 直接产生一个对象,该对象可以是继承某个类或是视作某个接口。内部匿名类的声明方式如下:

```
new [类或接口()] {
// ……
}
```

本节实例中直接用 new WindowAdapter(){...}定义了一个类,这个类没有名字,是一个匿名类。

注意:正如例 6-6 所示,如果要在内部匿名类中使用某个方法中的变量,它必须声明为 final,下面的程序是无法通过编译的。

```
public void someMethod() {
  int x=10;
  Object obj=new Object() {
    public String toString() {
      return ""+x;
    }
  }
  System.out.println(obj.toString());
}
```

编译器会报以下的错误:

local variable x is accessed from within inner class; needs to be declared final

在声明 x 时加上 final,才可以通过编译:

```
public void someMethod() {
  final int x=10;
  Object obj=new Object() {
    public String toString() {
      return ""+x;
    }
  }
  System.out.println(obj.toString());
}
```

也就是说,内部匿名类只能使用变量 x,不能更改 x 的值。

(2) 静态内部类

内部类还可以被声明为 static,不过由于是 static 类型的,它不能存取外部类的方法,而必须通过外部类所生成的对象来调用,一种情况下是在 main()中要使用某个内部类时,例如:

```
public class Outer{
  private static class Point {
```

```
        private int x,y;
        public Point(int x,int y) {
          this.x=x;
          this.y=y;
        }
        public int getX() {
          return x;
        }
        public int getY() {
          return y;
        }
      }
      public static void main(String[] args) {
        Point p=new Point(10,20);
          System.out.print("x="+p.getX()+" y="+p.getY());
      }
    }
```

程序运行结果如图 6-15 所示。

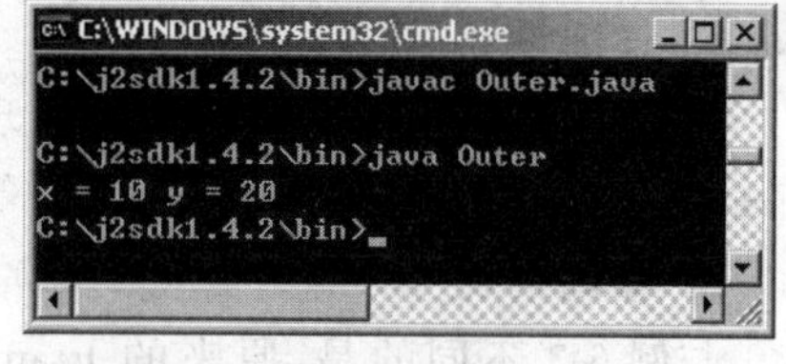

图 6-15　静态类的运行结果

由于 main()方法是静态的，为了使用 Point 类，该类也必须被声明为 static 类型的。

被声明为 static 类型的内部类，事实上也可以看作是另一种名称空间的管理方式，例如：

```
public class Outer {
  public static class Inner {
  ...
  }
  ...
}
```

可以用以下的方式来使用 Inner 类：

```
Outer.Inner inner=new Outer.Inner();
```

内部类在编译完成之后，所产生的文件名称为"外部类名称 $ 内部类名称. class"，而内部匿名类则在编译完成之后产生"外部类名称 $ 编号. class"，编号为 1、2、3...看它是外部类中的第几个匿名类。

6. 问题与思考

使用内部匿名类，它继承了 Object 类并改写了 toString()方法，具体如下：

```
Object obj=new Object() {
  public String toString() {
  return "匿名类对象";
  }
}
```

把它放入外部类 Outer 的 main()方法中，并输出 obj. toString()的结果。编译成功后本程序将生成几个类,它们的名字如何?

6.4 应用 Swing 创建用户界面

知识要点

- Swing 的基本组件
- Swing 的页面布局
- Swing 的组件

除了 AWT 进行图形用户界面(GUI)的设计外,Java 2 还提供了 Swing 包。Swing 几乎无所不能,不但有各式各样先进的组件,而且更为美观易用,展示了更丰富的功能,使用它设计的界面会更友好。

实例 在图形界面的窗口中读入姓名,并初始化一个 Human 对象。

1. 详细设计

本实例由 InstanceOfHuman 实现,引入 javax. Swing 包后,可以用到 Swing 中的 JFrame、JButton、JTextField、JLabel 等。

2. 编码实现

与例 6-3 不同的是,原来的 Frame、Button、TextField、Label 换成了 JFrame、JButton、JTextField 和 JLabel。

3. 源代码

```
/* 文件名: InstanceOfHuman.java
 * Copyright (C): 2014
 * 功能: 在图形环境下接收姓名,初始化一个"人"类的实例。
 */
import javax.Swing.*;
import java.awt.*;
import java.awt.event.*;
class InstanceofHuman extends JFrame implements ActionListener{
  JLabel namelabel=new JLabel("姓名");
  JTextField nametextfield=new JTextField(10);
  JButton okbutton=new JButton("确定");
  JLabel out=new JLabel("           ");
  public InstanceofHuman(){
    container container=getContentPane();
    container.setLayout(new FlowLayout());
    container.add(namelabel);
    container.add(nametextfield);
    container.add(okbutton);
    container.add(out);
    okbutton.addActionListener(this);
    addWindowListener(new CloseWin());
```

```
      setSize(400,100);
      show();
    }
   public void actionPerformed(ActionEvent a){
      Human p=new Human(nametextfield.getText());
      out.setText("I am "+p.name);
    }
  }

  class CloseWin extends WindowAdapter{
   public void windowClosing(WindowEvent e){
      System.exit(0);
    }
  }
```

4. 测试与运行

程序运行结果如图 6-16 所示。

图 6-16 Swing 图形界面

运行 InstanceOfHumanTest.class 前，必须保证 Human.java 和 InstanceOfHuman.java 编译成功。

5. 技术分析

Swing 是架构在 AWT 之上的，没有 AWT 就没有 Swing，它提供了 AWT 所能够提供的所有功能，并且用纯粹的 Java 代码对 AWT 的功能进行了大幅度的扩充。

Swing 组件有美观、易用、量大等特点，但 Swing 组件的程序通常会比使用 AWT 组件的程序运行更慢。在基于 PC 或者是工作站的标准 Java 应用中，硬件资源对应用程序所造成的限制往往不是项目中的关键因素，所以在标准版的 Java 中则提倡使用 Swing，也就是通过牺牲速度来实现应用程序的功能。

1）Swing 基本组件

javax.Swing 包中定义了两种类型的组件：顶层容器（JFrame，JApplet，JDialog 和 JWindow）和轻量级组件。Swing 组件都是 AWT 的 Container 类的直接子类和间接子类。

Swing 包是 JFC（Java Foundation Classes）的一部分，由许多包组成。Swing 是 AWT 的扩展，它提供了许多新的图形界面组件。Swing 组件以 J 开头，除了有与 AWT 类似的按钮（JButton）、标签（JLabel）、复选框（JCheckBox）、菜单（JMenu）等基本组件外，还增加了一个丰富的高层组件集合，如表格（JTable）、树（JTree）。

2）Swing 的页面布局

与 AWT 相同，Swing 也采用了布局管理器来管理组件的排放、位置、大小等布置任务,在此基础上将显示风格做了改进。

一个不同点在于 Swing 虽然有顶层容器,但不能把组件直接加到顶层容器中,Swing 窗体中含有一个称为内容面板的容器(ContentPane),在顶层容器上放内容面板,然后把组件加入到内容面板中。

所以,在 Swing 中,设置布局管理器是针对于内容面板的,另外 Swing 新增加了一个 BoxLayout 布局管理器。BoxLayout 布局管理器按照自上而下(y 轴)或者从左到右(x 轴)的顺序布局依次加入组件。建立一个 BoxLayout 对象,必须指明两个参数:被布局的容器和 BoxLayout 的主轴。默认情况下,组件在纵轴方向上居中对齐。

3) Swing 组件的分类

Jcomponent 是一个抽象类,用于定义所有子类组件的一般方法,其类层次结构如下所示:

```
java.lang.Object
    └─java.awt.Component
        └─java.awt.Container
            └─javax.Swing.JComponent
```

并不是所有的 Swing 组件都继承自 JComponent 类,JComponent 类继承自 Container 类,所以凡是该类的组件都可作为容器使用。

组件从功能上分,可分为以下几种。

① 顶层容器:JFrame、JApplet、JDialog、JWindow 共 4 个。

② 中间容器:JPanel、JScrollPane、JSplitPane、JToolBar。

③ 特殊容器:在 GUI 上起特殊作用的中间层,如 JInternalFrame、JLayeredPane、JRootPane。

④ 基本控件:实现人际交互的组件,如 Jbutton、JComboBox、JList、JMenu、JSlider、JtextField。

⑤ 不可编辑信息的显示:向用户显示不可编辑信息的组件,例如 JLabel、JProgressBar、ToolTip。

⑥ 可编辑信息的显示:向用户显示能被编辑的格式化信息的组件,如 JColorChooser、JFileChoose、JFileChooser、Jtable、JtextArea。

与 AWT 组件不同,Swing 组件不能直接添加到顶层容器中,它必须添加到一个与 Swing 顶层容器相关联的内容面板(content pane)上。内容面板是顶层容器包含的一个普通容器,它是一个轻量级组件。

4) Swing 的各种容器面板

(1) 根面板

根面板由一个玻璃面板(glassPane)、一个内容面板(contentPane)和一个可选择的菜单条(JMenuBar)组成,而内容面板和可选择的菜单条放在同一分层。玻璃面板是完全透明的,默认值为不可见,为接收鼠标事件和在所有组件上绘图提供方便。

根面板提供的方法:

```
Container getContentPane();                //获得内容面板
setContentPane(Container);                 //设置内容面板
JMenuBar getMenuBar( );                    //获得菜单条
setMenuBar(JMenuBar);                      //设置菜单条
JLayeredPane getLayeredPane();             //获得分层面板
setLayeredPane(JLayeredPane);              //设置分层面板
Component getGlassPane();                  //获得玻璃面板
setGlassPane(Component);                   //设置玻璃面板
```

(2) 分层面板(JLayeredPane)

Swing 提供了两种分层面板：JlayeredPane 和 JDesktopPane。JDesktopPane 是 JLayeredPane 的子类，专门为容纳内部框架(JInternalFrame)而设置。

向一个分层面板种添加组件，需要说明将其加入哪一层，并指明组件在该层中的位置：add(Component c, Integer Layer, int position)。

(3) 面板(JPanel)

面板(JPanel)是一个轻量容器组件，用法与 Panel 相同，用于容纳界面元素，以便在布局管理器的设置下可容纳更多的组件，实现容器的嵌套。Jpanel、JscrollPane、JsplitPane、JinteralFrame 都属于常用的中间容器，是轻量组件。Jpanel 的默认布局管理器是 FlowLayout。

```
java.lang.Object
    └─java.awt.Component
          └─java.awt.Container
                └─javax.Swing.JComponent
                      └─javax.Swing.JPanel
```

(4) 滚动窗口(JScrollPane)

JscrollPane 是带滚动条的面板，主要是通过移动 JViewport（视口）来实现的。JViewport 是一种特殊的对象，用于查看基层组件，滚动条实际就是沿着组件移动视口，同时描绘出它在下面“看到”的内容。

6. 问题与思考

用 Swing 技术实现单选按钮来输入性别，如果选择“男”，输出“选择男性”；如果选择“女”，输出“选择女性”。

第7章　SWT 技术

Eclipse 是一个通用工具平台。它是一个开放的、可用于任何东西的可扩展 IDE，它为工具开发人员提供了灵活性以及对软件技术的控制能力。Eclipse 为开发人员提供了生产大量 GUI 驱动的工具和应用程序的基础。而这项功能的基础就是基于 GUI 库的 SWT 和 JFace。

SWT（Standard Widget Toolkit）刚开始是 Eclipse 组织为了开发 Eclipse IDE 环境所编写的一组底层图形界面 API。SWT 无论在性能上还是外观上，都超越了 Sun 公司提供的 AWT 和 Swing。

7.1　用 SWT 技术初始化 Human 对象

知识要点

- SWT 的基本结构
- 系统资源的管理
- 线程

Java 语言的图形界面开发包 AWT 和 Swing 无论速度和外观都存在诸多不足。SWT 为 Java 程序员提供了一个更佳的选择。SWT 本身仅仅是 Eclipse 组织为了开发 Eclipse IDE 环境所编写的一组底层图形界面 API。SWT 无论是在性能还是外观上，都超越了 AWT 和 Swing。

实例　在 SWT 图形环境下接收姓名，初始化一个“人”。

1. 详细设计

本实例将 InstanceOfHuman. java 类和 InstanceOfHumanTest. java 写在一个文件中，InstanceOfHumanTest 类仅仅生成一个 InstanceOfHuman 实例。注意程序要引入正确的有关 SWT 包。

```
class InstanceOfHuman implements SelectionListener{
  //变量定义
  public InstanceOfHuman(){
    //初始化窗口和组件
    //监听按钮
    //GUI 调用
```

```
        shell.pack();
        shell.open();
        while (!shell.isDisposed()){
          if(!display.readAndDispatch())
            display.sleep();
        }
        display.dispose();
      }
      public void widgetSelected(SelectionEvent e){
        Human p=new Human(text.getText());
        saylabel.setText("I am "+p.name);
      }
      public void widgetDefaultSelected(SelectionEvent e){}
    }

    public class InstanceOfHumanTest {
      public static void main(String args[]) {
        new InstanceOfHuman();
      }
    }
```

2. 编码实现

1）变量定义

语句：

```
Display display=new Display();
Shell shell=new Shell(display);
Label namelabel=new Label(shell,SWT.NONE);
Text text=new Text(shell,SWT.BORDER);
Label saylabel=new Label(shell,SWT.NONE);
Button button=new Button(shell,SWT.CENTER);
```

分析：编写 SWT 程序，首先从 Display 对象和 Shell 对象开始。Shell 是一个窗口，创建 Display 实例的同时也启动了一个线程，该线程执行事件循环。SWT 中所有的本地部件界面调用都是这个线程完成的。

Text、Label、Button 是 SWT 的文本框、标签和按钮。

2）初始化窗口和组件

语句：

```
shell.setText("SWT");
shell.setLayout(new FillLayout());
namelabel.setText("姓名");
button.setText("确定");
text.setText("");
saylabel.setText("          ");
button.pack();
```

分析：FillLayout 是 SWT 的一种布局。

3) 监听按钮

语句:

```
button.addSelectionListener(this);
```

分析:SelectionListener 是 SWT 的一个监听器,Button 的 addSelectionListener()对该按钮监听。

4) GUI 调用

语句:

```
shell.pack();
shell.open();
while (!shell.isDisposed()){
  if(!display.readAndDispatch())
    display.sleep();
}
display.dispose();
```

分析:shell. open()打开窗口,同时显示窗口中的所有控件。while 循环表示只要 Shell 窗口还未释放,Display 对象就调用 readAndDispathch()方法跟踪事件队列中注册的事件。一旦关闭窗口,Display 的 dispose()方法会释放 Display 对象。

3. 源代码

```
/* 文件名:InstanceOfHumanTest.java
 * Copyright (C): 2014
 * 功能:在 SWT 图形环境下接收姓名,初始化一个"人"。
 */
import org.eclipse.swt.*;
import org.eclipse.swt.widgets.*;
import org.eclipse.swt.layout.*;
import org.eclipse.swt.events.*;
class InstanceOfHuman implements SelectionListener{
  Display display=new Display();
  Shell shell=new Shell(display);
  Label namelabel=new Label(shell,SWT.NONE);
  Text text=new Text(shell,SWT.BORDER);
  Label saylabel=new Label(shell,SWT.NONE);
  Button button=new Button(shell,SWT.CENTER);

  public InstanceOfHuman(){
    shell.setText("SWT");
    shell.setLayout(new FillLayout());
    namelabel.setText("姓名");
    button.setText("确定");
    text.setText("");
    saylabel.setText("        ");
    button.pack();
    button.addSelectionListener(this);
```

```
        shell.pack();
        shell.open();
        while (!shell.isDisposed()){
          if(!display.readAndDispatch())
            display.sleep();
        }
        display.dispose();
      }
      public void widgetSelected(SelectionEvent e){
        Human p=new Human(text.getText());
        saylabel.setText("I am "+p.name);
      }
      public void widgetDefaultSelected(SelectionEvent e){}
    }

    public class InstanceOfHumanTest {
      public static void main(String args[]) {
        new InstanceOfHuman();
      }
    }
```

4. 测试与运行

如果在控制台方式编译运行该程序,先得在 Eclipse 的官方网站上直接下载 SWT 工具包。本书用的是 swt-3.1-win32-win32-x86.zip,解压后设置此 jar 包的 classpath 才可以运行 SWT 程序。解压文件主要包括 swt.jar 和 swt-win32-3138.dll 两个文件,本例中,把这两个文件放到 H:\下。也可直接用下面命令编译和运行,如图 7-1 所示。

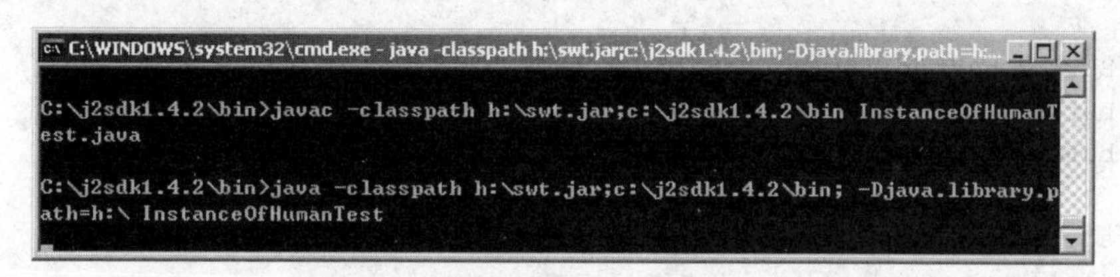

图 7-1　命令控制行下运行 SWT 程序

编译程序时,因为引用的 Human.class 在 C:\j2sdk1.4.2\bin 目录下,所以编译所用的命令是:

```
javac -classpath h:\swt.jar;C:\j2sdk1.4.2\bin; InstanceOfHumanTest.java
```

运行程序时必须有选项-Djava.library.path=h:\,它指定的是 swt-win32-3138.dll 存放的路径,程序运行结果如图 7-2 所示。

图 7-2　SWT 程序的运行结果

5. 技术分析

SWT 最大化了操作系统的图形构件 API,就是说只要操作系统提供了相应图形的构件,那么 SWT 只是简单应用 JNI 技术调用它们,只有那些操作系统中不提供的构件,SWT 才自己去做一个模拟的实现。可以看出 SWT 性能上的稳定大多取决于相应操作系统图形构件的稳定性。

SWT API 包中的类、方法的名称和结构已经很少有改变,程序员不用担心由于 Eclipse 组织开发进度很快而导致自己的程序代码变化过大。从一个版本的 SWT 更新至另一版本,通常只需要简单将 SWT 包换掉就可以了。

1) SWT 的基本结构

下面以 Windows 平台的例子说明 SWT 程序的基本结构,其他的操作系统应该大同小异。首先要下载或在 Eclipse 安装文件中找到 SWT 包。SWT 包已经作为 Eclipse 开发环境的一个插件形式存在,可以在 Eclipse 的安装路径下去搜索 SWT. JAR 文件。因为 SWT 应用了 JNI 技术,因此同时也要找到相对应的 JNI 本地化库文件,由于版本和操作平台的不同,本地化库文件的名称会有些差别,比如 SWT-WIN32-2116. DLL 是 Window 平台下 Eclipse Build 2116 的动态库,而在 UNIX 平台相应版本的库文件的扩展名应该是. so,等等。Eclipse 是一个开放源代码的项目,因此可以在这些目录中找到 SWT 的源代码。

例 7-1 编写只有一个名为 ClickMe 按钮的 SWT 程序。

实现的程序如下:

```
import org.eclipse.swt.*;
import org.eclipse.swt.widgets.*;
public class ClickMe{
  public static void main(String[] args){
    Display display=new Display();
    Shell shell=new Shell(display);
    shell.setText("SWT");

    Button button=new Button(shell,SWT.CENTER);
    button.setText("Click Me");
    button.pack();

    shell.pack();
    shell.open();
    while (!shell.isDisposed()){
      if(!display.readAndDispatch())
        display.sleep();
    }
    display.dispose();
  }
}
```

图 7-3 简单的 SWT 程序

程序的运行结果如图 7-3 所示。

确信在 CLASSPATH 中包括了 SWT. JAR 文件,先用 Javac 编译例子程序。编译无错后可运行 java -Djava. library. path=${SWT 本地库文件所在路径},比如 swt-win32-3138. dll 件所在的路径是“H:”,运行的命令应该是 java -Djava. library. path = h:\ HelloSWT。如果不想设置 classpath,可以用下面的命令直接进行编译和运行,如图 7-4 所示。

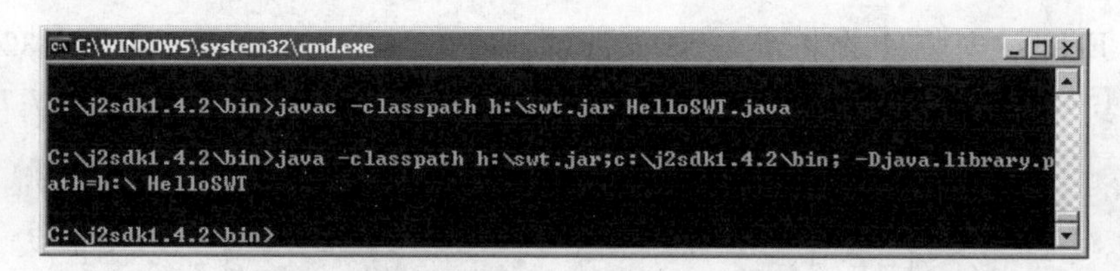

图 7-4 SWT 程序的编译与运行

如果在 Eclipse 中编译运行该程序，须按下列步骤把 SWT 包引入。首先右击本项目，在弹出的快捷菜单中选择“属性”命令，进入“Java 构建路径”部分的“库”选项卡进行设置，如图 7-5 所示。

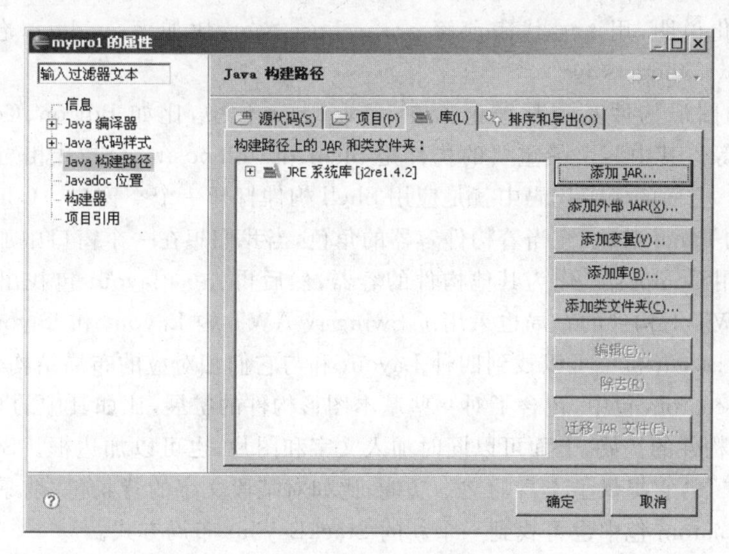

图 7-5 设置项目的属性

单击“添加外部 JAR”按钮，打开“选择 JAR”对话框，如图 7-6 所示。

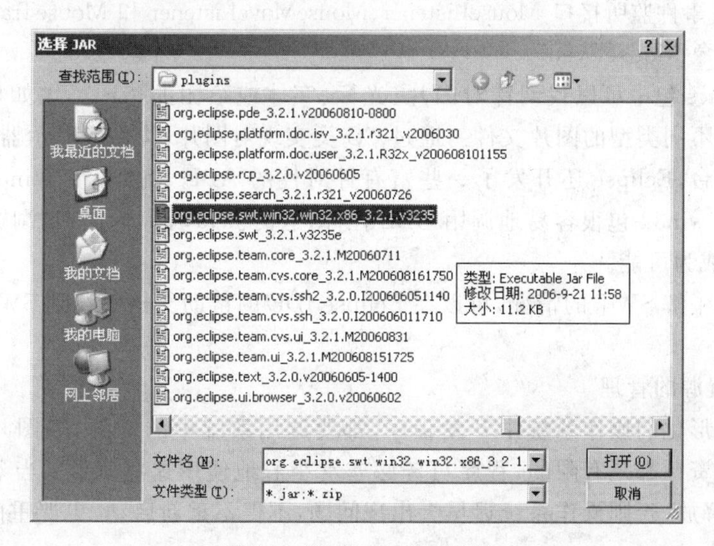

图 7-6 “选择 JAR”对话框

选择 Eclipse 安装目录中 plugins 子目录下的文件 org. eclipse. swt. win32. win32. x86_3. 2. 1. v3235. jar，打开后在包资源管理器中会看到添加的 SWT 包，如图 7-7 所示。

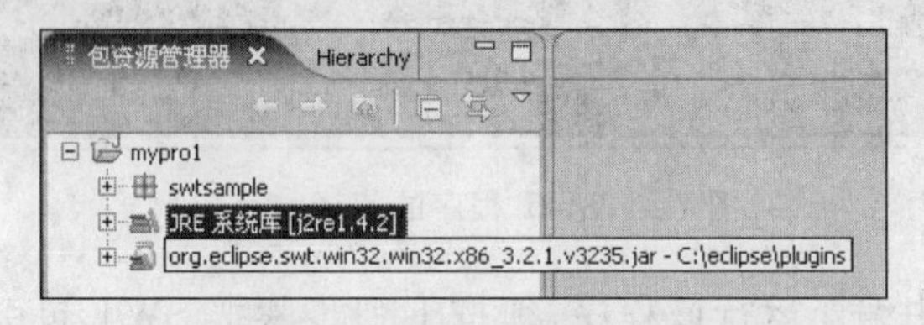

图 7-7 在 Eclipse 中成功添加 SWT 包

下面进一步分析 SWT API 的组成。所有的 SWT 类都用 org. eclipse. swt 作为包的前缀，为了简化说明，用 * 号代表前缀 org. eclipse. swt，比如 *. widgets 包，代表的是 org. eclipse. swt. widgets 包。

最常用的图形构件基本都被包括在 *. widgets 包中，比如 Button、Combo、Text、Label、Table 等。其中两个最重要的构件是 Shell 和 Composite。Shell 相当于应用程序的主窗口框架，上面的例子代码中就是应用 Shell 构件打开一个空窗口。Composite 相当于 Swing 中的 Panel 对象，充当着构件容器的角色，当我们想在一个窗口中加入一些构件时，最好到使用 Composite 作为其他构件的容器，然后再去 *. layout 包找出一种合适的布局方式。SWT 对构件的布局也采用了 Swing 或 AWT 中 Layout 和 Layout Data 结合的方式，在 *. layout 包中可以找到四种 Layout 和与它们相对应的布局结构对象(Layout Data)。在 *. custom 包中，包含了对一些基本图形构件的扩展，比如其中的 CLabel，就是对标准 Label 构件的扩展，上面可以同时加入文字和图片，也可以加边框。StyledText 是 Text 构件的扩展，它提供了丰富的文本功能，比如对某段文字的背景色、前景色或字体的设置。在 *. custom 包中也可找到一个新的 StackLayout 布局方式。

SWT 对用户操作的响应，比如鼠标或键盘事件，也是采用了 AWT 和 Swing 中的 Observer 模式，在 *. event 包中可以找到事件监听的 Listener 接口和相应的事件对象，例如，常用的鼠标事件监听接口 MouseListener、MouseMoveListener 和 MouseTrackListener，及对应的事件对象 MouseEvent。

*. graphics 包中可以找到针对图片、光标、字体或绘图的 API。比如可通过 Image 类调用系统中不同类型的图片文件。通过 CG 类实现对图片、构件或显示器的绘图功能。

对不同平台，Eclipse 还开发了一些富有针对性的 API。例如，在 Windows 平台，可以通过 *. ole. win32 包很容易地调用 OLE 控件，这使 Java 程序内嵌 IE 浏览器或 Word、Excel 等程序成为可能。

要进一步了解 SWT 的情况，可以在 Eclipse IDE 的帮助文档中找到 SWT 的 JavaDoc 说明。

2）系统资源的管理

在一个图形化的操作系统中开发程序，都要调用系统中的资源，如图片、字体、颜色等。通常这些资源都是有限的，程序员务必非常小心地使用这些资源：当不再使用它们时，就请尽快释放，否则操作系统迟早会出现问题，不得不重新启动，更严重的会导致系统崩溃。

SWT 是用 Java 语言开发的，Java 语言本身的一大优势就是 JVM 的“垃圾回收机制”，程序员通常不用理会变量的释放、内存的回收等问题。那么对 SWT 而言，系统资源的操作是不是也是如此？

SWT 并没有采用 JVM 的垃圾回收机制去处理操作系统的资源回收问题，一个关键的因素是因为 JVM 的垃圾回收机制是不可控的，也就是说程序员不能知道，也不可能做到在某一时刻让 JVM 回收资源！这对系统资源的处理是致命的，试想你的程序希望在一个循环语句中去查看数万张图片，常规的处理方式是每次调入一张查看，然后就立即释放该图片资源，而后再循环调入下一张图片，这对操作系统而言，任何时刻程序占用的仅仅是一张图片的资源。但如果这个过程完全交给 JVM 去处理，也许会是在循环语句结束后，JVM 才会去释放图片资源，其结果可能是你的程序还没有运行结束，操作系统已经宕掉。

但对于 SWT，只需了解两条简单的法则就可以放心地使用系统资源。第一条是“谁占用，谁释放”，第二条是“父构件被销毁，子构件也同时被销毁”。第一条原则是一个无任何例外的原则，只要程序调用了系统资源类的构造方法，程序就应该关心在某一时刻要释放这个系统资源。比如调用了

```
Font font=new Font (display,"Courier",10,SWT.NORMAL);
```

那么就应该在不需要这个 Font 的时候调用它，语句如下：

```
font.dispose();
```

对于第二个原则，是指如果程序调用某一构件的 dispose()方法，那么所有这个构件的子构件也会被自动调用 dispose()方法而销毁。通常这里指的子构件与父构件的关系是在调用构件的构造方法时形成的。比如，

```
Shell shell=new Shell();
    Composite parent=new Composite(shell,SWT.NULL);
    Composite child=new Composite(parent,SWT.NULL);
```

其中 parent 的父构件是 Shell，而 Shell 则是程序的主窗口，所以没有相应的父构件，同时 parent 又包括了 child 子构件。如果调用 shell.dispose()方法，应用第二条法则，那么 parent 和 child 构件的 dispose()方法也会被 SWT API 自动调用，它们也随之销毁。

3）线程

任何操作平台的 GUI 系统中，对构件或一些图形 API 的访问操作都要被严格同步并串行化。例如，在一个图形界面中的按键构件可被设成可用状态(enable)或禁用状态(disable)，正常的处理方式是，用户对按键状态设置操作都要被放入到 GUI 系统的事件处理队列中(这意味着访问操作被串行化)，然后依次处理(这意味着访问操作被同步)。如果当按键可用状态的设置函数还没有执行结束的时候，程序就希望再设置该按键为禁用状态，势必会引起冲突。实际上，这种操作在任何 GUI 系统中都会触发异常。

Java 语言本身就提供了多线程机制，这种机制对 GUI 编程来说是不利的，它不能保

证图形构件操作的同步与串行化。SWT 采用了一种简单而直接的方式去适应本地 GUI 系统对线程的要求：在 SWT 中，通常存在一个被称为“用户线程”的唯一线程，只有在这个线程中才能调用对构件或某些图形 API 的访问操作。如果在非用户线程中程序直接调用这些访问操作，那么 SWTExcepiton 异常会被抛出。但是 SWT 也在 *. widget. Display 类中提供了两个方法可以间接地在非用户线程的进行图形构件的访问操作，这是通过 syncExec(Runnable)和 asyncExec(Runnable)这两个方法去实现的。例如：

```
//此时程序运行在一个非用户线程中,并且希望在构件 panel 上加入一个按键
Display.getCurrent().asyncExec(new Runnable() {
    public void run() {
        Button butt=new Button(panel,SWT.PUSH);
        butt.setText("Push");
    }
}
```

syncExec()方法和 asyncExec()方法的区别在于前者要在指定的线程执行结束后才返回，而后者则无论指定的线程是否执行都会立即返回到当前线程。

6. 问题与思考

编写程序，用 Shell 实现在一个父窗口中同时打开两个窗口的功能。

7.2 在左右两个 SWT 列表框中交换数据

知识要点

- Control 类
- 按钮
- 标签
- 文本框
- 下拉框
- 列表
- 组件的风格

SWT 的基本窗口组件在实际开发中会被经常用到。本节先介绍最简单的控制组件，包括 Label、Text、Button 等，这些组件通常用在对话框中，当然也会直接布置在 Shell 中。

实例 在 SWT 图形设计左右两个列表框，单击“＞”或“＜”可以实现将左侧列表框中的值移动到右侧列表框中，或将右侧列表框中的值移到左侧列表框中。

1. 详细设计

本实例将实现 ListTest 类。

```
class ListTest{
  main(){
    //创建 display 和 shell 对象
```

```
        //定义左右列表框中的数据
        //初始化左侧字符串
        //定义左侧列表框
        //定义右侧列表框
        //创建事件监听类,为内部类
        SelectionAdapter listener=new SelectionAdapter(){
          //按钮单击事件的处理方法
          public void widgetSelected(SelectionEvent e){
          //取得触发事件的控件对象并转相应的方法
          }
          //改变左右列表值
          public void verifyValue(String[] select,List from,List to){
          //循环处理所有选中的选项
          }
        };
        //右移按钮定义及监听
        //左移按钮定义及监听

        while(!shell.isDisposed()){
          if(!display.readAndDispatch())
            display.sleep();
        }
        display.dispose();
      }
}
```

2. 编码实现

1）定义左右列表框中的数据

语句：

```
String[] itemLeft=new String[20];
String[] itemRight=new String[0];
```

分析：左右列表框的数据都保存在一个字符串数组中。

2）初始化左侧字符串

语句：

```
for(int i=0; i<20; i++)
itemLeft[i]="item"+i;
```

分析：左侧字符串分别是 item0、item1、…、item19。

3）定义左侧列表框

语句：

```
final List left=new List(shell,SWT.MULTI|SWT.V_SCROLL);
left.setBounds(10,10,100,180);
left.setItems(itemLeft);
left.setToolTipText("请选择列表项");
```

分析：List 构造方法中的参数 SWT. MULTI|SWT. V_SCROLL 定义该列表框为多选择，且带有垂直滚动条。setBounds()方法设置列表框的位置和大小，setItem()设置选项数据，setToolTipText()设置列表框的提示信息。

4）取得触发事件的控件对象并转相应的方法

语句：

```
Button b=(Button)e.widget;
if(b.getText().equals(">"))
  verifyValue(left.getSelection(),left,right);
else if(b.getText().equals("<"))
  verifyValue(right.getSelection(),right,left);
```

分析：b. getText(). equals("＞")表明是“＞”按钮，b. getText(). equals("＜")表明是“＜”按钮。verifyValue(right. getSelection(), right, left)方法负责处理按钮的具体动作。

5）循环处理所有选中的选项

语句：

```
for (int i=0; i<select.length; i++){
  from.remove(select[i]);
  to.add(select[i]);
}
```

分析：from. remove(select[i])方法从一个列表中移出该选项值，to. add(select[i])方法添加到另一个列表中。

6）右移按钮的定义及监听

语句：

```
Button bt1=new Button(shell,SWT.NONE);
bt1.setText(">");
bt1.setBounds(130,20,25,20);
bt1.addSelectionListener(listener);
```

分析：from. remove(select[i])方法从一个列表中移出该选项值，to. add(select[i])方法添加到另一个列表中。

3. 源代码

```
/* 文件名: ListTest.java
 * Copyright (C): 2014
 * 功能: SWT 的列表框
 */
import org.eclipse.swt.SWT;
import org.eclipse.swt.events.SelectionAdapter;
import org.eclipse.swt.events.SelectionEvent;
import org.eclipse.swt.widgets.Button;
import org.eclipse.swt.widgets.Display;
import org.eclipse.swt.widgets.List;
```

```
import org.eclipse.swt.widgets.Shell;

public class ListTest{
  public static void main(String[] args){
    Display display=new Display();
    Shell shell=new Shell(display);
    shell.setText("List 示例");

    String[] itemLeft=new String[20];
    String[] itemRight=new String[0];
    for(int i=0; i<20; i++)
      itemLeft[i]="item"+i;

    final List left=new List(shell,SWT.MULTI|SWT.V_SCROLL);
    left.setBounds(10,10,100,180);
    left.setItems(itemLeft);
    left.setToolTipText("请选择列表项");

    final List right=new List(shell,SWT.MULTI|SWT.V_SCROLL);
    right.setBounds(170,10,100,180);
    right.setItems(itemRight);
    right.setToolTipText("已选择的列表项");

    SelectionAdapter listener=new SelectionAdapter(){
      public void widgetSelected(SelectionEvent e){
        Button b=(Button)e.widget;
        if(b.getText().equals(">"))
          verifyValue(left.getSelection(),left,right);
        else if(b.getText().equals("<"))
          verifyValue(right.getSelection(),right,left);
      }

      public void verifyValue(String[] select,List from,List to){
        for (int i=0; i<select.length; i++){
          from.remove(select[i]);
          to.add(select[i]);
        }
      }
    };
    Button bt1=new Button(shell,SWT.NONE);
    bt1.setText(">");
    bt1.setBounds(130,20,25,20);
    bt1.addSelectionListener(listener);

    Button bt2=new Button(shell,SWT.NONE);
    bt2.setText("<");
    bt2.setBounds(130,125,25,20);
    bt2.addSelectionListener(listener);
```

```
        shell.setSize(350,250);
        shell.open();
        while(!shell.isDisposed()){
          if(!display.readAndDispatch())
            display.sleep();
        }
        display.dispose();
    }
}
```

4. 测试与运行

程序运行的结果如图 7-8 所示。

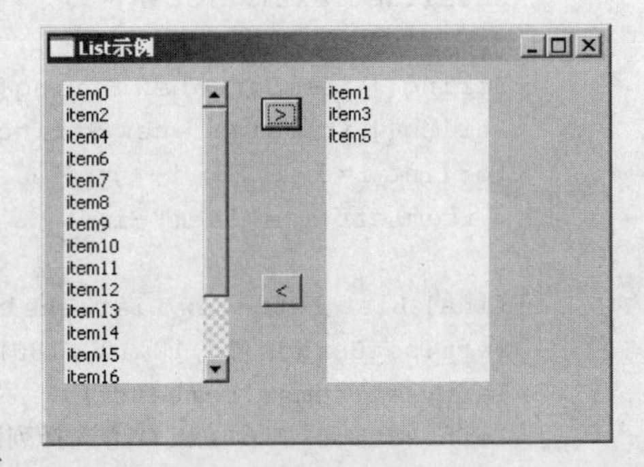

图 7-8　SWT 的列表框

5. 技术分析

1）Control 类

（1）Control 类的继承关系

Control 类是一个抽象类，它是所有窗口组件（即在 Windows 中能获得句柄的部件）的基类。

Control 的一个实例代表 Windows 中的一个窗口组件，它有窗口句柄属性，但是在程序中不能够直接访问。

（2）Control 类的常用方法

Control 类提供了窗口组件中的常用方法，所有的窗口组件都可以调用 Control 类的方法，常用方法如下。

- setBounds (int x, int y, int width, int height)：该方法设定窗口组件的位置，参数(x,y)为窗口组件左上角顶点的相对于父窗口的坐标，(width,height)为窗口的宽度和高度。

  示例：

```
button.setBounds(40, 50, 100, 30);
```

- setEnabled (boolean enabled)：该方法设定窗口是否可用，enabled 参数为 true 表示窗口可用，为 false 表示窗口被禁用。

  示例：

```
button.setEnabled(false);
```

- setVisible (boolean visible)：该方法设定窗口是否可显示，visible 参数为 true 表示窗口可显示，为 false 表示窗口不可显示。

  示例：

```
button.setVisible(falsc);
```

- setToolTipText (String string)：该方法设定鼠标指向窗口时的提示信息，string 参数为提示信息的内容。

  示例：

```
button.setToolTipText("very good");
```

- setFont (Font font)：该方法设定窗口文字的字体，font 参数为字体对象。
  示例：

```
button. setFont (font);
```

- setForeground (Color color)：该方法设定窗口的前景色，color 参数为颜色对象。
  示例：

```
button. setForeground (color);
```

- setBackground (Color color)：该方法设定窗口的背景色，color 参数为颜色对象。
  示例：

```
button. setBackground (color);
```

- setCursor (Cursor cursor)：该方法设定窗口的光标形状，cursor 参数为光标对象。
  示例：

```
button.setCursor(new Cursor(null,SWT.CURSOR_WAIT));
```

- Control (Composite parent, int style)：窗口组件中的构造方法一般会调用 Control 类的构造方法，parent 参数为当前构建的窗口的父窗口，style 为当前构建窗口的样式(默认可以指定为 SWT. NONE)。
  示例：

```
Button button=new Button(shell,SWT.NONE);
```

另外，Control 类还实现了一些和窗口有关的方法，例如 createWidget 和 createHandle 等，这些方法直接和操作系统相关，有兴趣的读者可以继续研究。

并不是所有的组件调用 Control 的方法都有用，有些方法是为某些特殊的组件而存在的。

2) 按钮

例 7-2 展示了一个简单的按钮。

Button(按钮)是 SWT 组件中常用的一种。在组件中添加一个按钮很简单，只需要指定按钮的父组件和相应的样式即可，例如："Button button = new Button(shell, SWT. PUSH)"语句在 Shell 组件中添加了一个普通的按钮。

按钮的样式有很多种，在 SWT 中，CheckBox(复选框)和 RadioBox(单选框)都是不同样式的按钮。

如果按钮为复选框或单选框，可以通过 getSelection()方法判断按钮是否被选中。

3) 标签

Lable(标签)是 SWT 组件常用的组件之一。在组件中添加一个标签很简单，只需要指定按钮的父组件和相应的样式即可，例如"Label label = new Label(shell, SWT. SEPARATOR | SWT. VERTICAL)"语句在 Shell 组件中添加了一个标签。

例 7-3 为 SWT 组件指定复合样式。

实现程序如下:

```
import org.eclipse.swt.SWT;
import org.eclipse.swt.layout.FillLayout;
import org.eclipse.swt.widgets.Display;
import org.eclipse.swt.widgets.Label;
import org.eclipse.swt.widgets.Shell;

public class LabelSample {
  public static void main(String[] args) {
    Display display=new Display();
    Shell shell=new Shell(display);
    shell.setLayout(new FillLayout());
    Label label1=new Label(shell,SWT.WRAP);
    label1.setText("very good!");
    new Label(shell,SWT.SEPARATOR | SWT.HORIZONTAL);
    Label label2=new Label(shell,SWT.NONE);
    label2.setText("very good!");
    shell.setSize(200,70);
    shell.open();
    while (!shell.isDisposed()) {
      if (!display.readAndDispatch())
        display.sleep();
    }
    display.dispose();
  }
}
```

上例窗口中添加了 3 个标签,并为每个标签设置了不同的显示样式,程序运行效果如图 7-9 所示。

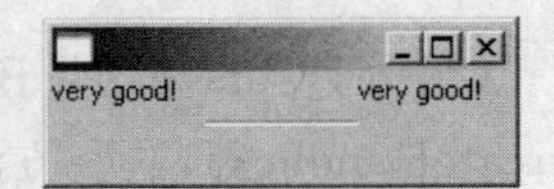

图 7-9　标签组件

标签可以作为显示文本的组件,也可以作为分隔符。如果作为分隔符,标签不显示文字信息。

4) 文本框

要在组件中添加一个文本框,只需要指定文本框的父组件和相应的样式即可,例如"Text t=new Text(shell,SWT. MULTI | SWT. BORDER | SWT. WRAP | SWT. V_SCROLL)"语句在 Shell 组件中添加了一个文本框。

例 7-4 设置文本框的多种显示样式。

实现程序如下:

```
import org.eclipse.swt.SWT;
import org.eclipse.swt.layout.GridData;
import org.eclipse.swt.layout.GridLayout;
import org.eclipse.swt.widgets.Display;
import org.eclipse.swt.widgets.Shell;
import org.eclipse.swt.widgets.Text;
public class TextSample{
```

```
    public static void main(String[] args) {
      Display display=new Display();
      Shell shell=new Shell(display);
      shell.setLayout(new GridLayout(1,false));
      //添加单行文本框
      new Text(shell,SWT.BORDER);
      //添加右对齐单行文本框
      new Text(shell,SWT.RIGHT|SWT.BORDER);
      //添加以密码形式显示的文本框
      new Text(shell,SWT.PASSWORD|SWT.BORDER);
      //添加只读文本框
      new Text(shell,SWT.READ_ONLY|SWT.BORDER).setText("Read Only");
      //添加多行显示文本框
      Text t=new Text(shell,SWT.MULTI|SWT.BORDER|SWT.WRAP|SWT.V_SCROLL);
      //给文本属性赋值
      t.setText("The new version of IE also adds a twist to"+
                " the built-in toolbar search box.");
      t.setLayoutData(new GridData(GridData.FILL_BOTH));
      shell.setSize(200,200);
      shell.open();
      while (!shell.isDisposed()) {
        if (!display.readAndDispatch()) {
          display.sleep();
        }
      }
      display.dispose();
    }
}
```

窗口中添加了 5 个不同样式的文本框，并为每个文本框设置了不同的显示样式，程序运行效果如图 7-10 所示。

I am left
I am right
****
Read Only
The new version of IE also adds a twist to the built-in toolbar search box.

图 7-10　文本框组件

不同类型的标签只要指定不同的样式即可，如上所示，文本框有左对齐、右对齐、密码框、只读文本框和多行显示的文本框。

5）下拉框

Combo 组件是 SWT 中的下拉列表框，用户可以通过“Combo combo＝new Combo(shell, SWT.DROP_DOWN)”在 Shell 组件上添加下拉列表框，另外，可以通过“combo.setItems (ITEMS)”设置下拉列表框的下拉列表，其中 ITEMS 是 String 的数组。

例 7-5　设置下拉列表框的显示样式

实现代码如下：

```
import org.eclipse.swt.SWT;
import org.eclipse.swt.layout.RowLayout;
import org.eclipse.swt.widgets.Combo;
import org.eclipse.swt.widgets.Display;
import org.eclipse.swt.widgets.Shell;
```

```
public class ComboSample {
  //下拉列表项
  private static final String[] ITEMS={ "Tiger","Lion","Cat",
      "Dog" ,"Deer","Chicken","Sheep","Horse","Rabit" ,"Snake"
  };
  public static void main(String[] args) {
    Display display=new Display();
    Shell shell=new Shell(display);
    shell.setLayout(new RowLayout());
    //添加下拉按钮样式的下拉列表框
    Combo combo=new Combo(shell,SWT.DROP_DOWN);
    //设置下拉列表项
    combo.setItems(ITEMS);
    //添加只读样式的下拉列表框
    Combo readOnly=new Combo(shell,SWT.DROP_DOWN|SWT.READ_ONLY);
    //设置下拉列表项
    readOnly.setItems(ITEMS);
    //添加无下拉按钮样式的下拉列表框
    Combo simple=new Combo(shell,SWT.SIMPLE);
    //设置下拉列表项
    simple.setItems(ITEMS);
    shell.open();
    while (!shell.isDisposed()) {
      if (!display.readAndDispatch()) {
        display.sleep();
      }
    }
    display.dispose();
  }
}
```

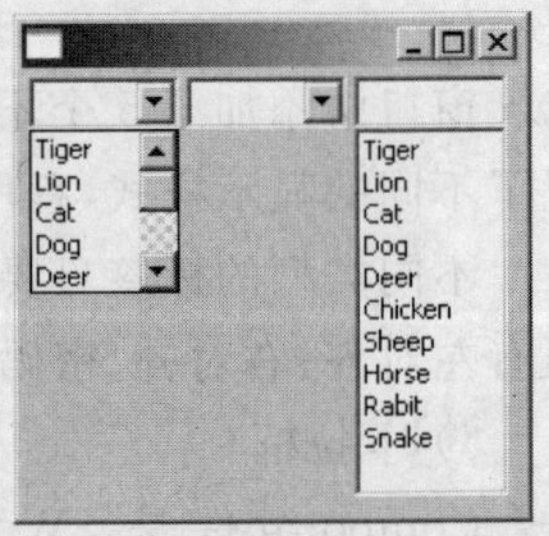

图 7-11　下拉列表框组件

窗口中添加了 3 个不同样式的下拉列表框,并且设置了下拉列表框的显示样式,程序运行效果如图 7-11 所示。

上例中只是添加了 Combo 的显示信息,通常用户会希望所选择的 Item 项关联到一个对象,当选择了某一个 Item 项后,可以直接从此 Item 项中取得所选的对象,然后操作这些对象。用户可以通过 Widget 类的"public void setData (String key, Object value)"和"public Object getData (String key)"方法实现此功能。

Combo 是 Widget 的子类,当初始化 Combo 时,可以通过 setData 方法把 Item 项的字符串和相应的对象关联起来,当选择此项时再通过 getData 方法把当前选择项的对象取出来。Widget 类中通过一个对象数组保存用户设置的对象的引用。

提示:Widget 是所有窗口组件的父类,组件如果支持多项数据显示,并可以选择这些数据,都可以通过 getData 和 setData 方法获得组件关联的对象。

6) 列表

List 组件是 SWT 中的列表框,用户可以通过"List single = new List(shell, SWT.

BORDER | SWT.SINGLE | SWT.V_SCROLL)”在 Shell 组件上添加列表框，还可以通过“setItems(ITEMS)”设置下拉列表框的下拉列表，其中 ITEMS 是 String 类型的数组。

例 7-6　设置列表框的显示样式。

实现代码如下：

```
import org.eclipse.swt.SWT;
import org.eclipse.swt.layout.FillLayout;
import org.eclipse.swt.widgets.Display;
import org.eclipse.swt.widgets.List;
import org.eclipse.swt.widgets.Shell;

public class ListSample {
  //列表项
  private static final String[] ITEMS={ "Tiger","Lion","Cat",
      "Dog" ,"Deer","Chicken","Sheep","Horse","Rabit" ,"Snake"
  };
  public static void main(String[] args) {
    Display display=new Display();
    Shell shell=new Shell(display);
    shell.setLayout(new FillLayout());
    //添加只能单选的列表框
    List single=new List(shell,SWT.BORDER|SWT.SINGLE|SWT.V_SCROLL);
    //添加列表项
    for (int i=0,n=ITEMS.length; i <n; i++) {
      single.add(ITEMS[i]);
    }
    //选择第 5 项
    single.select(4);
    //添加可多选的列表框
    List multi=new List(shell,SWT.BORDER|SWT.MULTI|SWT.V_SCROLL);
    //添加列表项
    multi.setItems(ITEMS);
    //选择第 10 项到第 12 项
    multi.select(9,11);
    shell.open();
    while (!shell.isDisposed()) {
      if (!display.readAndDispatch()) {
        display.sleep();
      }
    }
    display.dispose();
  }
}
```

上例窗口中添加了两个列表框，一个为单选列表框，一个为多选列表框，程序运行效果如图 7-12 所示。

图 7-12　列表框组件

提示：选择列表框的多项值，可以是连续或不连续的列表项。如果选择不连续的列表项，要先按住Shift键再通过鼠标选择。

7）组件的风格

（1）组件的属性

通过用户创建组件时，应该指定组件的属性，组件的属性包括组件的风格（Style）和对齐方式等，下面将通过Button组件的属性进行介绍，其他组件的属性设置方法类似。

（2）组件的风格

用户可以通过“org. eclipse. swt. widgets. Button”新建一个SWT类的Button按钮，新建按钮可以指定如下不同风格的参数。

- SWT. PUSH：PUSH按钮（普通按钮）。
- SWT. CHECK：复选框按钮。
- SWT. RADIO：单选按钮。
- SWT. TOGGLE：TOGGLE按钮（带状态的普通按钮）。
- SWT. ARROW：箭头按钮。
- SWT. FLAT：扁平按钮。
- SWT. BORDER：带边框按钮。

其中，SWT. FLAT、SWT. BORDER和其他风格可以同时存在。

（3）组件的对齐方式

按钮中的文字可以设置对齐方式。SWT中按钮的对齐方式有3种：左对齐、右对齐和居中。另外，当为箭头按钮时，可以设置箭头向上或向下。

用户不但可以设置按钮风格、对齐方式和状态，还能通过setImage方法设置按钮的图片。另外，可以同时组合这些风格、对齐方式和状态，使按钮符合用户的需求，例如风格“SWT. BORDER|SWT. RADIO”可以设置按钮为带边框的单选按钮。

6. 问题与思考

编写程序，生成一个垂直分隔符的标签。

7.3 SWT实现选项卡

知识要点

- 面板（Composite类）
- 分组框（Group类）
- 选项卡（TabFolder类和TabItem类）
- 分割框（SashForm类）
- 带滚动条的面板（ScrolledComposite类）

容器是SWT常用的组件，能够作为其他组件的父组件。常用的组件（Composites）有：面板（Composite）、分组框（Group）、选项卡（TabFolder）、分割框（SashForm）等。

实例 用 SWT 的选项卡类实现含有 5 个选项卡的程序。

1. 详细设计

本实例将实现 TabSample 类。

```
public class TabSample {
  public static void main(String[] arg){
    //设置 Display 和 Shell 对象
    //创建选项卡对象
    //创建选项卡标签对象
    //注册选项卡事件
    folder.addCTabFolder2Listener(new CTabFolder2Adapter(){
      public void minimize(CTabFolderEvent event){
        folder.setMinimized(true);
        folder.setLayoutData(new GridData(SWT.FILL,SWT.FILL,true,false));
        shell.layout(true);
      }
      public void maximize(CTabFolderEvent event){
        folder.setMaximized(true);
        folder.setLayoutData(new GridData(SWT.FILL,SWT.FILL,true,true));
        shell.layout(true);
      }
      public void restore(CTabFolderEvent event){
        folder.setMinimized(false);
        folder.setMaximized(false);
        folder.setLayoutData(new GridData(SWT.FILL,SWT.FILL,true,false));
        shell.layout(true);
      }

    });
    shell.setSize(300,200);
    shell.open();
    while(!shell.isDisposed()){
      if(!display.readAndDispatch())
         display.sleep();
    }
    display.dispose();
  }
}
```

2. 编码实现

1）设置 Display 和 Shell 对象

语句：

```
Display display=new Display();
final Shell shell=new Shell(display);
shell.setText("编辑选项卡");
shell.setLayout(new GridLayout());
```

分析：Shell 使用了网络式(GridLayout)布局。

2) 创建选项卡对象

语句：

```
final CTabFolder folder=new CTabFolder(shell,SWT.BORDER);
folder.setLayoutData(new GridData(SWT.FILL,SWT.FILL,true,false));
folder.setSimple(false);
folder.setUnselectedCloseVisible(true);
folder.setSelectionForeground(display.getSystemColor(SWT.COLOR_WHITE));
folder.setSelectionBackground(display.getSystemColor(SWT.COLOR_BLUE));
folder.setMinimizeVisible(true);
folder.setMaximizeVisible(true);
```

分析：setLayoutData()方法设置选项卡布局，使选项卡呈现出最大化和最小化的外观，setSimple(false)方法设置选项卡带有圆角的选项卡标签，setUnselectedCloseVisible(true)方法设置未选中标签“关闭”按钮的状态，如图 7-13 所示。

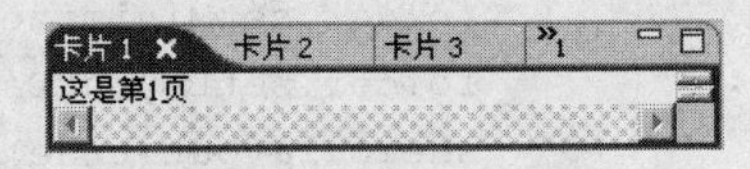

图 7-13　带有圆角的选项卡标签

setSelectionForeground()和 setSelectionBackground()设置前景和背景色。setMinimizeVisible()和 setMaximizeVisible()显示最大化和最小化按钮。

3) 创建选项卡标签对象

语句：

```
for (int i=1; i<5; i++){
  CTabItem item=new CTabItem(folder,SWT.CLOSE);
  item.setText("卡片 "+i);
  Text text=new Text(folder,SWT.MULTI|SWT.V_SCROLL|SWT.H_SCROLL);
  text.setText("这是第"+i+"页");
  item.setControl(text);
}
```

分析：该选项卡有 5 个标签，每个标签放置一个 Text 文本框。

4) 注册选项卡事件

语句：

```
folder.addCTabFolder2Listener(new CTabFolder2Adapter(){
  public void minimize(CTabFolderEvent event){
    folder.setMinimized(true);
    folder.setLayoutData(new GridData(SWT.FILL,SWT.FILL,true,false));
    shell.layout(true);
  }
  public void maximize(CTabFolderEvent event){
    folder.setMaximized(true);
    folder.setLayoutData(new GridData(SWT.FILL,SWT.FILL,true,true));
    shell.layout(true);
  }
  public void restore(CTabFolderEvent event){
```

```
      folder.setMinimized(false);
      folder.setMaximized(false);
      folder.setLayoutData(new GridData(SWT.FILL,SWT.FILL,true,false));
      shell.layout(true);
    }

  });
```

分析：最大化和最小化按钮的处理由 maximize()方法和 minimize()方法来处理。恢复按钮由 restore()方法处理。

3. 源代码

```
/* 文件名：ListTest.java
 * Copyright (C)：2014
 * 功能：SWT 实现选项卡。
 */
import org.eclipse.swt.SWT;
import org.eclipse.swt.layout.GridData;
import org.eclipse.swt.layout.GridLayout;
import org.eclipse.swt.widgets.Display;
import org.eclipse.swt.widgets.Shell;
import org.eclipse.swt.widgets.Text;
import org.eclipse.swt.custom.*;

public class TabSample {
  public static void main(String[] arg){
    Display display=new Display();
    final Shell shell=new Shell(display);
    shell.setText("编辑选项卡");
    shell.setLayout(new GridLayout());
    final CTabFolder folder=new CTabFolder(shell,SWT.BORDER);
    folder.setLayoutData(new GridData(SWT.FILL,SWT.FILL,true,false));
    folder.setSimple(false);
    folder.setUnselectedCloseVisible(true);
    folder.setSelectionForeground(display.getSystemColor(SWT.COLOR_WHITE));
    folder.setSelectionBackground(display.getSystemColor(SWT.COLOR_BLUE));
    folder.setMinimizeVisible(true);
    folder.setMaximizeVisible(true);
    for (int i=1; i<5; i++){
      CTabItem item=new CTabItem(folder,SWT.CLOSE);
      item.setText("卡片 "+i);
      Text text=new Text(folder,SWT.MULTI|SWT.V_SCROLL|SWT.H_SCROLL);
      text.setText("这是第"+i+"页");
      item.setControl(text);
    }

    folder.addCTabFolder2Listener(new CTabFolder2Adapter(){
      public void minimize(CTabFolderEvent event){
        folder.setMinimized(true);
```

```
            folder.setLayoutData(new GridData(SWT.FILL,SWT.FILL,true,false));
            shell.layout(true);
          }
          public void maximize(CTabFolderEvent event){
            folder.setMaximized(true);
            folder.setLayoutData(new GridData(SWT.FILL,SWT.FILL,true,true));
            shell.layout(true);
          }
          public void restore(CTabFolderEvent event){
            folder.setMinimized(false);
            folder.setMaximized(false);
            folder.setLayoutData(new GridData(SWT.FILL,SWT.FILL,true,false));
            shell.layout(true);
          }

        });
        shell.setSize(300,200);
        shell.open();
        while(!shell.isDisposed()){
          if(!display.readAndDispatch())
            display.sleep();
        }
        display.dispose();
      }
    }
```

4. 测试与运行

程序运行的结果如图 7-14 所示。

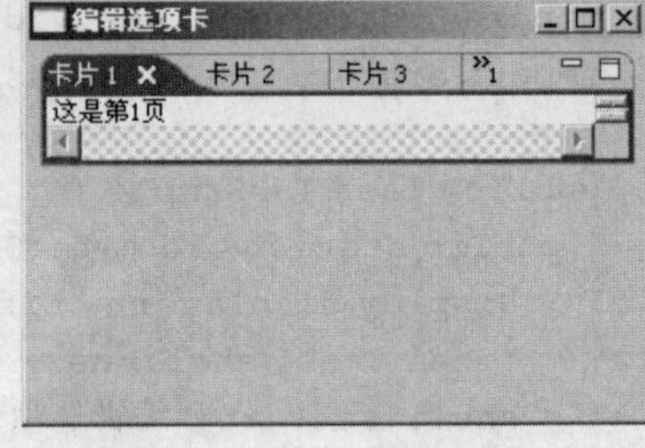

图 7-14 SWT 实现的选项卡

5. 技术分析

1) 面板(Composite 类)

Composite 是最常用的容器类。组件是构建在容器类中的,这样就可以通过容器对组件进行集体操作了,例如,容器在页面上移动,其他组件也会跟着移动;容器隐藏,其他组件页会隐藏;容器销毁,其他组件也会销毁。

格式:

```
Composite(Composite parent,int sytle)
```

用法:

```
Composite composite=new Composite(shell,SWT.NONE);
```

说明:这里第一个参数还是用了 Shell 类,因为 Shell 类属于 Composite 的子类,所以 Shell 也可以当作 Composite 类型来用。Composite 的样式一般都是用 SWT. NONE,这时 Composite 的界面是不显示出来的,只暗地里发挥容器的作用,当然也可以用 SWT. BORDER 样式让它形成凹陷效果。

常用方法:

```
composite.getLayout();          //得到布局管理器
```

```
composite.getLayoutData();      //得到本身的布局数据
composite.getParent();          //得到容纳 Composite 的父容器
composite.getShell();           //得到容纳 Composite 的 Shell
composite.layout();             //将 Composite 的组件重新布局,相当于刷新功能
```

2) 分组框(Group 类)

Group 是 Composite 的子类,所以 Group 和 Composite 基本一样,主要区别是 Group 显示有一个方框,且方框上可以显示一串文字说明。

3) 选项卡(TabFolder 类和 TabItem 类)

TabItem 并非容器类,所以 Group 是不能建立在 TabItem 中的,Group 和 TabItem 以及其他组件一样建立在 TabFolder 容器下。

每一个 TabItem 只能用 setControl 方法来控制一个页面组件。这样把页面上的组件放到一个 Group 中或 Composite 中,在用 TabItem 来控制一个 Group,就相当于控制了一个页面。

4) 分割框(SashForm 类)

分割框是一个很常用的组件,资源管理器左右两个容器就是用分割框分割开来的,只需要将组件创建在分割框容器上,它就会自动地按设计好的方式分割排列好,在使用上很简单。

5) 带滚动条的面板(ScrolledComposite 类)

有些界面的组件会多到一个窗口无法装下,这时 ScrolledComposite 类就很有用。不过,ScrolledComposite 类虽然是 Composite 类的子类,但不要将组件直接建立在 ScrolledComposite 类中,而应该将组件都建立在 Composite 类上,然后再将 Composite 类建立在 ScrolledComposite 类中,也就是说用一个 Composite 来做中转。

6. 问题与思考

在本节实例中用 Image 创建一个图片对象,使该图片对象成为选项卡上的图标。

7.4 一个 JFace 程序

知识要点

- 设定 JFace 的开发环境
- JFace 入门
- 利用 JFace 编写图形化应用程序

JFace 与 SWT 的关系好比 Microsoft 的 MFC 与 SDK 的关系,JFace 是基于 SWT 开发,其 API 比 SWT 更加易于使用。

在开发一个图形构件的时候,比较好的方式是先到 JFace 包去找一找,看是不是有更简洁的实现方法,如果没有,再用 SWT 包去实现。

实例 编写一个 JFace 程序,输出"Hello JFace!"。

1. 详细设计

本实例将实现 HelloJFace 类。

```
public class HelloJFace extends ApplicationWindow {
  //构造方法
  //用 createContents()方法创建各种控件
  main(){
    //创建 HelloJFace 对象并打开窗口
    //释放对象
  }
}
```

2. 编码实现

1）构造方法

语句：

```
public HelloJFace(){
  super(null);
}
```

分析：调用父类的构造方法实现。

2）用 createContents()方法创建各种控件

语句：

```
protected Control createContents(Composite parent){
  getShell().setText("JFace");
  Button button=new Button(parent,SWT.CENTER);
  button.setText("Hello JFace!");
  parent.pack();
  return parent;
}
```

分析：JFace 通过覆盖父类的 createContents()方法来创建各种控件。其中 parent 对象为父窗口对象，如果要设置窗口的属性，可以调用父类中的 getShell()方法实现对窗口对象的引用。之后在窗口上创建各种控件，最后返回一个 Control 对象。

3）创建 HelloJFace 对象并打开窗口

语句：

```
HelloJFace helloJFace=new HelloJFace();
helloJFace.setBlockOnOpen(true);
helloJFace.open();
```

分析：用 setBlockOnOpent()方法和 open()方法打开窗口，类似于 SWT 程序中的 while 循环。

4）释放对象

语句：

```
Display.getCurrent().dispose();
```

分析：释放 Display 对象。

3. 源代码

```
/* 文件名: HelloJFace.java
 * Copyright (C): 2014
 * 功能: 简单的 JFace 程序。
*/
import org.eclipse.jface.window.ApplicationWindow;
import org.eclipse.swt.SWT;
import org.eclipse.swt.widgets.Button;
import org.eclipse.swt.widgets.Composite;
import org.eclipse.swt.widgets.Control;
import org.eclipse.swt.widgets.Display;
public class HelloJFace extends ApplicationWindow {
  public HelloJFace(){
  super(null);
  }
  protected Control createContents(Composite parent){
    getShell().setText("JFace");
    Button button=new Button(parent,SWT.CENTER);
    button.setText("Hello JFace!");
    parent.pack();
    return parent;
  }
  public static void main(String[] args){
    HelloJFace helloJFace=new HelloJFace();
    helloJFace.setBlockOnOpen(true);
    helloJFace.open();
    Display.getCurrent().dispose();
  }

}
```

4. 测试与运行

编译并运行 JFace 程序前，还需要做以下一些工作。因为 SWT 使用了 JNI 调用 C 语言，在 Windows 操作系统中，需要把相对应版本的 dll 文件(swt-win32-xxxx. dll)复制到 C:/windows/system32 目录下面。

接下来需要将 swt/JFace 相关的库文件导入到工程的 classpath 类中去，这些库文件均可以在 plugins 目录下找到，它们是：

org. eclipse. equinox. common. x. x. x. jar

org. eclipse. swt_x. x. x. jar

org. eclipse. jface_x. x. x. jar

org. eclipse. jface. text_x. x. x. jar

org. eclipse. core. runtime_x. x. x. jar

org. eclipse. core. runtime. compatibility_x. x. x. jar

org. eclipse. core. commandsx. x. x. jar

org. eclipse. osgi_x. x. x. jar

以上工作完成后,对程序编译并运行,结果如图 7-15 所示。

5. 技术分析

1) JFace 简介

图 7-15 简单的 JFace 程序

JFace 与 SWT 的关系好比 Microsoft 的 MFC 与 SDK 的关系,SWT 是一个窗口构件集和图形库,它集成于本机窗口系统但又独立于操作系统的 API。JFace 是用 SWT 实现的 UI 工具箱,它简化了常见的 UI 编程任务。JFace 在其 API 和实现方面都是独立于窗口系统的,它旨在使用 SWT 而不隐藏它。

与 SWT 不一样,JFace 并没有现成的和 Eclipse 分开发布。这意味着必须安装 Eclipse 以获得 JFace。JFace 的 JAR 文件全部在 eclipse/plugins 目录下,并分散在不同的 JAR 文件中。

Eclipse、JFace 和 SWT 之间的关系如图 7-16 所示。

在 SWT 程序中,需要自己创建 Display 和 Shell,但在本节实例中只需要创建一个继承自 Window(org. eclipse. jface. window. Window)的类,这个类的 createContents 方法中为窗口添加部件,将这个对象的 blockOnOpen 属性设定为 true,窗口会一直保持打开的状态(接收各种事件)直到被关闭。

调用这个对象的 open 方法即打开了窗口。

设定 blockOnOpen,窗口会保持接受各种事件,直到用户(或者程序)关闭了它。

关闭后,需要将资源释放掉,Display. getCurrent(). dispose()实现此功能。其中 Display. getCurrent()得到了程序的 display 对象,调用 dispost()方法释放了各种资源。

2) ApplicationWindow 类

本节实例程序继承了 ApplicationWindow 类。ApplicationWindow 类表示一个窗口应用程序。如图 7-17 所示是 JFace 窗口类的继承关系图。

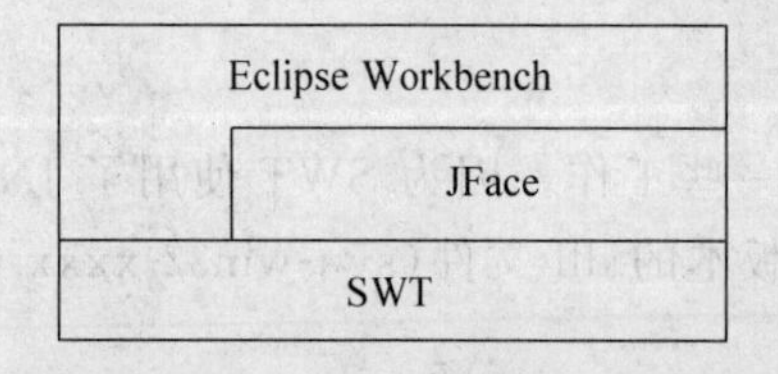

图 7-16 Eclipse Workbench、JFace 和 SWT

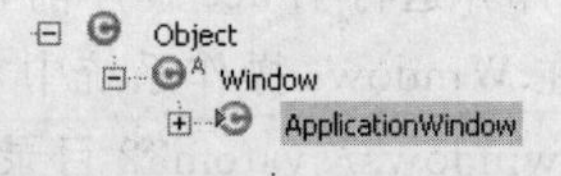

图 7-17 窗口类的继承关系

ApplicationWindow 类从 Window 类继承而来,Window 类是对 Shell 的第一层封装。可以通过调用 setShellStyle()方法来设定窗体的风格。

ApplicationWindow 除了具有 Window 的特性以外,还允许添加菜单、工具条(Toolbar 或者 Coolbar)、状态条等。

ApplicationWindow 类的父类 Shell 通过构造方法传递:

ApplicationWindow(Shell parentShell)

如果 parentShell 类是 null,这个 ApplicationWindow 类表示一个顶层窗口,否则就是 parentShell 类的一个子类。它包含了对菜单栏、工具条、CoolBar 以及状态栏的支持。

当父类 Shell 为 null 时,调用 ApplicationWindow 类的 open()方法,父类 Shell 被创

建，然后调用 configureShell()方法。ApplicationWindow 类中的 configureShell 方法实现窗体的布局、标题等属性，比如下面这样一段程序：

```
protected void configureShell(Shell shell) {
  shell.setText("JFace Window");
  shell.setLayout(new RowLayout(SWT.VERTICAL));
}
```

该程序设定了窗口标题为“JFace Window”，布局也设定为 RowLayout。JFace 默认窗体的布局为 GridLayout。

许多 ApplicationWindow 类的方法以及它的父类 Window 的方法，都是 protected(保护)限定的。可以在它们的子类中调用，也可以重载。比如，为给应用程序加一个菜单栏，可以在父类 Shell 被创建之前调用 addMenuBar()方法，该方法会调用 createMenuManager()方法，可重载它以创建程序菜单。

WindowManager 类提供了两种构造函数，WindowManager()构造一个根窗口管理器(也就是没有父亲的窗口管理器)。WindowManager(WindowManager parent) 构造一个窗口管理器，作为一个父窗口管理器的子窗口。

6. 问题与思考

分析 JFace 包中各个类的主要功能和用途。

7.5 JFace 实现表格

知识要点

- TableViewer 类
- 标签提供接口适配器
- 内容提供接口适配器

JFace 与 SWT 的关系好比 Microsoft 的 MFC 与 SDK 的关系，JFace 是基于 SWT 开发的，其 API 比 SWT 更加易于使用。

在开发一个图形构件的时候，比较好的方式是先到 JFace 包去找一找，看是不是有更简洁的实现方法，如果没有，再用 SWT 包去实现。

实例 编写一个 JFace 程序，处理表格数据。

1. 详细设计

本实例将用 TableWindow 类来实现。表格中显示的是 Human 对象，除此以外，程序的运行还需要 MyContentProvider、MyLabelProvider、TableConfigure 辅助类。

```
public class TableWindow extends ApplicationWindow{
    //定义变量
    //定义构造方法
    initPersons()                                   //方法初始化表格数据
```

```
    configureShell(Shell shell)          //方法设置窗口的标题和大小
    createContents(Composite parent)     //方法创建窗口控件
    main()                               //方法创建对象并开窗口,释放对象
    initTable()                          //方法初始化表格
}
```

2. 编码实现

1) 定义构造方法

语句:

```
public TableWindow(){
    super(null);
    initPersons();                       //初始化表格数据
    app=this;
}
```

分析:该构造方法处理初始化工作外,还通过调用 initPersons()方法初始化表格数据。

2) 用 initPersons()方法初始化表格数据

语句:

```
private void initPersons(){
  Human p;
  persons=new ArrayList();
  p=new Human("Smith","m");
  p.setCode();
  persons.add(p);
  p=new Human("Jane","f");
  p.setCode();
  persons.add(p);
}
```

分析:表格中要处理的记录有 Smith 和 Jane 两个人,他们都被放入 persons 中。persons 是 java.util.ArrayList 结构。

java.util.ArrayList 是由 java.util.List 接口的一个可变长数组实现。实现了所有 List 接口的操作,并允许存储 null 值。除了没有进行同步,ArrayList 基本等同于 Vector。

java.util.ArrayList 无需指定数组大小,用 add 可以增添任意数量的元素,size()计算元素的个数,可用(Employee)a.get(i)代替 a[i]访问元素 i。

3) 用 configureShell(Shell shell)方法设置窗口的标题和大小

语句:

```
protected void configureShell(Shell shell){
  super.configureShell(shell);
  shell.setSize(520,300);
  shell.setText("表格示例");
}
```

分析：以上代码设置窗口大小为 520×300 像素，标题是"表格示例"。

4）用 createContents(Composite parent)方法创建窗口控件

语句：

```
protected Control createContents(Composite parent){
  //初始化表格
  initTable();
  //设置内容提供器
  tableViewer.setContentProvider(new MyContentProvider());
  //设置标签提供器
  tableViewer.setLabelProvider(new MyLabelProvider());
  //添加数据集
  tableViewer.setInput(persons);
  return parent;
}
```

分析：用 initTable 方法初始化表格，TableViewer 类的 setContentProvider()方法设置内容提供器，TableViewer 类的 setLabelProvider()方法设置标签提供器，TableViewer 类的 setInput()方法添加数据集。

程序的运行至少还需要 MyContentProvider 和 MyLabelProvider 两个类。

5）initTable()方法初始化表格

语句：

```
protected void initTable(){
  tableViewer=new TableViewer(TableWindow.getApp().getShell(),
    SWT.MULTI|SWT.FULL_SELECTION|SWT.BORDER|SWT.V_SCROLL|SWT.H_SCROLL);
  table=tableViewer.getTable();
  for(int i=0;i<TableConfigure.COLUMN_NAME.length;i++){
    new TableColumn(table,SWT.FLAT).setText(TableConfigure.COLUMN_NAME[i]);
    table.getColumn(i).setWidth(100);
  }
  //设置表头和表格线可见
  table.setHeaderVisible(true);
  table.setLinesVisible(true);
}
```

分析：以上代码通过创建一个 Tableviewer 对象来实现表格的初始化。方法中的 for 循环创建表头。table.setHeaderVisible(true)和 table.setLinesVisible(true)分别设置表头和表格线为可见。TableWindow 类的静态方法 getApp()返回当前对象。

3. 源代码

```
/* 文件名：Tableviewer.java
 * Copyright (C): 2014
 * 功能：JFace 表格程序。
*/
package jface;
import java.util.List;
```

```
import java.util.ArrayList;
import org.eclipse.jface.viewers.TableViewer;
import org.eclipse.jface.window.ApplicationWindow;
import org.eclipse.swt.SWT;
import org.eclipse.swt.widgets.*;
public class TableWindow extends ApplicationWindow{
  private TableViewer tableViewer;
  public static Table table;
  private static TableWindow app;
  private List persons;

  public TableWindow(){
    super(null);
    initPersons();           //初始化表格数据
    app=this;
  }
  //初始化表格数据
  private void initPersons(){
    Human p;
    persons=new ArrayList();
    p=new Human("Smith","m");
    p.setCode();
    persons.add(p);
    p=new Human("Jane","f");
    p.setCode();
    persons.add(p);
  }
  protected void configureShell(Shell shell){
    super.configureShell(shell);
    shell.setSize(520,300);
    shell.setText("重写表格示例");
  }

  protected Control createContents(Composite parent){
    //初始化表格
    initTable();
    //设置内容提供器
    tableViewer.setContentProvider(new MyContentProvider());
    //设置标签提供器
    tableViewer.setLabelProvider(new MyLabelProvider());
    //添加数据集
    tableViewer.setInput(persons);
    return parent;
  }

  public static void main(String[] args){
  TableWindow window=new TableWindow();
  window.setBlockOnOpen(true);
  window.open();
```

```
        Display.getCurrent().dispose();
    }

    public static TableWindow getApp(){
        return app;
    }

    protected void initTable(){
        tableViewer=new TableViewer(TableWindow.getApp().getShell(),
          SWT.MULTI|SWT.FULL_SELECTION|SWT.BORDER|SWT.V_SCROLL|SWT.H_SCROLL);
        table=tableViewer.getTable();
        for(int i=0;i<TableConfigure.COLUMN_NAME.length;i++){
          new TableColumn(table,SWT.FLAT).setText(TableConfigure.COLUMN_NAME[i]);
          table.getColumn(i).setWidth(100);
        }
        //设置表头和表格线为可见
        table.setHeaderVisible(true);
        table.setLinesVisible(true);
    }
}
```

4. 测试与运行

表格中显示的是 Human 对象，除此以外，TabelWindow 还用到了 TableConfigure、MyContentProvider、MyLabelProvider 三个类。下面一一说明它们的作用。

Human 类主要负责各个属性如何初始化，如何赋值和如何获取。参考第 4 章的 Human，给出 Human 的源程序如下：

```
package jface;
public class Human{
    static String basecode="000";
    private String code;
    private String name;
    private String gender;
    public Human(String name,String gender){
        this.name=name;
        this.gender=gender;
    }
    public String getCode(){return code;}
    public void setCode(){
        int icode;
        icode=Integer.parseInt(basecode)+1;
        if (icode<10)
          basecode="00"+Integer.toString(icode);
        else if (icode<100)
          basecode="0"+Integer.toString(icode);
        else basecode=Integer.toString(icode);
        code=basecode;
    }
    public String getName(){return name;}
```

```
    public void setName(String name){this.name=name;}
    public String getGender(){return gender;}
    public void setGender(String gender){this.gender=gender;}
}
```

TableConfigure 类中包含了表头信息,程序如下:

```
package jface;
//添加表格配置
public class TableConfigure {
    public final static int CODE=0;
    public final static int NAME=1;
    public final static int GENDER=2;

    public final static String[] COLUMN_NAME=new String[]{
        "编号",
        "姓名",
        "性别",
    }
}
```

MyContentProvider 类设置数据。JFace 包中,它必须实现 IStructuredContendProvider 接口。IStructuredContendProvider 继承了 IContentProvider 接口。MyContentProvider 类的具体代码如下:

```
package jface;
import java.util.List;
import org.eclipse.jface.viewers.IStructuredContentProvider;
import org.eclipse.jface.viewers.Viewer;
public class MyContentProvider implements IStructuredContentProvider{
    //将初始化数据的入口对象转换成表格使用的数据对象
    public Object[] getElements(Object inputElement){
        return ((List)inputElement).toArray();
    }
    //释放该对象时调用的方法
    public void dispose(){}
    //当表格中的数据改变时调用该方法
    public void inputChanged(Viewer viewer,Object oldInput,Object newInput){}
}
```

实现 IStructuredContendProvider 接口的类必须实现 IStructuredContendProvider 的三个方法,其中最重要的是 getElements(Object inputElement)方法,它将 setInput 设置的对象转换成表格所需的数组对象。其他 2 个方法暂时空实现。

有了数据,还要知道如何显示数据。显示数据通过实现接口 ITableLabelProvider 来处理,ITableLabelProvider 是 IBascLabelProvider 的子接口。下面的程序中 MyLabelProvider 类实现了 ITableLabelProvider 接口:

```
package jface;
```

```
import org.eclipse.jface.viewers.ILabelProviderListener;
import org.eclipse.jface.viewers.ITableLabelProvider;
import org.eclipse.swt.graphics.Image;

public class MyLabelProvider implements ITableLabelProvider{
    //设置每个单元格所显示的图标
    public Image getColumnImage(Object element,int columnIndex){return null;}

    //设置每个单元格所显示的文字
    public String getColumnText(Object element,int columnIndex){
        //类型转换,element 代表表格中的一行
        Human person=(Human)element;
        if (columnIndex==TableConfigure.CODE)          //如果是第一列
            return person.getCode()+"";
        else if (columnIndex==TableConfigure.NAME)     //如果是第二列
            return person.getName()+"";
        else if (columnIndex==TableConfigure.GENDER) //如果是第二列
            return person.getGender()+"";
        return "";
    }
    //释放对象时释放图像资源
    public void dispose(){}

    //其他方法的实现
    public void addListener(ILabelProviderListener listener){}
    public boolean isLabelProperty(Object element,String property){return false;}
    public void removeListener(ILabelProviderListener listener){}
}
```

在实现 ITableLabelProvider 接口的过程中，最重要的有两个方法，getColumnImage(Object element, int columnIndex)方法设置单元格的图标，这里是空实现。getColumnText(Object element, int columnIndex)方法设置单元格的文本。

以上工作准备好后，启动 TableWindow，得到结果如图 7-18 所示。

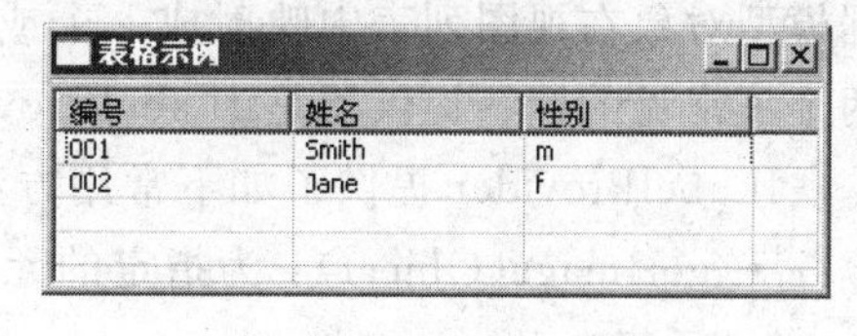

图 7-18 在 JFace 包中创建表格

5. 技术分析

像 ListViewer、TableViewer 以及 TreeViewer 这些 JFace 列表视图允许用户直接使用自己定义的数据模型，而没有必要手动地把一些基本的字符、数字、图像元素分开来组织处理。这些视图类通过提供一些适配器接口来组织上述元素，还可以直接访问列表视图中某一个项目的子节点，这些适配器接口同时提供了列表视图项目的选择、排序、过滤等功能。

1) TableViewer 类

TableViewer 表格类是 JFace 类中重要且典型的一个组件，其中涉及了 JFace 类的众多重要概念：内容器、标签器、过滤器、排序器和修改器，这些概念对后面 JFace 组件特别是 TreeViewer 类的学习非常重要。从本章也可以体会到 JFace 类非常突出的面向对象

特性。

JFace 类是 SWT 类的扩展，它提供了一组功能强大的界面组件，其中包含表格、树、列表、对话框、向导对话框等。

表格是一种在软件系统很常见的数据表现形式，特别是基于数据库的应用系统，表格更是不可缺少的界面组件。TableViewer 组件是在 SWT 的 Table 组件基础上采用 MVC 模式扩展而来的。如图 7-19 所示的 TableViewer 组件的继承关系图。

Object
Viewer
ContentViewer
StructuredViewer
TableViewer

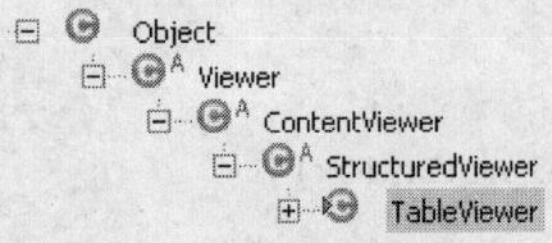

图 7-19　TabelViewer 组件的继承关系图

本实例用 TableViewer 来显示一个 Human 类的两个对象。这里的 List 是 Java 语言的集合类 java. util. List。List 是接口，而 ArrayList 是实际使用的类。

得到由 List 装载的包含数据信息的实体类对象后，接下来就是使用 TableViewer 来显示这些数据，实现过程一般要经过如下步骤。

① 创建一个 TableViewer 对象，并在构造函数中用式样设置好表格的外观，这与其他 SWT 组件的用法一样。

② 通过表格内含的 Table 对象设置布局方式，一般都使用 TableViewer 的专用布局管理器 TableLayout。该布局方式将用来管理表格内的其他组件（如 TableColumn 表格列）。

③ 用 TableColumn 类创建表格列。

④ 设置内容器和标签器。内容器和标签器是 JFace 组件中的重要概念，它们分别是 IStructuredContentProvider、ITableLabelProvider 两个接口的实现类，它们的作用就是定义好数据应该如何在 TableViewer 中显示。

⑤ 用 TableViewer 对象的 setInput 方法将数据输入到表格。就像人的嘴巴，setInput 就是 TableViewer 对象的入口。

2）标签提供接口适配器

在列表视图中，标签提供器是一种最常见的适配器类型。标签提供器用来把一个数据模型对象在视图列表中映射成一个或者多个可显示的文本字符串或者图形元素。其中两个最常见的标签提供器是 ILabelProvider 和 ITableLabelProvider。

ILabelProvider 提供了如下常用方法。

- getImage(Object)：为指定的元素标签提供图像元素。
- getText(Object)：为指定的元素提供文本描述。

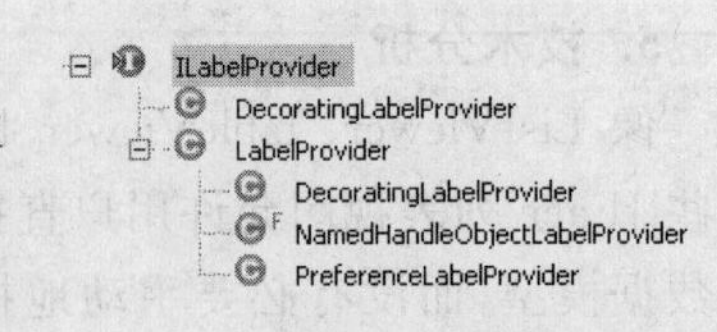

图 7-20　ILabelProvider 提供器

如图 7-20 所示，ILabelProvider 类用在列表框和树型结构视图中，而 ITableLabelProvider 类多用在表格视图中，前者主要是为列表项提供单一的图像和文本内容，而后者可以提供多个图像以及文本标签。通过视图接口方法 setLabelProvider()可以使一个标签提供器与之关联。

ITableLabelProvider 接口中最重要的是 getColumnImage()和 getColumnText()方法，一个是设置单元格的图标，另一个是设置单元格显示的文本。本节实例中实现了空的 getColumnImage()方法，如果希望显示性别的时候，同时显示一个代表性别的图标，可以实现 getColumnImage()方法如下：

```
//设置每个单元格所显示的图标
public Image getColumnImage(Object element,int columnIndex){
    //如果是性别所在的列
    if (columnIndex==TableConfigure.GENDER){
        Human person=(Human)element;  //类型转换,element代表表格中的一行
        if (person.getGender().equals("m"))
            return new Image(Display.getCurrent(),"E:\male.jpg");
        else if (person.getGender().equals("f"))
            return new Image(Display.getCurrent(),"E:\female.jpg");
    }
    return null;
```

运行 TableWindow，可以出现如图 7-21 所示的结果。

当然运行前要保证 E:\female.jpg 和 E:\male.jpg 这两个图片都存在。

3）内容提供接口适配器

内容提供器同样也是所有列表视图集合中一种重要的适配器。内容提供器主要使得一个数据模型对象或多个数据模型对象组成的一个集合作为视图的数据输入或者为结构化视图的集合列表提供主要的数据输入。使用在列表和表格中的 IStructuredContentProvider 和使用在树形结构中的 ItreeContentProvider 是两种常见的内容提供器，如图 7-22 所示。

表格示例

编号	姓名	性别	
001	Smith	m	
002	Jane	f	

图 7-21　带图标的数据显示

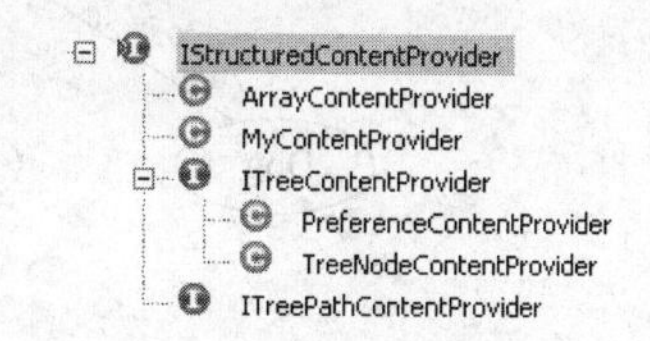

图 7-22　IStructuredContentProvider 提供器

IStructuredContentProvider 通常将一个数据模型对象映射成一个数组，而后者为树形结构视图项目分别提供其获得父节点元素和子节点元素的支持。同样 setContentProvider()可以使得内容提供器和某个视图相关联。数据的输入可以通过 setInput()方法与视图相关联。

IStructuredContentProvider 提供的常用方法如下。

- getElements (Object)：返回显示在视图中的某一个输入元素的所有元素。
- inputChanged(Viewer, Object, Object)：通知内容提供器视图中的某一个输入对象被转换为另外一个不同的元素。

ITreeContentProvider 提供的常用方法如下。

- Object[] getChildren(Object)：为指定的节点元素获得其所有子节点对象。这个方法和上面提到的 getElements(Object)方法的不同之处是 getElements(Object)用来获得一个树形视图的根节点元素，而 getChildren(Object)用来对给定的父节点元素获得其所有的下层子节点(包括根节点)。
- getParent(Object)：返回给定节点元素所属的父节点，如果不存在则返回 null。
- hasChildren(Object)：确定给定的节点是否拥有孩子节点。

6. 问题与思考

在本节实例基础上产生一个菜单,可以对表格进行操作,如增加行、删除行等。

7.6 JFace 实现树

知识要点

- TreeViewer
- 树内容提供器
- 标签提供程序

树是一个很重要的数据结构,它是有穷节点的组,其中有一个节点作为根,根下面的其余节点以层次化方式组织。引用其下节点是父节点,由上层节点引用的节点是子节点。没有子的节点是叶子节点。一个节点可能同时是父节点和子节点。

操作系统文件的组织、Java 类的继承关系等都是一棵树,如图 7-23 是一个动物继承关系图。

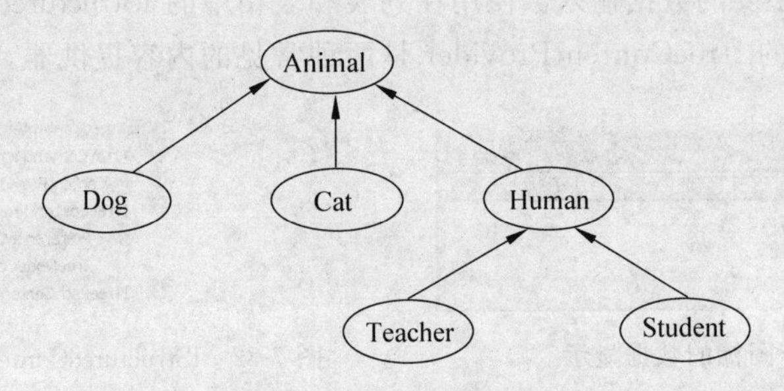

图 7-23 动物继承关系图

在 SWT 类中实现了树的数据结构,JFace 树的功能更强,本节讨论如何用 JFace 实现动物的继承关系树。

实例 编写一个 JFace 程序,处理动物继承关系树。

1. 详细设计

本实例由 TreeWindow 类处理动物继承关系 Animal,Animal 实现了树节点的接口 TreeElement,一个节点有节点的名称、是否有子孙节点等性质。除此之外,本实例还需树的内容提供器 TreeContentProvider 和树的标签提供器 TreeLabelProvider。

```
class TreeWindow extends ApplicationWindow{
    //变量定义
    //构造方法
    initDate()                              //初始化数据
    configureShell(Shell shell)             //设置窗口的标题和大小
    //创建窗口控件
    initTree(Composite parent)              //设置提供器装入数据
    main()                                  //创建对象并启动
```

```
}
```

2. 编码实现

1）构造方法

语句：

```
public TreeWindow(){
    super(null);
    initData();
}
```

分析：该构造方法通过调用 initData()方法实现树数据的初始化。

2）initDate()初始化数据

语句：

```
private void initData(){
    data=new ArrayList();
    Animal animal=new Animal("Animal");
    animal.add(new Animal("Dog"));
    animal.add(new Animal("Cat"));
    Animal human=new Animal("Human");
    human.add(new Animal("Teacher"));
    human.add(new Animal("Student"));
    animal.add(human);
    data.add(animal);
}
```

分析：根节点 Animal 有三个子节点 Dog、Cat、Human，其中 Human 有 2 个子节点为 Teacher 和 Student。

3）initTree(Composite parent)设置提供器装入数据

语句：

```
private void initTree(Composite parent){
    tree=new TreeViewer(parent);                                   //创建树
    tree.setContentProvider(new TreeContentProvider());            //设置树内容提供器
    tree.setLabelProvider(new TreeLabelProvider());                //设置标签提供器
    tree.setInput(data);                                           //设置初始化数据
}
```

分析：本方法创建一棵树，设置内容提供器和标签提供器，并向 TreeViewer 添加数据。

3. 源代码

```
/* 文件名：TreeWindow.java
 * Copyright (C)：2014
 * 功能：JFace 树示例。
*/
package jfacetree;
import java.util.List;
```

```
import java.util.ArrayList;
import org.eclipse.jface.viewers.TreeViewer;
import org.eclipse.jface.window.ApplicationWindow;
import org.eclipse.swt.widgets.*;
public class TreeWindow extends ApplicationWindow{
    private TreeViewer tree;
    private List data;
    public TreeWindow(){
    super(null);
    initData();
    }
    //初始化数据
    private void initData(){
        data=new ArrayList();
        Animal animal=new Animal("Animal");
        animal.add(new Animal("Dog"));
        animal.add(new Animal("Cat"));
        Animal human=new Animal("Human");
        human.add(new Animal("Teacher"));
        human.add(new Animal("Student"));
        animal.add(human);
        data.add(animal);
    }
    //设置窗口的标题和大小
    protected void configureShell(Shell shell){
        super.configureShell(shell);
        shell.setSize(200,300);
        shell.setText("JFace 树示例");
    }

    protected Control createContents(Composite parent){
        //初始化树
        initTree(parent);
        return parent;
    }
    private void initTree(Composite parent){
    tree=new TreeViewer(parent);                                        //创建树
    tree.setContentProvider(new TreeContentProvider());     //设置树内容提供器
    tree.setLabelProvider(new TreeLabelProvider());          //设置标签提供器
    tree.setInput(data);                                                //设置初始化数据
    }
    public static void main(String[] args){
    TreeWindow test=new TreeWindow();
    test.setBlockOnOpen(true);
    test.open();
    Display.getCurrent().dispose();
    }
}
```

4. 测试与运行

本实例处理的是动物继承树 Animal，它实现了树节点接口 TreeElement。见下面的程序：

```
package jfacetree;
import java.util.List;
public interface TreeElement {
    public String getName();            //节点名称
    public boolean hasChildren();   //是否有子孙
    public List getChildren();          //获得所有子孙
}
package jfacetree;
import java.util.* ;
public class Animal implements TreeElement{
    private String name;
    private List lists;                 //所有子孙
    public Animal(String name){
        this.name=name;
        lists=new ArrayList();
    }
    public String getName(){
        return name;
    }
    public boolean hasChildren(){
        if (lists.size()>0)
            return true;
        return false;
    }
    public List getChildren(){
        return lists;
    }
    //添加子孙
    public void add(TreeElement element){
        lists.add(element);
    }
}
```

类似表格内容提供器，这里有树的内容提供器 TreeContentProvider，它实现了接口 ITreeContentProvider，见下面的程序：

```
package jfacetree;
import java.util.List;
import org.eclipse.jface.viewers.ITreeContentProvider;
import org.eclipse.jface.viewers.Viewer;
public class TreeContentProvider implements ITreeContentProvider{
    public Object[] getChildren(Object parentElement){
        return ((TreeElement)parentElement).getChildren().toArray();
    }
    public Object getParent(Object element){
```

```
        return null;
    }
    public boolean hasChildren(Object element){
        return ((TreeElement)element).hasChildren();
    }
    public Object[] getElements(Object inputElement){
        return ((List)inputElement).toArray();
    }
    public void dispose(){}
    public void inputChanged(Viewer viewer,Object lodInput,Object newInput){}
}
```

树的标签提供器 TreeLabelProvider 实现了接口 ILabelProvider,程序如下:

```
package jfacetree;
import org.eclipse.jface.viewers.ILabelProvider;
import org.eclipse.jface.viewers.ILabelProviderListener;
import org.eclipse.swt.graphics.Image;
public class TreeLabelProvider implements ILabelProvider{
    public Image getImage(Object element){return null;}
    //显示节点的名称
    public String getText(Object element){
        return ((TreeElement)element).getName();
    }
    public void addListener(ILabelProviderListener listener){}
    public void dispose(){
    }
    public boolean isLabelProperty(Object element,String property){
        return false;
    }
    public void removeListener(ILabelProviderListener listener){}
}
```

以上工作准备好后,启动 TableWindow,得到的结果如图 7-24 所示。

5. 技术分析

1) TreeViewer

JFace 的 TreeViewer 类使用 SWT 树窗口构件来处理树,TreeViewer 类只需通过 setInput(Object rootElement)方法知道要显示的树的根元素。它的继承关系图如图 7-25 所示。

图 7-24 JFace 树实例

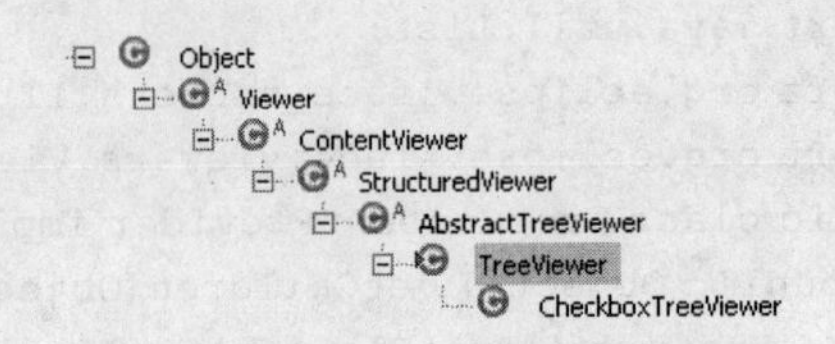

图 7-25 TreeViewer 继承关系

树查看器一旦知道根节点后，便向根元素请求子元素并显示它们。当用户展开其中的一个子元素时，树查看器向该节点请求子元素，其他以此类推。

程序员还必须有树内容提供器，它实现 ITreeContentProvider 接口。

2）树内容提供器

树内容提供器实现 ITreeContentProvider 接口，有 6 个方法需要实现。实际编程不用做全部的工作，根据需要实现其中部分方法就行。

下面的代码演示了树查看器如何向内容提供程序请求正好位于根元素下的顶级元素：

```
ITreeContentProvider: public Object[] getElements(Object element)
```

随后，每当它需要特定元素的子元素时，就使用以下方法：

```
ITreeContentProvider: public Object[] getChildren(Object element)
```

为了知道某个节点是否有子元素（如果有会将小加号放到它旁边），树查看器只需请求该节点的子元素，然后会询问有多少子元素。万一代码需要更快捷的方法来做到这一点，则必须实现另一个方法。

3）标签提供程序

正如有一个内容提供程序对象可用来获取树节点的子元素一样，当需要实际显示这些节点时，树查看器有另一个助手对象：树的标签提供程序 TreeLabelProvider，它实现了接口 ILabelProvider。

6. 问题与思考

① 在本节实例基础上产生一个菜单，可以对树进行操作，如增加节点、删除节点等。

② 编写程序，按照图 7-26 所示显示动物关系树结构。

图 7-26 具有两个根的树结构

提示：初试化数据代码如下：

```
data=new ArrayList();
Animal animal=new Animal("Animal");
animal.add(new Animal("Dog"));
animal.add(new Animal("Cat"));
Animal human=new Animal("Human");
human.add(new Animal("Teacher"));
human.add(new Animal("Student"));
data.add(animal);
data.add(human);
```

第 8 章　Java 的流

8.1　从键盘上输入字符

知识要点

- 流的概念
- 字节流
- 字符流

流是一个很形象的概念，当程序需要读取数据的时候，就会开启一个通向数据源的流，这个数据源可以是文件、内存或是网络连接。类似地，当程序需要写入数据的时候，就会开启一个通向目的地的流，这时候可以想象数据好像在这其中“流”动一样。

Java 中的流分为两种，一种是字节流，另一种是字符流，分别由四个抽象类来表示(每种流包括输入和输出两种，所以一共有四个)：InputStream、OutputStream、Reader、Writer。Java 中其他多种多样变化的流均是由它们派生出来的。

Java 的标准输入/输出也可以看成为流来处理。

实例　通过键盘输入一个字符，并在屏幕上显示这个字符。

1. 详细设计

本程序由 HelloWorld 类实现，它只有一个方法 main()，方法中只有一条输出文字的语句。

```
class AppCharInOut{
  public static void main(String[] args){
    //初始化一个变量
    try{
      //从键盘输入一个字符
    }catch(IOException e ){}
    System.out.println("你输入的是: "+c);
  }
}
```

2. 从键盘输入一个字符并进行编码实现

语句：

```
c=(char)System.in.read();
```

分析：System.in 是 Java 语言的标准输入流，read()方法读入一个从键盘输入的字符。

3. 源代码

```
/* 文件名: AppCharInOut.java
 * Copyright (C): 2014
 * 功能: 通过键盘输入一个字符,并在屏幕上显示出来。
 */
import java.io.*;
public class AppCharInOut{
  public static void main(String[] args){
    char c=' ';
    System.out.print("请输入一个字符: ");
    try{
      c=(char)System.in.read();
    }catch(IOException e ){}
    System.out.println("你输入的是: "+c);
  }
}
```

4. 测试与运行

程序运行结果如图 8-1 所示。

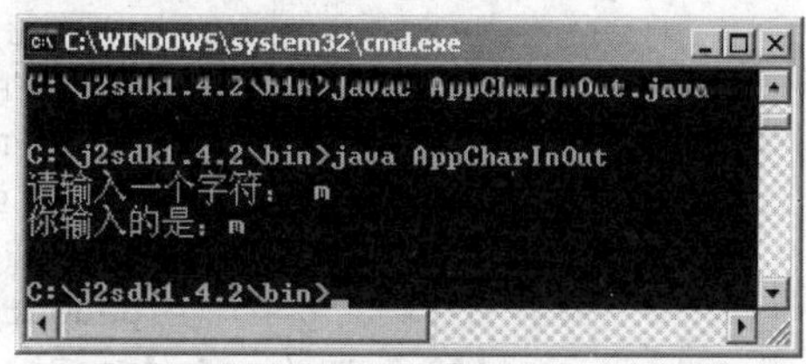

图 8-1 AppCharInOut 运行的结果

5. 技术分析

1) 流的概念

流(Stream)是指在计算机的输入与输出之间运动的数据序列。Java 语言把不同类型的输入、输出源(键盘、文件、网络等)抽象为流,而其中输入或输出的数据则称为数据流(Data Stream),用统一的方式来表示,从而使程序设计简单明了。

流一般分为输入流(Input Stream)和输出流(Output Stream)两类。如一个文件,当向其中写数据时,它就是一个输出流;当从其中读取数据时,它就是一个输入流。键盘只是一个输入流,而屏幕则只是一个输出流。只能从输入流中读取数据,而不能向其写出数据;只能向输出流写出数据,而不能从其中读取数据。

Java 通过使用 java.io 包中的类来执行文件等的处理工作。图 8-2 总结了 Java I/O 类的继承关系。

在 Java 的输入/输出类库中,基本输入/输出流类是其他输入/输出流类的父类。按处理数据的类型分,基本输入/输出流类又可以分为字节(byte)流和字符(char)流。

基本输入字节流类是 InputStream,基本输出字节流类是 OutputStream;基本输入字符流类是 Reader,基本输出字符流类是 Writer。

在这四个抽象类中,InputStream 和 Reader 定义了完全相同的接口:

```
int read()
int read(char cbuf[])
int read(char cbuf[], int offset, int length)
```

而 OutputStream 和 Writer 也是如此:

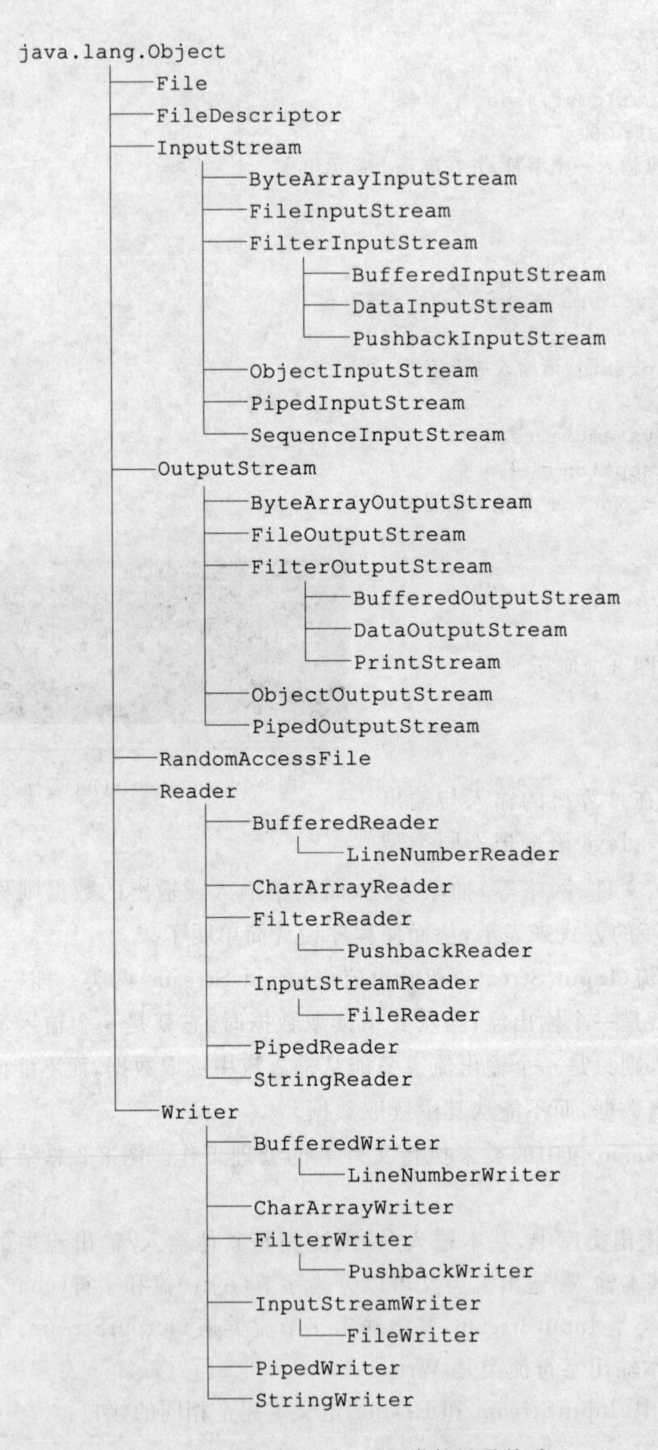

图 8-2 Java I/O 类的继承关系

```
int write(int c)
int write(char cbuf[])
int write(char cbuf[], int offset, int length)
```

这六个方法都是最基本的，read()和 write()通过方法的重载来读写一个字节或者是一个字节数组。

更多灵活多变的功能是由它们的子类来扩充完成的。

2）字节流

（1）基本字节流

基本字节流包括基本输入流 InputStream 和基本输出流 OutputStream。

① InputStream 类

InputStream 类中的常用方法如下。

- read()：从输入流中读数据。
- skip()：跳过流中若干字节数。
- available()：返回流中可用字节数。
- mark()：在流中标记一个位置。
- reset()：返回标记过的位置。
- markSupport()：确定是否支持标记和复位操作。
- close()：关闭流。

② OutputStream 类

OutputStream 类的常用方法如下。

- write()：将数据输出到流中(只输出低位字节，抽象方法)。
- flush()：清空输出流，并将缓冲区中的数据强制送出。
- close()：关闭流。

（2）其他输入/输出流类

InputStream 和 OutputStream 类均是抽象类，作为其他输入/输出流类的基类，对应于读/写字节流信息的基本接口。它提供了其所有子类都能调用的方法。

作为 InputStream 和 OutputStream 类的子类，DataInputStream 和 DataOutputStream 类提供了更多的读取方式。为了有更多、更有效的方法进行输入和输出，经常把 InputStream 和 OutpurtStream 类转换为 DataInputStream 和 DataOutputStream 等类型。

例如，可以将标准输入 System. in 转换为 DataInputStream 类型。

```
DataInputStream in=new DataInputStream(System.in);
```

然后，可以用 DataInputStream 的 in. readLine()和 readChar()等方法来读取字符串、字符或更多数据类型。

除 DataInputStream 和 DataOutputStream 等类外，从 InputStream 和 OutputStream 还派生出来一系列的类。这类流以字节(byte)为基本处理单位。

- FileInputStream、FileOutputStream
- PipedInputStream、PipedOutputStream
- ByteArrayInputStream、ByteArrayOutputStream
- FilterInputStream、FilterOutputStream
- DataInputStream、DataOutputStream
- BufferedInputStream、BufferedOutputStream

基本输入/输出流是定义基本输入/输出操作的抽象类,在 Java 程序中真正使用的是它们的子类。它们对应不同的数据源和输入/输出任务,以及不同的输入/输出流。

数据输入/输出流 DataInputStream 和 DataOutputStream 分别是过滤输入/输出流 FilterInputStream 和 FilterOutputStream 的子类。过滤输入/输出流 FilterInputStream 和 FilterOutputStream 是两个抽象类。过滤输入/输出流的最主要作用是在数据源和程序之间加一个过滤处理步骤,对原始数据做特定的加工、处理和变换操作。

文件输入/输出流 FileInputStream 和 FileOutputStream 主要负责完成对本地磁盘文件的顺序读写操作。

管道输入/输出流 PipedInputStream 和 PipedOutputStream 负责实现程序内部的线程间的通信或不同程序间的通信。

字节数组流 ByteArrayInputStream 和 ByteArrayOutputStream 可实现与内存缓冲区的同步读写。

顺序输入流 SequenceInputStream 可以把两个其他的输入流首尾相接,合并成一个完整的输入流。

此外,还有能将字节流转为字符流的类 InputStreamReader 及 OutputStreamWriter。有关字符流的类在下一节学习。

(3) 标准输入/输出

Java 语言的标准输入/输出指在字符方式下(如 DOS),程序与系统进行交互的方式,共分为三种:

- 标准输入 stdin,对象是键盘。
- 标准输出 stdout,对象是屏幕。
- 标准错误输出 stderr,对象也是屏幕。

java.lang 包中的 System 管理标准输入/输出流和错误流。利用它可以获得很多 Java 语言运行时的系统信息。System 类的所有属性和方法都是静态的,即调用时需要以类名 System 为前缀。

System.in 从 InputStream 中继承而来,用于从标准输入设备中获取输入数据(通常是键盘)。

System.out 从 Printstream 中继承而来,用于把输出送到默认的显示设备(通常是显示器)。

System.err 也是从 PrintStream 中继承而来,把错误信息送到默认的显示设备(通常是显示器)。

Java 的标准输入 System.in 是 InputStream 类的对象,当程序需要从键盘读入数据的时候,只需调用 System.in 的 read()方法即可。

如下面的语句将从键盘读入一个字节的数据:

```
char ch= System.in.read();
```

在使用 System.in.read()方法读入数据时,需要注意如下几点。

① System.in.read()语句必须包含在 try 块中,且 try 块后面应该有一个可接收

IOException 异常的 catch 块。如下例所示：

```
try{
        ch=System.in.read();
    }
catch(IOException e){...}
```

② 执行 System. in. read()方法将从键盘缓冲区读入一个字节的数据，然而返回的却是 16 位的整型量，其低位字节是真正输入的数据，高位字节是全零。另外，作为 InputStream 类的对象，System. in 只能从键盘读取二进制的数据，而不能把这些信息转换为整数、字符、浮点数或字符串等复杂数据类型的量。

当键盘缓冲区中没有未被读取的数据时，执行 System. in. read()将导致系统转入阻塞(block)状态。在阻塞状态下，当前流程将停留在上述语句位置，整个程序被挂起，等用户输入一个键盘数据后，才能继续运行下去，所以程序中有时利用 System. in. read()语句来达到暂时保留屏幕的目的。例如下面的语句段：

```
System.out.println ("press any key to finish the program");
try{
    char test=(char)System.in.read();
}
catch (IOException e){...}
```

Java 语言的标准输出 System. out 是打印输出流 PrintStream 类的对象。PrintStream 类是过滤输出流 FilterOutputStream 类的一个子类，其中定义了向屏幕输送不同类型数据的方法 print()和 println()。

a. println()方法

println()方法的作用是向屏幕输出其参数指定的变量或对象，然后再换行，使光标停留在屏幕下一行第一个字符的位置。如果 println()方法的参数为空，则输出一个空行。

println()方法可输出多种不同类型的变量或对象，包括 boolean、double、float、int、long 类型的变量以及 Object 类的对象。

b. print()方法

print()方法的使用情况与 println()方法完全相同，也可以实现在屏幕上输出不同类型变量和对象的操作。不同的是，print()方法输出对象后不附带回车，下一次输出时，将输出在同一行中。

3) 字符流

字符流是从 Reader 和 Writer 派生出的一系列类，这类流以 16 位的 Unicode 码表示的字符为基本处理单位。这些子类使 InputStream 和 OutputStream 从以字节为单位输入/输出转换为以字符为单位输入/输出，使用起来比 InputStream 和 OutputStream 方便得多。

6. 问题与思考

① 编写程序，实现如下功能。

a. 从键盘读入一行数据，返回一个字符串。

提示：主要程序段如下。

```
BufferedReader stdin=new BufferedReader(new InputStreamReader(System.in));
System.out.print("请输入一行字符:");
System.out.println(stdin.readLine());
```

b. 从一个字符串中逐个读入字节。

提示：主要程序段如下。

```
StringReader in1=new StringReader(s2);
int c;
while((c=in1.read())!=-1)
System.out.print((char)c);
```

② 利用 Integer.parseInt、Double.parseDouble 等方法,实现从键盘输入整数和浮点数并显示出来。

8.2 文件流

8.2.1 从一个文件中读入数据来初始化 Human 对象

知识要点

- 文件和目录管理
- 文件输入/输出流
- 随机存取文件

文件是用来保存数据的,目录是管理文件的特殊机制,同类文件保存在同一个目录下可以简化文件管理。因此,对于编程人员来说,掌握文件和目录操作是十分必要的。

在第 4 章中谈到构造方法重载时,为 Human 类设计了两个构造方法,见下面对 Human 类的描述:

```
public class Human{
  String code;
  String name;
  String gender;
  String birth;
  Human(String name){
    this.name=name;
  }

  Human(String name,String gender,String birth){
    this.name=name;
    this.gender=gender;
    this.birth=birth;
  }
  void introduce(){
```

```
    System.out.println("I am "+name);
  }
}
```

如果用构造方法 Human(String name, String gender,String birth)实例化一个对象,需要给出姓名、性别和出生日期。在第 4 章中这些数据来自命令行参数。

本节希望程序从文件中读取数据,并实例化 Human 类。文本文件 C:\j2sdk1.4.2\bin\human.txt 包含的内容如图 8-3 所示。

图 8-3　human.txt 的内容

Java 读文件前需建立如下输入文件流:

```
FileInputStream fis=new FileInputStream("c:\\j2sdk1.4.2\\bin\\human.txt");
```

该语句利用文件名(包括路径名)字符串创建从该文件读入数据的输入流。为了能更方便地从文件中读数据,用 FileInputStream 为数据源完成与磁盘文件的映射连接后,再创建 DataInputStream 流类的对象并读取数据:

```
DataInputStream dis=new DataInputStream(fis);
String str=dis.readLine();
```

实例　从 human.txt 文件读取数据,并初始化 Human 对象。

1. 详细设计

本程序由 HumanTest 类实现,它从"c:\j2sdk1.4.2\bin\human.txt"读取一行字符串,再拆分成姓名、性别和出生年月,用于初始化一个 Human 对象。代码如下:

```
//引入 java.io 包
class HumanTest {
  main() {
    try{
      //建立文件输入流
      //读文件中一行内容后关闭文件
      //拆分字符串
      //用字符串初始化对象 p
      //输出 p 的相关属性
    }catch(Exception e){System.err.println("file input error");}
  }
}
```

2. 编码实现

1) 建立文件输入流

语句:

```
FileInputStream fis=new FileInputStream("c:\j2sdk1.4.2\bin\human.txt");
DataInputStream dis=new DataInputStream(fis);
```

分析:第一条语句利用文件名(包括路径名)字符串创建从该文件读入数据的输入

流。为了能更方便地从文件中读数据，第二条语句创建 DataInputStream 流类的对象。

对文件的操作有可能因为不存在等原因导致失败，所以需用 try-catch(){}语句块捕获异常。

2）读文件中的一行内容后关闭文件

语句：

```
String str=dis.readLine();
dis.close();
```

分析：readLine()是 DataInputStream 类的方法，从文件中读一行内容。文件使用完后需要关闭时可由 close()方法实现。

3. 源代码

```
/* 文件名：HumanTest.java
 * Copyright (C)：2014
 * 功能：从文件中读数据并初始化 Human 对象。
 */
import java.io.*;
public class HumanTest {
  public static void main(String args[]) {
    try{
      FileInputStream fis=new FileInputStream("C:\j2sdk1.4.2\bin\human.txt");
      DataInputStream dis=new DataInputStream(fis);
      String str=dis.readLine();
      dis.close();

      String[] result=str.split("\s");

      Human p=new Human(result[0],result[1],result[2]);
      p.introduce();
      if (p.gender.equals("m"))
        System.out.print("性别："+"男");
      else
        System.out.print("性别："+"女");
      System.out.println(" 出生日期："+p.birth);
    }catch(Exception e){System.err.println("file input error");}
  }
}
```

4. 测试与运行

测试运行的结果如图 8-4 所示。

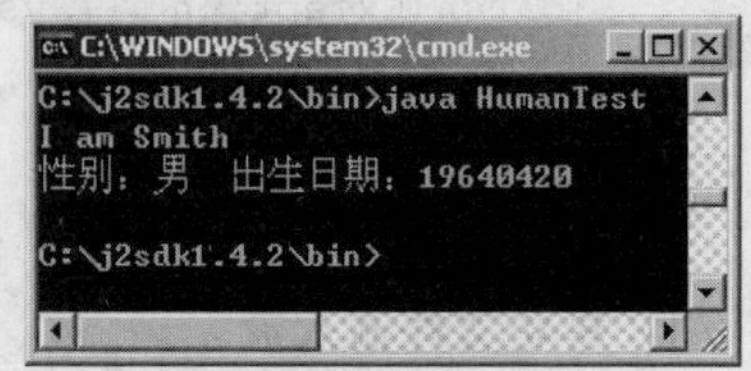

图 8-4 从文件中读入数据并初始化一个 Human 对象

5. 技术分析

1）文件和目录管理

Java 支持文件管理和目录管理，它们都是由专门的 java.io.File 类来实现的。File 类也属于 java.io 包，但它不是 InputStream 类或者 OutputStream 类的子类。因为它不负责数据的输入/

输出，而是专门用来管理磁盘文件和目录的。

每个 File 类的对象都表示一个磁盘文件或目录，其对象属性中包含文件或目录的相关信息，如名称、长度、所含文件个数等，调用它的方法则可以完成对文件或目录的常用管理操作，如创建、删除等。

(1) 创建 File 类的对象

File 类的对象都对应系统的一个磁盘文件或目录，所以创建 File 类对象时需指明它所对应的文件或目录名。

File 类共提供了三个不同的构造方法，它们以不同的参数形式灵活地接收文件和目录名信息。

- File(String path)——字符串参数 path 指明了新创建的 File 对象对应的磁盘文件或目录名及其路径名。path 参数也可以对应磁盘上的某个目录，如“D:\jexample\temp”或“jexample\temp”。
- File(String path, String name)——第一个参数 path 表示所对应的文件或目录的绝对或相对路径，第二个参数 name 表示文件或目录名。将路径与名称分开的好处是：相同路径的文件或目录可共享同一个路径字符串，管理、修改都比较方便。
- File(File dir, String name)——这个构造方法使用另一个已经存在的代表某磁盘目录的 File 对象作为第一个参数，表示文件或目录的路径，第二个字符串参数表示文件或目录名。

(2) 获取文件或目录属性

一个对应于某磁盘文件或目录的 File 对象一经创建，就可以通过调用它的方法来获得该文件或目录的属性了。

其中，较常用的方法如下。

- public boolean exists()——若文件或目录存在，则返回 true；否则返回 false。
- public boolean isFile()——若对象代表有效文件，则返回 true。
- public boolean isDirectory()——若对象代表有效目录，则返回 true。
- public String getName()——获取文件或目录名称与路径，返回文件名或目录名。
- public String getPath()——返回文件或目录的路径。
- public long length()——获取文件的长度，返回文件的字节数。
- public boolean canRead()——若文件为可读文件，则返回 true，否则返回 false。
- public boolean canWrite()——若文件为可写文件，则返回 true，否则返回 false。
- public String[] list()——Java 通过 File. listFiles()/list()方法来列出目录下的文件列表。File. list()与 File. listFile()的用法也基本一样。
- public boolean equals(File f)——比较两个文件或目录，若两个 File 对象相同，则返回 true，否则返回 false。

(3) 文件或目录操作

File 类还定义了一些对文件或目录进行管理、操作的方法，常用的有如下几种。

- public boolean renameTo(FilenewFile)——将文件重命名成 newFile 对应的文件名。

• public void delete()——将当前文件删除。
• public boolean mkdir()——创建当前目录的子目录。

第 7 章中讲述了如何用 JFace 显示处理一棵树,事实上操作系统将按树型结构组织文件系统。“E:\”代表 E 盘文件系统的根,要显示 E 盘的所有文件,可以把参数传递 new File("E:\\")传递给 TreeViewer 的 setInput()方法来实现。

例 8-1 编写 JFace 程序读出 E 盘的所有文件和目录,并显示。

处理该树的主程序 Exploreer,并继承 ApplicationWindow 类,程序源代码如下:

```
package explorer;
import java.io.*;
import org.eclipse.jface.viewers.*;
import org.eclipse.jface.window.*;
import org.eclipse.swt.widgets.*;
public class Explorer extends ApplicationWindow{
    public Explorer(){
        super(null);
    }
    protected Control createContents(Composite parent){
        TreeViewer tv=new TreeViewer(parent);
        tv.setContentProvider(new FileTreeContentProvider());
        tv.setLabelProvider(new FileTreeLabelProvider());
        tv.setInput(new File("E:\"));
        return tv.getTree();
    }
    public static void main(String[] args){
        Explorer w=new Explorer();
        w.setBlockOnOpen(true);
        w.open();
        Display.getCurrent().dispose();
    }
}
```

很显然,该程序还需要提供文件树内容提供器 FileTreeContentProvider 和树的标签提供器 FileTreeLabelProvider。树内容提供器 FileTreeContentProvider 实现 ITreeContentProvider 接口的 getChildren()、getParent()、hasChildren()、getElements()方法,程序如下:

```
package explorer;
import java.io.File;
import org.eclipse.jface.viewers.ITreeContentProvider;
import org.eclipse.jface.viewers.Viewer;
public class FileTreeContentProvider implements ITreeContentProvider{
    public Object[] getChildren(Object element){
        return ((File)element).listFiles();
    }
    public Object getParent(Object element){
        return ((File)element).getParentFile();
    }
    public boolean hasChildren(Object element){
```

```
        Object[] obj=getChildren(element);
        return obj==null? false:obj.length>0;
    }
    public Object[] getElements(Object element){
        Object[] kids=null;
        kids=((File)element).listFiles();
        return kids==null? new Object[0]:kids;
    }
    public void dispose(){}
    public void inputChanged(Viewer viewer,Object lodInput,Object newInput)
    {}
}
```

树的标签提供器 FileTreeLabelProvider 主要实现 getText()方法，程序如下：

```
package explorer;
import java.io.File;
import org.eclipse.jface.viewers.ILabelProvider;
import org.eclipse.jface.viewers.ILabelProviderListener;
import org.eclipse.swt.graphics.Image;

public class FileTreeLabelProvider implements ILabelProvider{
    public Image getImage(Object element){return null;}
    //显示节点的名称
    public String getText(Object element){
        return ((File)element).getName();
    }
    public void addListener(ILabelProviderListener listener){}
    public void dispose(){
    }
    public boolean isLabelProperty(Object element,String property){
        return false;
    }
    public void removeListener(ILabelProviderListener listener){}

}
```

程序运行结果如图 8-5 所示。

当然，在不同的电脑上运行结果会有所不同。

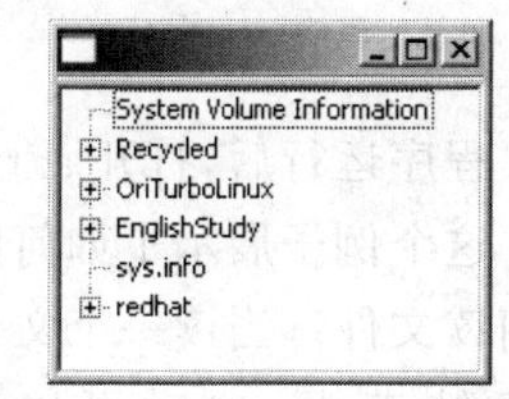

图 8-5　E 盘的文件和目录

2) 文件输入/输出流

使用 File 类，可以方便地建立与某磁盘文件的连接，但是，如果希望从磁盘文件读取数据或者将数据写入文件，还需要使用文件输入/输出流类 FileInputStream 和 FileOutputStream。

利用文件输入/输出流完成磁盘文件的读写一般应按照如下步骤进行。

① 利用文件名字符串或 File 对象创建输入/输出流对象。FileInputStream 有两个常用的构造方法。

- FileInputStream(String FileName)：利用文件名(包括路径名)字符串创建从该

文件读入数据的输入流。

- FileInputStream(File f)利用已存在的 File 对象创建从该对象对应的磁盘文件中读入数据的文件输入流。

② 从文件输入/输出流中读写数据。从文件输入/输出流中读写数据有两种方式,一是直接利用 FileInputStream 和 FileOutputStream 自身的读写功能;一是以 FileInputStream 和 FileOutputStream 为原始数据源,再套接上其他功能较强大的输入/输出流来完成文件的读写操作。

为了能更方便地从文件中读写不同类型的数据,一般都采用第二种方式,即以 FileInputStream 和 FileOutputStream 为数据源完成与磁盘文件的映射连接后,再创建其他流类的对象,从 FileInputStream 和 FileOutputStream 对象中读写数据。

为提高速度,最好对文件进行缓冲处理,一般较常用的是过滤流的两个子类 DataInputStream 和 DataOutputStream,它们甚至还可以进一步简化为如下写法:

```
File myFile=new File("MyTextFile");
DataInputStream din=new DataInputStream(new FileInputStream(myFile));
DataOutputStream dout=new DataOutputStream(new FileOutputStream(myFile));
```

例 8-2 利用 DataOutputStream 对 a. txt 文件进行写数据操作,将字符"A"写到 a. txt 文件中。

编写程序如下:

```
import java.io.*;
public class WriteChar {
        public static void main(String[] args){
            try{
                FileOutputStream in=new FileOutputStream("a.txt");
                DataOutputStream file3=new DataOutputStream(in);
                file3.writeChar('A');
            }
        catch (IOException e) {System.out.println(e.getMessage());}
        }
}
```

程序运行后,打开 a. txt 文件,结果如图 8-6 所示。

图 8-6 WriteChar 类运行后看到的 a. txt 文件的结果

这个例子展示了如何向一个文件写字符,下面讨论如何读文件。当读一个文件时,经常会遇到要判断文件是否结束呢,这时可以用 DataInputStream 的方法 available()。

例 8-3 编写程序,从文件中一次读出一个字符。

假如要读的文件名为 myfile. txt,编写程序如下:

```
import java.io.*;

public class ReadFileEOF {
    public static void main(String[] args) {
```

```
        try {
          DataInputStream in=new DataInputStream(new BufferedInputStream(
              new FileInputStream("myfile.txt")));
          while(in.available()!=0)
            System.out.print((char)in.readByte());
        } catch (IOException e) {
          System.err.println("IOException");
          }
    }
  }
```

对于不同的读入媒体，avaiable()的工作方式也是有所区别的。它在字面上意味着“可以不受阻塞地读取字节的数量”。对一个文件来说，意味着整个文件。但对一个不同种类的数据流来说，它却可能有不同的含义。使用时应考虑周全。

3）随机存取文件

FileInputStream 和 FileOutputStream 类实现的是对磁盘文件的顺序读写，而且读和写要分别创建不同的对象。相比之下，Java 语言中还定义了另一个功能更强大、使用也更方便的类——RandomAccessFile，它可以实现对文件的随机读写操作。

创建 RandomAccessFile 对象。RandomAccessFile 类有两个构造方法：

- RandomAccessFile(String name, String mode)。
- RandomAccessFile(File f, String mode)。

无论使用哪个构造方法创建 RandomAccessFile 对象，都要求提供两种信息：一个是作为数据源的文件，以文件名字符串或文件对象的方式表述；另一个是访问模式字符串，它规定了 RandomAccessFile 对象可以用何种方式打开和访问指定的文件。

访问模式字符串 mode 有两种取值："r"代表以只读方式打开文件；"rw"代表以读写方式打开文件，这时用一个对象就可以同时实现读写两种操作。

创建 RandomAccessFile 对象时，可能产生两种异常：当指定的文件不存在时，系统将抛出 FileNotFoundException 异常；若试图用读写方式打开只读属性的文件或出现其他输入/输出错误时，则会抛出 IOException 异常。

下面是一个创建 RandomAccessFile 对象的例子：

```
File File1=new File("File1.txt");
RandomAccessFile MyRa=new RandomAccessFile(File1,"rw"))
```

(1) 对文件位置指针的操作

与前面的顺序读写操作不同，RandomAccessFile 类实现的是随机读写，即可以在文件的任意位置进行数据读写，而不一定要从前向后操作。

要实现这样的功能，必须定义文件位置指针和移动这个指针的方法。

RandomAccessFile 对象的文件位置指针遵循如下的规律：

① 新建的 RandomAccessFile 对象的文件位置指针位于文件的开头处。

② 每次读写操作之后，文件位置指针都相应后移读写的字节数。

- getPointer()：可获取当前文件位置指针从文件头算起的绝对位置。

- seek():可以移动文件位置指针。

```
public void seek(long pos);
```

这个方法将文件位置指针移动到pos参数指定的从文件头算起的绝对位置处。

- length():将返回文件的字节长度。

```
public long length();
```

根据length()方法返回的文件长度和位置指针相比较,可以判断是否读到了文件尾。

(2) 读操作

与DataInputStream类相似,RandomAccessFile类也实现了DataInput接口,即它也可以用多种方法分别读取不同类型的数据,具有比FileInputStream类更强大的功能。

RandomAccessFile类的读方法主要有以下几种。

- readBoolean():从文件读取一个boolean值。此方法从该文件的当前文件指针开始读取单个字节。值为0表示false。其他任何值表示true。
- readChar():从文件中读取2个字节。
- readInt():从文件中读取4个字节。
- readLong():输入长整型数据。
- readFloat():输入浮点数据。
- readDouble():输入双精度数据。
- readLine():输入一行。

(3) 写操作

在实现DataInput接口的同时,RandomAccessFile类还实现了DataOutput接口,这就使它具有与DataOutputStream类同样强大的含类型转换的输出功能。

RandomAccessFile类包含的写方法主要有以下几种。

- writeBoolean():将boolean类型的值按单字节的形式写到文件中。
- writeChar():将char类型值按2个字节写入到文件中。
- writeInt():按四个字节将int类型值写入该文件,先写高字节。
- writeLong():输出长整型数据。
- writeFloat():输出浮点数据。
- writeDouble():输出双精度数据。
- writeLine():输出一行。

6. 问题与思考

① 从human.txt中读取5行数据,拆分成姓名、性别、出生年月,实例化一个Human数组,并输出各个对象的属性。

② 编写程序,显示当前目录下的文件和目录。

提示:需要用到File的几个重要的方法如下。

public boolean exists()——若文件或目录存在,则返回true;否则返回false。

public boolean isFile()——若对象代表有效文件,则返回true。

public boolean isDirectory()——若对象代表有效目录,则返回true。

public String getAbsolutePath()——获取当前绝对路径。

public String[] list()——列出目录中的所有文件(包括有效文件和路径),将目录中的所有文件名保存在字符串数组中并返回。

③ 从文件中逐行读入数据。

提示:主要程序段如下。

```
BufferedReader in=new BufferedReader(new FileReader("IOStreamDemo.java"));
String s,s2=new String();
while((s=in.readLine())!=null)
s2+=s+"\n";
in.close();
```

④ 将一个字符串写入文件。

提示:主要程序段如下。

```
try {
BufferedReader in2=new BufferedReader(new StringReader(s2));
PrintWriter out1=new PrintWriter(new BufferedWriter(new FileWriter("myfile.out")));
int lineCount=1;
while((s=in2.readLine()) !=null )
out1.println(lineCount+++": "+s);
out1.close();
} catch(EOFException e) {
System.err.println("End of stream");
  }
```

8.2.2　把对象按流进行读写

知识要点

- 序列化
- 对象输入/输出流 ObjectInputStream 和 ObjectOutputStream

Java 流有着另一个重要的用途,那就是利用对象流对对象进行序列化。

在一个程序运行的时候,其中的变量数据是保存在内存中的,一旦程序结束,这些数据将不会被保存,一种解决的办法是将数据写入文件,而 Java 中提供了一种机制,它可以将程序中的对象写入文件,之后再从文件中把对象读出来重新建立,这就是所谓的对象序列化。Java 中引入它主要是为了 RMI(Remote Method Invocation)和 Java Bean 所用,不过在平时应用中,它也是很有用的一种技术。

所有需要实现对象序列化的对象必须首先实现 Serializable 接口。下面看一个实例。

实例　用序列化记录用户的登录信息。

1. 详细设计

本程序由 Human 类实现,它通过实现 Serializable 接口被序列化。Human 类有构造方法、toString()和 main()三个方法。main()涉及输入/输出等,所以要抛出 IOException、

ClassNotFoundException 异常。

```
class Human implements Serializable{
  //定义变量
  Human(String name,String pwd){
    //利用调用参数对 username 和 password 赋值
  }
  public String toString(){
    //对 pwd 参数赋值
    //返回用户登录信息
  }
  main(String[] args) {
    //定义一个 Human 对象 p
    //输出对象 p
    //把 p 写入对象输出流 o
    //打开输入流,读出 p 并显示
  }
}
```

2. 编码实现

1) 定义变量

语句:

```
private Date date=new Date();
private String username;
private transient String password;
```

分析:变量 date、username 和 password 分别用于保存日期、登录用户名和密码。password 被修饰为 transient,在这里表示内容不被序列化,因为密码不需要被写入文件。

2) 对参数 pwd 赋值

语句:

```
String pwd=(password==null)?"(null)":password;
```

分析:pwd 是构造方法接收的一个参数。当 pwd 为空时,赋值 null,否则赋值 password。

3) 返回用户登录信息

语句:

```
return "Human info:\n"+"username: "+username+"\n date: "+date+"\n password: "+pwd;
```

分析:用户登录信息包括用户名、登录时间和密码。

4) 定义一个 Human 对象 p

语句:

```
Human p=new Human("zhang","123456");
```

分析:对象 p 的用户名是"zhang",密码是"123456"。

5）把 p 写入对象输出流 o

语句：

```
ObjectOutputStream o=new ObjectOutputStream ( new FileOutputStream ( "Human.out"));
o.writeObject(p);
o.close();
```

分析：o 是一个对象输出流，把 p 写入后关闭 o。

6）打开输入流，读出 p 并显示

语句：

```
ObjectInputStream in=new ObjectInputStream(new FileInputStream ("Human.out"));
System.out.println("Recovering object at "+new Date());
p=(Human)in.readObject();
System.out.println("Human p="+p);
```

分析："new ObjectInputStream(new FileInputStream("Human.out"));"把保存 p 的文件当做对象输入流。

3. 源代码

```
/* 文件名：Human.java
 * Copyright (C): 2014
 * 功能：用串行化记录用户的登录信息。
 */
import java.io.*;
import java.util.*;
public class Human implements Serializable{
  private Date date=new Date();
  private String username;
  private transient String password;
  Human(String name,String pwd){
    username=name;
    password=pwd;
  }

  public String toString(){
    String pwd=(password==null)?"(null)":password;
    return "Human info:\n"+"username: "+username+"\n date: "+date+"\n password: "
        +pwd;
  }

  public static void main(String[] args) throws IOException,ClassNotFoundException{
    Human p=new Human("zhang","123456");
    System.out.println("Human p="+p);
    ObjectOutputStream o=new ObjectOutputStream (new FileOutputStream("Human.out"));
    o.writeObject(p);
    o.close();
    ObjectInputStream in=new ObjectInputStream(new FileInputStream("Human.out"));
    System.out.println("Recovering object at "+new Date());
```

```
        p=(Human)in.readObject();
        System.out.println("Human p="+p);
    }
}
```

4. 测试与运行

Human类的运行结果如图8-7所示。

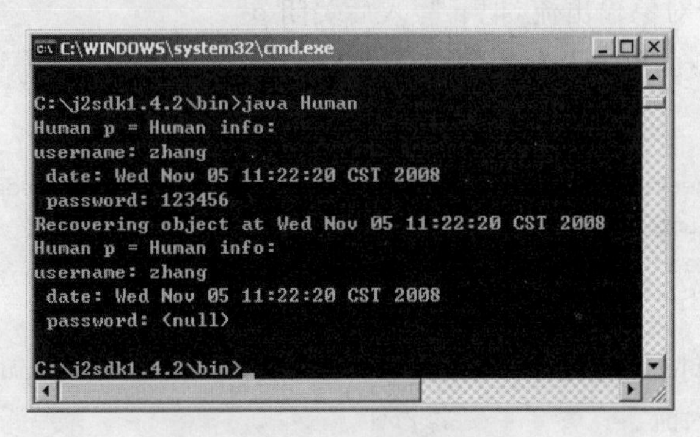

图8-7　Human类的运行结果

5. 技术分析

由于不同类的对象相互引用,将对象写入一个磁盘文件而后再将其读出来的问题比较复杂。幸运的是Java语言提供了序列化机制的解决方案:

- 保存到磁盘的所有对象都获得一个序列号(1、2、3等)。
- 当要保存一个对象时,先检查该对象是否被保存了。
- 如果以前保存过,只需写入"与已经保存的具有序列号x的对象相同"的标记,否则,保存该对象。

通过以上的步骤序列化机制解决了对象引用的问题。

Java将需要被序列化的类实现Serializable接口,该接口没有需要实现的方法,只是为了标注该对象是可被序列化的。

Java提供的对象输入/输出流分别是ObjectInputStream和ObjectOutputStream,readObject()、writeObject()方法负责从流读出对象和把对象写入流。

不想将其序列化的数据,需要在定义时给它加上transient关键字。序列化机制会跳过transient修饰的数据,不会将其写入文件,也不可被恢复。

序列化是一种用来处理对象流的机制,对象流就是将对象的内容进行流化。对流化后的对象可以进行读写操作,也可将流化后的对象传输于网络之间。

6. 问题与思考

编写程序,将第4章的一个Teacher对象写到一个文件中。在测试程序中,读取文件的内容并显示。

第 9 章　Java 线程

9.1　并行程序设计

知识要点

- 线程的概念
- 线程的状态
- 线程的调度

线程是程序内部的一个单一的顺序控制流。Java 语言通过线程有效地实现了多个任务的并发执行。

Java 语言中可以用两种方式来创建线程，一种是实现 Runnable 接口，另一种是继承 Thread 类并重写 run()方法。每个线程都是通过特定的 run()方法来完成其操作的，run()方法称为线程体。下面是代码示例：

```
public class Mythread extends Thread{
    public void run(){
    //here is where you do something
    }
}
```

另一种接口实现方法在后面介绍。

启动一个线程只需要调用 start()方法，start()方法只是让线程处于就绪状态，系统会给每一个处于就绪状态的线程一个时间片来运行它，所以线程会交替运行。

实例　实现两个并行运行的线程。

1. 详细设计

本程序主要由 Thread1 类、Thread2 类实现，两个线程的线程体(run()方法)只包含了不断输出字符串的语句。

```
class Thread1 extends Thread{
  run(){
    while(true){
      //休眠 800ms 并输出" ----First Thread----"
    }
  }
}
```

```
class Thread2 extends Thread{
  run(){
    while(true){
      //休眠 1000ms 并输出" ----Second Thread----"
    }
  }
}

class TwoThreadTest{
  public static void main(String args[]){
    //分别实例化 Thread1 和 Thread2 对象并启动
  }
}
```

2. 编码实现

1）休眠 800ms 并输出“----First Thread----”

语句：

```
sleep(800);
System.out.println(" ----First Thread----");
```

分析：Thread 的 run()方法是线程运行程序的主体，sleep()方法可以实现休眠，单位是毫秒。在 run()方法中，这两行语句放入死循环，所以只要启动这个线程，则每 800ms 输出一次“----First Thread----”。

2）休眠 1000ms 并输出“ ----Second Thread----”

语句：

```
sleep(1000);
System.out.println(" ----Second Thread----");
```

分析：同样，这两行语句放在死循环中，所以只要启动这个线程，则每 1000ms 输出一次“----Second Thread----”。

3）分别实例化 Thread1 和 Thread2 对象并启动它们

语句：

```
Thread1 t1=new Thread1();
Thread2 t2=new Thread2();
t1.start();
t2.start();
```

分析：线程用 start()方法启动。

3. 源代码

```
/* 文件名：TwoThreadTest java
 * Copyright (C): 2014
 * 功能：并行运行的线程。
 */
class Thread1 extends Thread{
```

```
    public void run(){
      try{
        while(true){
          sleep(800);
          System.out.println(" ----First Thread----");
        }
      }
      catch(InterruptedException e){}
    }
  }

  class Thread2 extends Thread{
    public void run(){
      try{
        while(true){
          sleep(1000);
          System.out.println(" ----Second Thread----");
        }
      }
      catch(InterruptedException e){}
    }
  }

  class TwoThreadTest{
    public static void main(String args[]){
      Thread1 t1=new Thread1();
      Thread2 t2=new Thread2();
      t1.start();
      t2.start();
    }
  }
```

4. 测试与运行

程序运行结果如图 9-1 所示。

从结果看到,线程 t1 每隔 800ms 输出字符串一次,t2 每隔 1000ms 输出字符串一次,t1 的速度比 t2 的速度快,所以一定时间后会连续出现两次 t1 的输出再出现 t2 的输出。

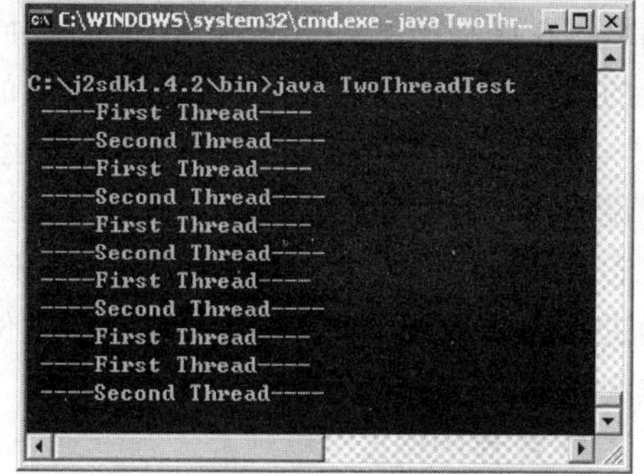

图 9-1　TwoThreadTest 运行结果

5. 技术分析

1）线程的概念

传统上,并发多任务的实现采用的是在操作系统(OS)级运行多个进程。进程是一个程序的多个运行副本。而线程是一个程序中可以同时运行的语句序列。

Java 通过线程有效地实现了多任务的并发执行。在一个 Java 程序的执行过程中,通常总是有许多的线程在运行。

2）线程的实现

Java 语言中可以用两种方式来创建线程,一种是实现 Runnable 接口,另一种是继承

Thread 类重写 run()方法,前者保留了继承一个类的可能。

线程类中的 run()方法可以被直接调用,但绝不是启动一个线程,二者有着本质的区别。每个线程都是通过特定的 run()方法来完成其操作的,run()方法称为线程体。线程的启动需要用 start()方法来来实现,下面是示例代码:

```
public class Mythread extends Thread{
    public void run(){
    //here is where you do something
    }
}

public class Mythread implements Runnable{
    public void run(){
    //here is where you do something
    }
}
```

这两种方法的区别是,如果一个类需要继承其他的类,如 Applet,那么只能选择实现 Runnable 接口了,因为 Java 语言只允许单继承。

启动一个线程只需要调用 start()方法,针对两种实现线程的方法也有两种启动线程的方法。

下面的程序产生两个线程,start()方法只是让线程处于就绪状态,系统会给每一个处于就绪状态的线程一个时间片来运行它,所以这两个线程交替运行。而且每次启动程序,交替运行的顺序也不一一致,完全取决于当时系统的调度情况。

3) 线程的状态

线程是程序中单一的顺序控制流,它有生命周期,即它通过创建而产生,通过撤销而消亡。在线程的生命期中,它总是从一种状态变迁到另一种状态。状态表示线程正在进行的活动以及在这段时间内线程能完成的任务。

Java 中的线程有四种状态,分别是运行、就绪、挂起、结束。如果一个线程结束了,也就说明这是一个死线程了。当调用一个线程实例的 start()方法的时候,线程就进入就绪状态,注意并不是运行状态,当虚拟机开始分配给它 CPU 的运行时间片的时候,线程开始进入运行状态;当线程进入等待状态,例如,等待某个事件发生的时候,这时候线程处于挂起状态。

4) 线程的调度

多个线程同时处于可执行状态并等待获得 CPU 时间时,线程调度系统根据各个线程的优先级来决定给谁分配 CPU 时间。具有高优先级的线程会在较低优先级的线程之前得到执行。线程的调度是抢先式的,如果在当前线程的执行过程中,一个具有更高优先级的线程进入就绪状态,则这个高优先级的线程立即被调度执行。对优先级相同的线程来说,调度将采用轮转法。

线程的优先级用 1～10 的数字表示,数字越大表明线程的级别越高。1 和 10 可分别用 Thread. MIN_PRIORITY、Thread. MAX_PRIORITY 来表示。线程的缺省优先级是 5,即 Thread. NORM_PRIORITY。可以用 Thread 类的 getPriority()方法和 setPriority()方

法来存取线程的优先级：

```
int getPriority();
void setPriority(int newPriority);
```

例 9-1　生成两个线程，第一线程先启动，但优先级为 Thread. MIN_PRIORITY。第二个线程后启动，但优先级为 Thread. MAX_PRIORITY。优先高的线程完成后再运行优先级低的线程。

该程序由 TestThread 类和 MyThread 类实现，MyThread 类继承自 Thread 类。run()方法是一个循环，输出当前线程名及线程的优先级别。TestThread 类的 main()方法生成两个线程，并设置它们的优先级别。

见下面的源程序：

```
class MyThread extends Thread{
  MyThread(String str){
    super(str);
  }
  public void run(){
    for(int i=0;i<3;i++)
    System.out.println(getName()+""+getPriority());
  }
}
class TestThread{
  public static void main(String args[]){
    Thread first=new MyThread("thread1");
    first.setPriority(Thread.MIN_PRIORITY);
    first.start();
    Thread second=new MyThread("thread2");
    second.setPriority(Thread.MAX_PRIORITY);
    second.start();
  }
}
```

运行结果为：

```
C:\j2sdk1.4.2\bin>javaTestThread
thread2 10
thread2 10
thread2 10
thread1 1
thread1 1
thread1 1
```

从运行结果来看，线程 first 尽管先启动，但由于优先级比线程 second 低，所以还是线程 second 执行结束后，再开始运行线程 thread2。

6. 问题与思考

用实现 Runnable 接口的方式，实现本节实例程序。

9.2 动画实现

知识要点

- 动画的实现
- 处理闪烁
- 声音和图像并行播放

连续的图像播放即形成动画。Java 语言动画的实现,可以用 Java. awt 包中的 Graphics 类的 drawImage()方法在屏幕上画出图像,睡眠一段时间,再切换成另外一幅图像,如此循环,在屏幕上画出一系列的帧来造成运动的感觉,从而达到显示动画的目的。

例如在 Applet 程序中,让字符串"Hello World!"自左向右移动,可以用下面的程序实现。

```
import java.applet.Applet;
import java.awt.Color;
import java.awt.Font;
import java.awt.Graphics;
public class Animation extends Applet {
    String str="Hello World!";
    int begin=str.length()-1;
    Font font=new Font("TimesRoman",Font.BOLD,50);
    public void start(){
        while (true){
            begin--;
            //如果字符串已取完,又从倒数第一个开始取
            if (begin<0)
                begin=str.length()-1;
            repaint();
            try{
                Thread.sleep(300);
            }catch(InterruptedException e){}
        }
    }
    public void paint(Graphics g){
        g.setFont(font);
        g.setColor(Color.red);
        g.drawString(str.substring(begin,str.length()),2,60);
    }
}
```

程序中的 sleep()方法使程序每隔 300ms 刷新一幅图像,substring()方法首先只截取字符串的最后一个字符,再截取最后两个字符……看起来就像整个字符串从左向右显示在屏幕上。

程序的实现看起来很简单，事实上运行这个程序，屏幕上一片空白，什么也没有。原因在于 start()方法中用一个死循环独占了系统资源，系统没有机会去完成重画工作，而且这个 Applet 程序还不能正常工作，因为系统没有机会调用 stop()方法。

改进的方法就是使用多线程。上面的程序不能正常运行的原因在于整个 Applet 只用了一个线程，一旦进入 start()方法，程序就在那里死循环，所以需要再建立一个线程，由它执行 while 循环，定时发出重画请求，原来的线程进行 paint()操作，从而产生动画的效果。

实例　编写 Java Applet 程序，使字符串自左向右移动。

1. 详细设计

本程序由 Applet 的子类 Animation 实现，为了启动一个线程，Animation 实现了接口 Runnable。

```
public class Animation extends Applet implements Runnable{
    //定义变量
    //Applet 的 start()方法
    public void start(){
        //创建线程并启动
    }
    //Applet 的 stop()方法
    public void stop(){
        //终止动画线程
    }
    //线程的 run()方法
    public void run(){
        //每隔 300ms 不断截取子串并发出重画请求
    }
    public void paint(Graphics g){
        //重画每帧图
    }
}
```

2. 输出文字编码的实现

1) 创建线程并启动

语句：

```
if(animationthread==null){
   animationthread=new Thread(this);
   animationthread.start();
}
```

分析：这个过程在 start()方法中实现，所以一旦启动 Applet，就启动了该线程。

2) 终止动画线程

语句：

```
if(animationthread!=null){
   animationthread.stop();
```

```
    animationthread=null;
}
```

分析：Applet 的 stop()方法处理 Applet 结束的工作,这里需要终止处理动画线程。

3）每隔 300ms 不断截取子串并发出重画请求

语句：

```
while (true){
    begin--;
    //如果字符串已取完,又从倒数第一个开始取
    if (begin<0)
        begin=str.length()-1;
    repaint();
    try{
        Thread.sleep(300);
    }catch(InterruptedException e){}
}
```

分析：begin 表示子串的起点,repain()方法会自动调用 paint()方法实现重画。

4）清屏每帧图

语句：

```
g.setFont(font);
g.setColor(Color.red);
g.drawString(str.substring(begin,str.length()),2,60);
```

分析：用设置的字体和颜色画字符串。

3. 源代码

```
/* 文件名：Animation.java
 * Copyright (C)：2014
 * 功能：字符串自左向右移动。
 */
import java.applet.Applet;
import java.awt.Color;
import java.awt.Font;
import java.awt.Graphics;
public class Animation extends Applet implements Runnable{
    Thread animationthread;
    String str="Hello World!";
    int begin=str.length()-1;
    Font font=new Font("TimesRoman",Font.BOLD,50);
    public void start(){
        if(animationthread==null){
            animationthread=new Thread(this);
            animationthread.start();
        }
    }
    public void stop(){
```

```
        if (animationthread!=null){
            animationthread.stop();
            animationthread=null;
        }
    }
    public void run(){
        while (true){
            begin--;
            //如果字符串已取完,又从倒数第一个开始取
            if (begin<0)
                begin=str.length()-1;
            repaint();
            try{
                Thread.sleep(300);
            }catch(InterruptedException e){}
        }
    }
    public void paint(Graphics g){
        g.setFont(font);
        g.setColor(Color.red);
        g.drawString(str.substring(begin,str.length()),2,60);
    }
}
```

4. 测试与运行

启动 Applet 程序前,编辑一个网页 animation. html,包含以下内容:

```
<HTML>
<TITLE>animation </TITLE>
<APPLET CODE="Animation.class" WIDTH=400 HEIGHT=200>
</APPLET>
</HTML>
```

然后用图 9-2 中的命令启动 Applet 程序。

启动的 Applet 程序如图 9-3 所示。

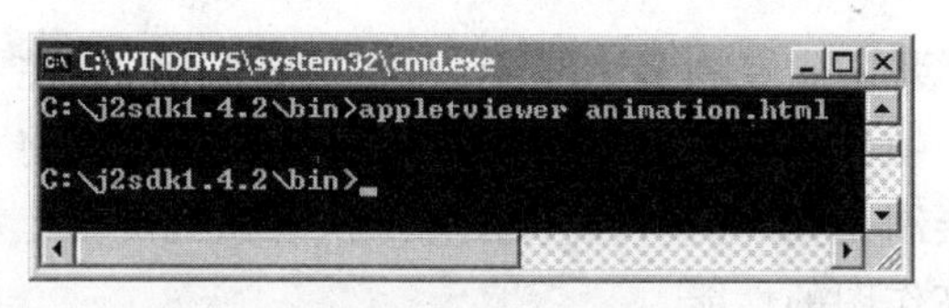

图 9-2 启动 Applet 程序

图 9-3 字符串自左向右移动

从运行的结果看到,字符串"Hello World"不断自左向右显示在屏幕上。

5. 技术分析

1) 动画的实现

Java 中实现动画的基本原理是在屏幕上画出一系列的帧,造成运动的感觉。Java 允许用户实现连续的图像播放,即动画技术。Java 动画的实现,首先用 Java. awt 包中的 Graphics 类的 drawImage()方法在屏幕上画出图像,然后通过定义一个线程,让该线程睡眠一段时间,再切换成另外一幅图像;如此循环,在屏幕上画出一系列的帧来造成运动的感觉,从而达到显示动画的目的。

为了每秒钟多次更新屏幕,必须创建一个线程来实现动画的循环,这个循环要跟踪当前帧并响应周期性的屏幕更新要求。实现线程的方法有两种,可以创建一个 Thread 类的派生类,或附和在一个 Runnable 的界面上。

2) 处理闪烁

在编写动画过程时,最常遇到的问题是屏幕会出现闪烁现象。闪烁有两个原因:一是绘制每一帧花费的时间太长(因为重绘时要求的计算量大);二是在每次调用 paint()前,Java 会用背景颜色重画整个画面,当在进行下一帧的计算时,用户看到的是背景。

有两种方法可以明显地减弱闪烁:重载 update()方法或使用双缓冲技术。

(1) 重载 update()方法

当 AWT 接收到一个 Applet 的重绘请求时,它就调用 Applet 的 update()方法。默认地,update()方法清除 Applet 的背景,然后调用 paint()方法。重载 update()方法,将以前在 paint()方法中的绘图代码包含在 update()方法中,从而避免每次重绘时将整个区域清除。下面是 update()方法的原始程序代码:

```
public void update(Graphics g)
{
    //用背景色来绘制整个画面
    g.setColor(getBackGround());
    g.fillRect(0,0,width,height);
    //设置前景色为绘制图像的颜色,然后调用 paint()方法
    g.setColor(getForeGround());
    paint(g);
}
```

所以要消除画面闪烁就一定要改写 update()方法,使该方法不会清除整个画面,只是消除必要的部分。

(2) 使用双缓冲技术

另一种减小帧之间闪烁的方法是使用双缓冲,它在许多 Applet 动画中被使用。其主要原理是创建一个后台图像,将需要绘制的一帧画入图像,然后调用 drawImage()方法将整个图像一次画到屏幕上去;好处是大部分绘制是离屏的,将离屏图像一次绘制到屏幕上比直接在屏幕上绘制要有效得多,可大大提高作图的性能。

双缓冲可以使动画平滑。但有一个缺点,要分配一张后台图像,如果图像相当大,这需要很大的内存。当使用双缓冲技术时,应重载 update()方法。具体方法如下。

生成一幅后台图像：

```
Image image=createImage(getSize().width,getSize().height);
Graphics graphics=image.getGraphics();
```

清空后台图像：

```
graphics.setColor(getBackground());
graphics.fillRect(0,0,getSize().width,getSize().height);
```

往后台图像中添加内容：

```
graphics.drawImage(...)
graphics.drawLine(...)
⋮
```

本节实例程序如果用双缓冲技术实现，则程序如下：

```
import java.applet.Applet;
import java.awt.*;
public class Animation extends Applet implements Runnable{
    Thread animationthread;
    String str="Hello World!";
    int begin=str.length()-1;
    Font font=new Font("TimesRoman",Font.BOLD,50);
    Image image;
    Graphics graphics;
    public void init(){
        //生成一幅后台图像
        image=createImage(getSize().width,getSize().height);
        graphics=image.getGraphics();
    }
    public void start(){
        if(animationthread==null){
            animationthread=new Thread(this);
            animationthread.start();
        }
    }
    public void stop(){
        if (animationthread!=null){
            animationthread.stop();
            animationthread=null;
        }
    }
    public void run(){
        while (true){
            begin--;
            //如果字符串已取完,又从倒数第一个开始取
            if (begin<0)
                begin=str.length()-1;
            repaint();
```

```
            try{
                Thread.sleep(300);
            }catch(InterruptedException e){}
        }
    }
    public void paint(Graphics g){
        //g.setFont(font);
        //g.setColor(Color.red);
        g.drawImage(image,0,0,this);
    }
    public void update(Graphics g){
        //清空后台图像
        graphics.setColor(getBackground());
        graphics.fillRect(0,0,getSize().width,getSize().height);
        //往后台图像中添加内容
        graphics.setFont(font);
        graphics.setColor(Color.red);
        graphics.drawString(str.substring(begin,str.length()),2,60);
        paint(g);
    }
}
```

与前面的程序比较,该程序增加了 init()方法和 update(Graphics g)方法。init()方法生成一幅后台图像,update(Graphics g)方法可以清空后台图像和往后台图像添加内容,清空图像的实现语句如下:

```
graphics.setColor(getBackground());
graphics.fillRect(0,0,getSize().width,getSize().height);
```

向后台图像中添加内容的过程是:

```
graphics.setFont(font);
graphics.setColor(Color.red);
graphics.drawString(str.substring(begin,str.length()),2,60);
```

最后调用 paint(g)方法启动重画操作,该方法调用 drawImage()方法将整个图像一次画到屏幕上。

3) 声音和图像并行播放

有些情况下,可能需要在发生某事件时伴之以声音,尤其是在 Applet 中装载图像的同时播放声音,这样将大大地丰富 Applet 的内容。

不难实现声音和图像的并行播放。例如,在本节实例中启动动画线程后,立即用 sound.loop()方法播放声音,即可实现声音和图像的并行播放。其中,sound 是一个 AudioClip 对象。

6. 问题与思考

① 利用本节实例,实现显示动画的同时,播放一段音乐。

② 编写 Applet 程序,让字符串"Hello World!"自右向左移动。

9.3　分别对堆栈进行压入和出栈的并行程序

知识要点

- Daemon 线程
- 线程组

堆栈是一种特殊的串行形式的数据结构，它只能允许在堆栈顶(top)压入(push)数据和弹出(pop)数据。堆栈可以用一维数组或链结存储结构来完成。

堆栈只允许在一端进行操作，按照后进先出(LIFO-Last In First Out)的原理运作。

Java 的 Vector 类提供了实现可增长数组的功能，随着更多元素加入其中，数组变得更大。在删除一些元素之后，数组变小。下面先讨论如何用 Java 的 Vector 类实现堆栈的两种基本操作——压入和弹出。

例 9-2　用 Vector 类实现堆栈的压入和弹出操作。

VectorStack 的 PUSH()方法和 POP()方法分别实现堆栈的压入和弹出操作，代码如下：

```
/* 文件名：VectorStack.java
 * Copyright (C): 2014
 * 功能：实现堆栈的压入和弹出操作。
*/
import java.util.Vector;
class VectorStack{
  static final int CAPACITY=5;
  Vector v;
  VectorStack(){
    v=new Vector();
  }
  void push(Object obj){
    v.addElement(obj);
    System.out.print(" PUSH: "+obj);
  }
  Object pop(){
    Object obj=v.lastElement();
    if (v.size()>0){
      v.removeElementAt(v.size()-1);
      System.out.println(" Pop: "+obj);
    }
    return obj;
  }
}
```

编写下面的测试类：

```
public class VectorStackTest{
  public static void main(String args[]){
   VectorStack vs=new VectorStack();
   vs.push("1");
   vs.push("2");
   vs.push("3");
   vs.push("4");
   vs.push("5");
   vs.push("6");
   for (int i=0; i<6; i++)
     vs.pop();
  }
}
```

程序运行结果如图 9-4 所示。

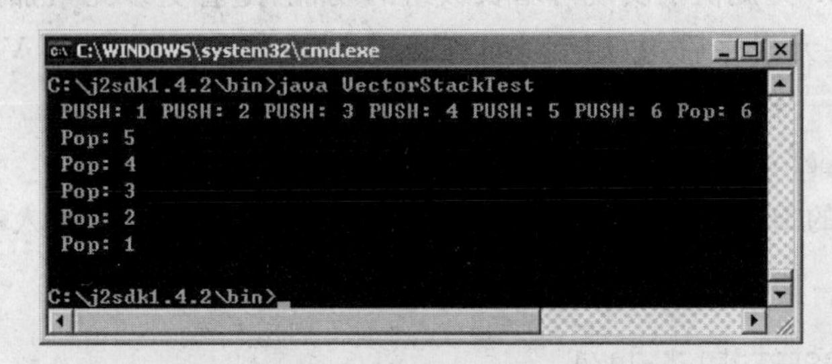

图 9-4 Vector 类实现堆栈功能

例 9-2 用 Vector 类实现了一个堆栈,并实现了堆栈的压入和弹出操作。本节讨论如何将压入和弹出操作由两个线程来完成。一个线程不断压入数据,另一个线程不断弹出数据。

实例 分别用两个线程进行压栈和出栈操作。

1. 详细设计

本程序由 PushThread 类、PopThread 类、PushPopThreadTest 类实现。PushThread 类是一个负责压入数据的线程,PopThread 类是一个负责从堆栈弹出数据的线程序。PushPopThreadTest 类分别实例化 PushThread、PopThread 对象并启动它们。本实例用到了第 3 章的 VectorStack 类,压入和弹出线程必须同时对一个 VectorStack 对象进行操作。

```
class PushThread extends Thread{
  //域变量定义
  //构造方法
  public void run(){
    String obj;
    try{
      while(true){
        //800ms 后获取一个数来压入堆栈
      }
    }
```

```
    catch(InterruptedException e){}
  }
  setCode(){ }                    //生成一个数据
  String getCode(){ }             //返回当前处理的数据
}

class PopThread extends Thread{
  //域变量定义
  //构造方法
  public void run(){
    try{
      while(true){
        //每隔 1000ms 弹出一个对象
      }
    }
    catch(InterruptedException e){}
  }
}
class PushPopThreadTest{
  public static void main(String args[]){
    //实例化 PushThread 线程和 PopThread 线程并启动它们
  }
}
```

2. 编码实现

1）域变量定义

语句：

```
VectorStack vs;
static String basecode="000";
String code;
```

分析：vs 是一个 VectorStack 类，basecode 是压入数据的基数，code 是当前处理的数据。

2）构造方法

语句：

```
PushThread(VectorStack vs){
  this.vs=vs;
}
```

分析：使处理的 VectorStack 对象指向传送来的一个 VectorStack 对象。该对象应该和当前 PopTread 线程处理的是一个 VectorStack 对象。

3）800ms 后获取一个数压入堆栈

语句：

```
sleep(800);
setCode();
```

```
obj=getCode();
vs.push(obj);
```

分析：setCode()类用递增的方式生产数据，getCode()类获取这个数据对象。

4) setCode()方法

语句：

```
void setCode(){
  int icode;
  icode=Integer.parseInt(basecode)+1;
  if (icode<10)
    basecode="00"+Integer.toString(icode);
  else if (icode<100)
    basecode="0"+Integer.toString(icode);
  else basecode=Integer.toString(icode);
  code=basecode;
}
```

分析：用递增的方式生产数据。

5) 每隔 1000ms 弹出一个对象

语句：

```
sleep(1000);
vs.pop();
```

分析：vs 是构造方法设置的 VectorStack 对象。

6) 实例化 PushThread 和 PopThread 线程并启动它们

语句：

```
VectorStack vs=new VectorStack();
PushThread pushthread=new PushThread(vs);
PopThread popthread=new PopThread(vs);
pushthread.start();
popthread.start();
```

分析：vs 是一个 VectorStack 对象，在实例化 PushThread 和 PopThread 线程时，作为形参传递给它们的构造方法，保证了压入线程和弹出线程操作的是同一个堆栈。

3. 源代码

```
/* 文件名: PushPopThreadTest.java
 * Copyright (C): 2014
 * 功能: 分别用两个线程进行压栈和出栈操作。
 */
class PushThread extends Thread{
  VectorStack vs;
  static String basecode="000";
  String code;

  PushThread(VectorStack vs){
```

```
      this.vs=vs;
    }
    public void run(){
      String obj;
      try{
        while(true){
          sleep(800);
          setCode();
          obj=getCode();
          vs.push(obj);
        }
      }
      catch(InterruptedException e){}
    }

    void setCode(){
      int icode;
      icode=Integer.parseInt(basecode)+1;
      if (icode<10)
        basecode="00"+Integer.toString(icode);
      else if (icode<100)
        basecode="0"+Integer.toString(icode);
      else basecode=Integer.toString(icode);
      code=basecode;
    }

    String getCode(){
      return code;
    }
}
class PopThread extends Thread{
  VectorStack vs;
  PopThread(VectorStack vs){
    this.vs=vs;
  }
  public void run(){
    try{
      while(true){
        sleep(1000);
        vs.pop();
      }
    }
    catch(InterruptedException e){}
  }
}
class PushPopThreadTest{
  public static void main(String args[]){
```

```
        VectorStack vs=new VectorStack();
        PushThread pushthread=new PushThread(vs);
        PopThread popthread=new PopThread(vs);
        pushthread.start();
        popthread.start();
    }
}
```

4. 测试与运行

程序运行结果如图 9-5 所示。

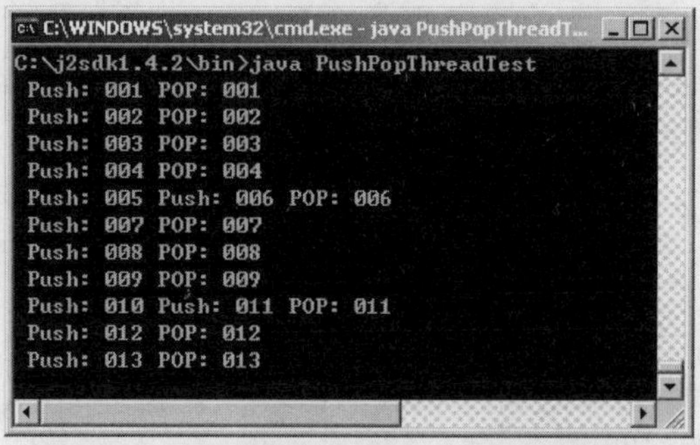

```
C:\WINDOWS\system32\cmd.exe - java PushPopThreadT...
C:\j2sdk1.4.2\bin>java PushPopThreadTest
 Push: 001 POP: 001
 Push: 002 POP: 002
 Push: 003 POP: 003
 Push: 004 POP: 004
 Push: 005 Push: 006 POP: 006
 Push: 007 POP: 007
 Push: 008 POP: 008
 Push: 009 POP: 009
 Push: 010 Push: 011 POP: 011
 Push: 012 POP: 012
 Push: 013 POP: 013
```

图 9-5 PushPopThreadTest 类的运行结果

从结果看到,由于每隔 800ms 压栈一次,每 1000ms 出栈一次,压栈的速度比出栈速度快,所以 005 压入后,还来不及出栈,006 又被压栈,所以第 5 次出栈的数是 006。

5. 技术分析

1) Daemon 线程

Daemon 线程是一类特殊的线程,通常在一个较低的优先级上运行。Daemon 线程一般用于为系统中的其他对象和线程提供服务。典型的 Daemon 线程是 JVM 中的系统资源自动回收线程,它始终在低级别的状态中运行,用于实时监控和管理系统中的可回收资源。通常 Daemon 线程体是一个无限循环以等待服务请求。当系统中只剩下 Daemon 线程在运行时,Java 解释器将退出,因为这时没有其他线程需要提供服务。

可以通过调用 isDaemon()方法来判断一个线程是否是 Daemon,也可以调用 setDaemon()方法来将一个线程设为 Daemon 线程。

下面是一个 Daemon 线程的框架:

```
class DaemonThread extendsThread{
  DaemonThread(){
    setDaemon(true);
    start();
  }

  public void run(){
    while(true){
    //wait for service request and process
    }
```

```
    }
}
```

在上面的例子中，DaemonThread 线程在创建时设置了 Daemon 标志。如果程序结束时还有 Daemon 线程存在，Java 语言将会消灭那些线程，因此不必担心它们是否消亡。

2）线程组

每个线程都是一个线程组中的一个成员，线程组把多个线程集成为一个对象，通过线程组可以同时对其中的多个线程进行操作，如启动或暂停一个线程组中的所有线程等。Java 的线程组由 java. lang 包中的 ThreadGroup 类实现。

（1）线程和线程组

线程组是 ThreadGroup 类的对象，用于按照特定功能对线程进行集中式分组管理。每个线程都隶属于唯一一个线程组。在生成线程时，可以指定将线程放在某个线程组中，也可以由系统将它放在某个默认的线程组中。但是一旦线程加入了某个线程组，它将一直是这个线程组的成员，而不能被移出这个线程组。

Java 应用程序（Application）开始运行时，系统将生成一个名为 main 的线程组，如果没有另外声明，在程序中创建的所有线程都是 main 线程组的成员。程序员可以通过调用包含 ThreadGroup 类型参数的 Thread 类构造方法来指定线程的线程组。对于一个 Applet 来说，不同的浏览器可能会生成不同名称的线程组。

除系统线程组外的每个线程组又隶属于另一个线程组，在创建线程组时指定其所隶属的线程组，若没有指定，则默认地隶属于系统线程组。这样，所有线程组组成了一棵以系统线程组为根的树。

Java 允许对一个线程组中的所有线程同时进行操作，比如可以通过调用线程组的相应方法来设置其中所有线程的优先级；启动或阻塞其中的所有线程；得到关于该线程组的信息，如在线程组中还有哪些其他线程等；还可以对线程组中的线程进行管理，比如挂起、继续执行或终止这些线程。

（2）ThreadGroup 类

ThreadGroup 类负责对 Java 程序中成组的线程进行处理。ThreadGroup 类提供了大量的方法来方便我们对线程组树中的每一个线程组以及线程组中的每一个线程进行操作。

下面的代码生成线程组 myThreadGroup，并在其中创建线程 myThread。

```
ThreadGroup myThreadGroup=new ThreadGroup("My Group of Threads");
Thread myThread=new Thread(myThreadGroup,"a thread of my group");
```

调用线程的 getThreadGroup()方法，可以获取一个线程所在的线程组。

```
ThreadGroup theGroup=myThread.getThreadGroup();
```

ThreadGroup 类的方法可以分为下列几类。

获取线程组中的线程和子线程组的信息：通过 ThreadGroup 类提供的方法可以查询线程组中的线程及子线程组的信息，例如，调用 activeCount()方法可以确定线程组中所有的活动线程数目,包括子线程组中的活动线程。activeCount()方法常常和 enumerate()方法联合使用以获取线程组中的所有活动线程对象。

除了上述的方法外,把 ThreadGroup 类提供的 activeGroupCount()方法和 enumerate()方法联合使用可以获取所有的子线程组。

对线程组对象的操作:ThreadGroup 类支持以线程组为单位的操作以设置或获取线程组的各种属性,如线程组中线程以及子线程组的最大优先级、是否为 daemon 线程组、线程组的名字以及父线程组的信息等。

注意:对线程组对象进行操作并不影响线程组中的线程。

下列是 ThreadGroup 类在线程组级上操作的方法。

```
getMaxPriority(),setMaxPriority()
getDaemon(),setDaemon()
getName()
getParent(),ParentOf()
```

看下面的例子。

例 9-3 创建线程组 groupNorm,它从其父线程组继承了最大的线程组优先级(MAX_PRIORITY),然后程序生成 priorityMax 线程并将其加入 groupNorm。紧接着将 priorityMax 的优先级设为 Java 运行系统所允许的最大优先级 MAX_PRIORITY,接下来程序将线程组的优先级设置为 NORM_PRIORITY。

编写程序如下:

```
class MaxPriorityTest{
  public static void main(Stringargs[]){
    ThreadGroup groupNorm=new ThreadGroup("A group with normal priority");
    Thread priorityMAX = new Thread (groupNORM," A thread with maximum
    priority");
      //setThread's priority to max
    priorityMAX.setPriority(Thread.MAX_PRIORITY);
      //setThreadGroup'smaxprioritytonormal
    groupNorm.setMaxPriority(Thread.NORM_PRIORITY);
    System.out.println("Group's maximum priority="+groupNorm.getMaxPriority());
    System.out.println("Thread's priority="+priorityMAX.getPriority());
    }
}
```

setMaxPriority()并没有影响到 priorityMax 线程的优先级,所以当运行到这一步时,priorityMax 线程的优先级高于 groupNorm 线程组的优先级。下面是程序的运行结果:

```
Group's maximum priority=5
Thread's priority=10
```

可以看出,一个线程可以拥有比自己的线程组高的优先级。但是,线程的优先级不能高于它创建时所属线程组在当时的优先级。

同样,改变一个线程组的名字或 Daemon 标志不会影响到线程组中任一线程的名字或 daemon 标志。因此，一个 daemon 线程组中的线程并不一定是 daemon 线程，线程组的 daemon 标志只意味着当它包括的所有线程都结束之后，才能被消灭。

对线程组中所有线程进行操作的方法：ThreadGroup 类提供了几个方法，用来改变线程组中的所有线程（包括子线程组中的线程）的当前状态，如 resume()、stop()、suspend()等。

6. 问题与思考

① 实例中压栈的速度比出栈速度快，如果出栈的速度比压栈速度快，会出现什么情况？该如何处理？

② 任意输入一个十进制数，输出其二进制数。

提示：将十进制数 N 转换为 r 进制的数，其转换方法利用辗转相除法。以 N=3261，r=8 为例转换方法如下：

N	N/8(整除)	N%8(求余)	
3261	407	5	低
407	50	7	
50	6	2	高

所以$(3261)_{10}=(6275)_8$。

所转换的八进制数按低位到高位的顺序产生的，而通常的输出是从高位到低位的，恰好与计算过程相反，因此转换过程中每得到一位八进制数则进栈保存，转换完毕后依次出栈则正好是转换结果。

9.4 线程的同步处理

知识要点

- 线程同步
- 线程交互

前一节对堆栈操作时，假定堆栈无限大，没有考虑堆栈的容量。事实上任何堆栈都必须有容量。当栈满时，就不能再压入数据了，除非有线程弹出数据。同样栈空时也不能弹出数据，需要等待别的线程压入数据后才有可能弹出。负责压入操作和弹出操作的线程需要相互等待和唤醒，并与线程实现同步。

实例 编写处理堆栈的 VectorStack 类，实现其同步方法 push()和 pop()，当栈满和栈空时抛出异常。

1. 详细设计

本程序由 VectorStack 类实现，由于在一个时刻只能有一个线程对堆栈进行压入或弹出操作，所以 Push()方法和 Pop()方法必须用 synchronized 限定符进行修饰。与第 3 章实现 VectorStack 类不同的是，这里的堆栈是有限容量，压入和弹出操作需相互等待和唤醒。

```
import java.util.Vector;
class VectorStack{
  //变量、常量的定义
  //构造方法
  synchronized void push(Object obj) throws InterruptedException {
    //如果栈满就等待
    //把对象压入堆栈并唤醒因操作堆栈而等待的线程
  }
  synchronized Object pop() throws InterruptedException {
    //如果栈空就等待
    //弹出数据并唤醒因操作堆栈而等待的线程
  }
}
```

2. 编码实现

1) 变量常量定义

语句:

```
static final int CAPACITY=5;
Vector v;
```

分析:CAPACITY 常量表示堆栈的大小,这里定义 5。v 是一个 Vector 对象。

2) 构造方法

语句:

```
VectorStack(){
  v=new Vector();
}
```

分析:构造方法实例化一个 Vector 对象。

3) 如果容量满则等待

语句:

```
while (v.size()>=CAPACITY) wait();
```

分析:在一个时刻,只能有一个线程访问方法 push(Object obj),所以必须在 push(Object obj)方法前使用关键字 synchronized。wait()方法是在 Object 类中定义的,它可以让线程挂起。

4) 把对象压入堆栈并唤醒因操作堆栈而等待的线程

语句:

```
v.addElement(obj);
System.out.print(" PUSH: "+obj);
notify();
```

分析:如果堆栈空,负责弹出的线程会因没有数据而等待。有数据压入后,用 notify()方法唤醒因操作该堆栈而等待的线程。

5）如果栈空就等待

语句：

```
while (v.size()==0) wait();
```

分析：如果没有数据弹出，pop()方法只有等待。

6）弹出数据并唤醒因操作堆栈而等待的线程

语句：

```
Object obj=v.lastElement();
v.removeElementAt(v.size()-1);
System.out.println(" Pop: "+obj);
notify();
return obj;
```

分析：栈满时压入线程会等待，所以一旦弹出一个数据，立即唤醒等待线程。

3. 源代码

```
/* 文件名：VectorStack java
 * Copyright (C)：2014
 * 功能：编写处理堆栈的 VectorStack 类，实现其同步方法 push()和 pop()，当栈满和栈空
   时抛出异常。
 */
import java.util.Vector;
class VectorStack{
  static final int CAPACITY=5;
  Vector v;
  VectorStack(){
    v=new Vector();
  }
  synchronized void push(Object obj) throws InterruptedException {
    while (v.size()>=CAPACITY) wait();
    v.addElement(obj);
    System.out.print(" PUSH: "+obj);
    notify();
  }
  synchronized Object pop() throws InterruptedException {
    while (v.size()==0) wait();
    Object obj=v.lastElement();
    v.removeElementAt(v.size()-1);
    System.out.println(" Pop: "+obj);
    notify();
    return obj;
  }
}
```

4. 测试与运行

9.3 节的 PushThread、PopThread、PushPopThreadTest 类无须做太大修改，运行

PushPopThreadTest 类的结果如图 9-6 所示。

压栈的速度比出栈速度快,005、010、015等对象始终没有机会弹出。需要注意的是,这个堆栈只能装5个对象,在栈空或栈满时,要处理压栈和弹出同步的问题。

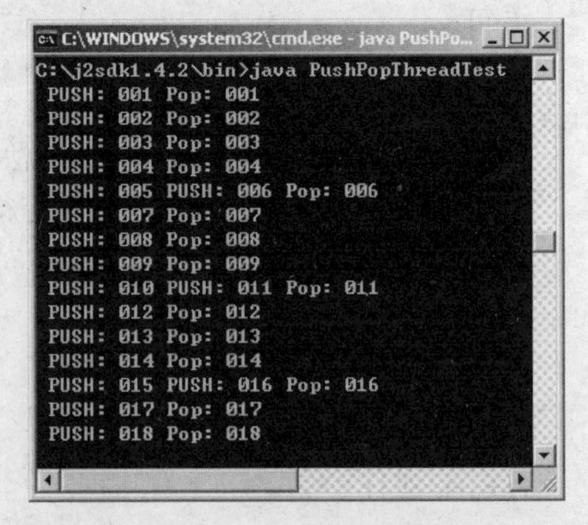

图 9-6　PushPopThreadTest 类的运行结果

5. 技术分析

有时候几个线程可能要同时访问一个对象并可能对它进行修改,这个时候必须使用线程的同步方法或者代码块,需使用关键字 synchronized。

每个 Java 对象都可以作为一个监视器,当线程访问它的 synchronized 方法的时候,它只允许在一个时间只有一个线程对它访问,让其他线程排队等候,这样就可以避免多线程对共享数据造成的破坏。注意,synchronized 是会耗费系统资源、降低程序执行效率的,因此一定要在需要同步的时候才使用。

如果想让线程等待某个事件的发生然后继续执行,就涉及线程的调度。在 Java 语言中通过 wait()、notify()、notifyAll()等方法来实现,这三个方法是在 Object 类中定义的,当想让线程挂起的时候调用 obj. wait()方法,在同样的对象上调用 notify()则让线程重新开始运行。Java 的多线程机制使其可以同时执行多个任务,但同时也遇到了新的问题,因为在某些情况下,使这些单独执行的线程实体保持同步对程序的可靠运行至关重要。

1) 线程同步

线程同步指某段程序只能有一个线程运行。也就是说只有当该线程运行结束后,其他线程才能运行。

Java 语言的同步机制建立在监控器的概念上。一个监控器本质上是一把锁,它与多个线程共享的资源相联系,在任一个时刻,这些资源只能由一个线程使用。这有点像使用旅馆房间,如果房间没人住,任何人可以住进去,同时锁上门,这样别人就不会进房间打扰。同样的道理,如果现在没有使用资源,线程可以得到监控器,从而得到资源的使用权。当线程执行完毕后,它放弃监控器,就像它离开了房间,让门开着等待下一位顾客。如果有一个线程已经取得资源监控器,其余的线程就必须等待当前线程结束并放弃监控器。

Java 实现线程同步的过程类似于对共享资源的使用,而且由于 Java 运行时系统负责处理对资源的加锁操作,程序所需要做的只是指定需要已加锁的资源。

在处理多线程间的同步时最重要的是协调它们对资源的使用权,换句话说,同步主要是保证在任一时刻只有一个线程执行对共享资源的操作。

每个 Java 对象都可以视为一个监视器。但必须使用同步方法,监控器才会被分配。为了实现同步,必须通过 synchronized 关键字指定某个方法为同步方法。当线程访问它的 synchronized 方法的时候,只允许在一个时间有一个线程对它访问,这样就可以避免多线程对共享数据造成破坏。

例如,如果实现一个 ProcessDataBase 类,它实现对某数据库的操作,其中包含 edit(),

方法，对数据库记录进行修改。我们不希望多个线程在同一时间调用 edit()方法，所以将 edit()方法标记为 synthronized，即标记它为同步方法，这样任何线程必须在取得 ProcessDataBase 对象的监控器后，才能开始执行 edit()方法。

```
class ProcessDataBase{
  synchronized void edit(String words){
    ⋮
  }
}
```

因为 edit()方法是一个实例方法，一个线程必须取得 ProcessDataBase 类对象的监控器，才能调用这个对象的 edit()方法，当 edit()方法执行完毕后，线程放弃监控器，允许另一个正在等待的线程得到该对象的监控器并调用该对象的 edit()方法。如果 edit()是一个类方法，即方法声明为 static，仍然可以用 synchronized 使其为同步方法，这种情况下，监控器是类的监控器。

除了同步整个方法以外，synchronized 还可用来同步一个代码块，这时，也需要一个明确的参数以给出获取监控器的对象。

```
synchronized(myObject){
  //Functionality that needs to be synchronized
}
```

这段代码可以出现在任何方法中，当执行它时，线程在继续执行之前需得到 myObject 对象的监控器。通过这种方式，可以在不同类或对象的方法间实现同步。实际上，给出一个方法为同步方法即给出了线程在执行该方法中的代码之前需得到当前对象的监控器。下面的两段代码是等价的：

```
synchronized void myMethod(){
…
}
void myMethod(){
   synchronized(this){
     …
   }
}
```

总之，线程执行一个同步方法前，必须获取相应对象或类的监控器。如果另一个线程正在执行这个同步方法，则该线程将被阻塞，直到另一个线程退出或调用了 wait()方法释放监控器，线程才会继续执行。

2）线程交互

使用了 synthronized 关键字之后，就可以协调多个线程对某个方法或某个代码块的执行。如果要想让线程等待某个事件发生后继续执行，就涉及线程的交互。Java 的 Object 类中通过 wait()、notify()、notifyAll()等方法来实现。

当线程在执行时需要等待程序中其他线程的执行结果时，它可以在一个同步代码块内执行 wait()方法并放弃对监控器的控制，转而去睡眠。过一段时间，当另一个线程提供了该线程所需要的数据后,这个线程调用 notify()方法通知正在等待的线程,第一个线程被唤醒并试图取回监控器的控制权以继续执行。当线程重新获得控制权后,它从原来终止的地方开始继续执行。

每次调用 notify()方法,由于 wait()方法而睡眠的线程将被唤醒,如果有多个这样的线程,则按照先进先出的原则唤醒第一个线程。在 Object 类中还提供了另一个 notifyAll()方法用于唤醒所有因 wait()方法而睡眠的线程。大多数情况下,可能是调用 notifyAll()方法而不是 notify()方法。

注意:wait()方法和 notify()方法只有发生在同一个对象上才能真正实现线程间的交互。notifyAll()方法可以一次唤醒所有被 wait()方法阻塞的线程。

6. 问题与思考

编写生产者 Producer 和消费者 Consumer,其中生产者产生消息并将它们放入一个队列中,而消费者读出消息并显示它们。

生产者 Producer 是一个线程,每隔 1000ms 调用一次 Factory 的生产过程 putMessage()。

消费者 Consumer 也是一个线程,每隔 2000ms 调用一次 Factory 的消费过程 getMessage()。

Work 包含程序的起点 main()方法,这里它定义了一个生产者对象 p1 和消费者对象 c1,并启动它们。

提示:Factory 参考代码如下。

```
import java.util.Vector;
class Factory {
  static final int MAXQUEUE=5;
  private Vector messages=new Vector();

  public synchronized void putMessage()throws InterruptedException{
    while(messages.size()==MAXQUEUE){
      wait();
    }
    String message=new java.util.Date().toString();
    System.out.println("Put: "+message);
    messages.addElement(message);
    notify();
  }

  public synchronized void getMessage()throws InterruptedException{
    while(messages.size()==0){
      wait();
    }
    String message=(String)messages.firstElement();
    System.out.println("Get: "+message);
    messages.removeElement(message);
    notify();
  }
}
```

第 10 章　Java 集合框架

10.1　保存不同类型数据的变长数组

知识要点

- List 接口
- Set 接口
- Map 接口

Vector 类提供了实现可增长数组的功能，随着更多元素加入其中，数组变得更大。在删除一些元素之后，数组变小。

实例　用 Vector 类的方法构筑表达式 1＋2＊(3＋4)－6/5。

1. 详细设计

本程序由 VectorDemo 类实现。

```
class VectorDemo{
  main(String args[]){
    //把整数 1、2、3、4、5、6 放入数组
    //把运算符放入数组
    //调整整数 5、6 在数组中的位置
    //按顺序输出数组内容
  }
}
```

2. 编码实现

1) 把整数 1、2、3、4、5、6 放入数组

语句：

```
v.addElement(new Integer(1));
v.addElement(new Integer(2));
v.addElement(new Integer(3));
v.addElement(new Integer(4));
v.addElement(new Integer(5));
v.addElement(new Integer(6));
```

分析：Vector 类的 addElement()方法可以把一个对象添加到向量中。

2）把运算符放入数组

语句：

```
v.insertElementAt("+",1);
v.insertElementAt("*",3);
v.insertElementAt("(",4);
v.insertElementAt("+",6);
v.insertElementAt(")",8);
v.insertElementAt("-",9);
v.insertElementAt("/",11);
```

分析：Vector 类的 insertElement()方法在指定的 index 处插入作为该向量元素的指定对象。

3）调整整数 5、6 在数组中的位置

语句：

```
v.setElementAt(new Integer(6), 10);
v.setElementAt(new Integer(5), 12);
```

分析：Vector 类的 setElementAt()方法设置在向量中指定的 index 处的元素为指定的对象。

3. 源代码

```
import java.util.Vector;
  public class VectorDemo{
    public static void main(String args[]){
      Vector v=new Vector();
      v.addElement(new Integer(1));
      v.addElement(new Integer(2));
      v.addElement(new Integer(3));
      v.addElement(new Integer(4));
      v.addElement(new Integer(5));
      v.addElement(new Integer(6));
      v.insertElementAt("+",1);
      v.insertElementAt("*",3);
      v.insertElementAt("(",4);
      v.insertElementAt("+",6);
      v.insertElementAt(")",8);
      v.insertElementAt("-",9);
      v.insertElementAt("/",11);
      v.setElementAt(new Integer(6),10);
      v.setElementAt(new Integer(5),12);
      for (int i=0;i<13;i++)
        System.out.print(v.get(i));
    }
}
```

4. 测试与运行

程序运行结果如图 10-1 所示。

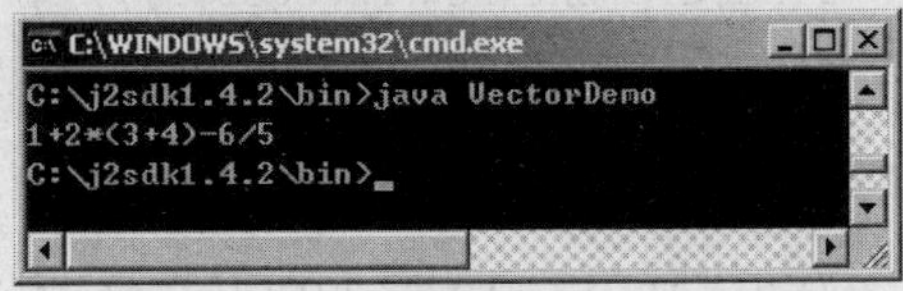

图 10-1　VectorDemo 类的运行结果

注意：与一般的数组不同，加入 Vector 数组中的对象类型是可以不一样的，本程序加入 Vector 数组中的对象有 Integer 类型和 String 类型。

5. 技术分析

1) Java 集合框架数据结构

在 Java. util 包中包含了 JDK 所提供的主要集合框架数据结构，如图 10-2 所示。

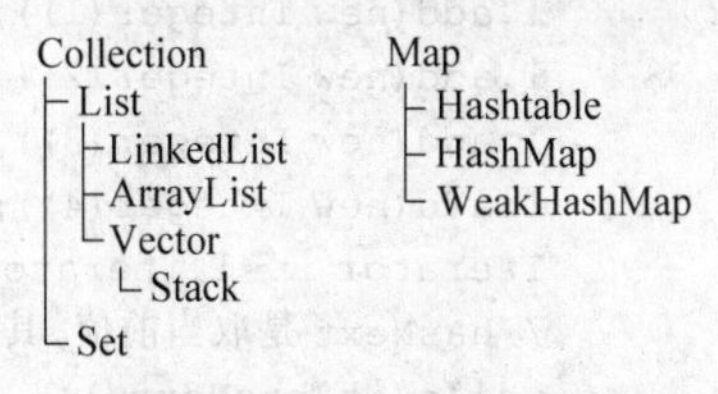

图 10-2　Java 集合框架

Collection 是最基本的集合接口。JDK 不提供直接继承自 Collection 的类，而是通过实现 Collection 的子接口(List 和 Set)的类来实现各自的数据结构。

遍历 Collection 中的每一个元素需要通过一个 iterator()方法返回一个迭代子，使用该迭代子即可逐一访问 Collection 中每一个元素。典型的用法如下：

```
Iterator it=collection.iterator();         //获得一个迭代子
While(it.hasNext()){
  Object obj=it.next();                    //得到下一个元素
}
```

2) List 接口

List 接口是有序的 Collection，使用此接口能够精确地控制每个元素插入的位置。用户能够使用索引(元素在 List 中的位置，类似于数组下标)来访问 List 中的元素，这类似于 Java 的数组。

List 还提供一个 listIterator()方法返回一个 ListIterator 接口，与标准的 Iterator 接口相比，ListIterator 多了一些 add()之类的方法，允许添加、删除、设定元素，还能向前或向后遍历。

实现 List 接口的常用类有 LinkedList、ArrayList、Vector 和 Stack。Java 语言中 Collection 接口的很多静态方法可以对 List 进行多种操作。

(1) LinkedList

LinkedList 实现了 List 接口。LinkedList 可被用作堆栈(stack)、队列(queue)或双向队列(deque)。LinkedList 没有同步方法。

(2) ArrayList

ArrayList 实现了可变大小的数组，它允许所有元素，包括 null。ArrayList 没有同步。

size、isEmpty、get、set 方法运行时间为常数。但是 add 方法开销为分摊的常数，添加 n 个元素需要 O(n)的时间。其他的方法运行时间为线性。

每个 ArrayList 实例都有一个容量(Capacity)，即用于存储元素数组的大小。这个容量可随着不断添加新元素而自动增加，但是增长算法并没有定义。当需要插入大量元素时，在插入前可以调用 ensureCapacity 方法来增加 ArrayList 的容量以提高插入效率。

例 10-1　用整数初始化一个 ArrayList 对象，并依此输出各个分量。

```
import java.util.*;
```

```
public class ArrayListTest{
  public static void main(String dd[]){
    //创建了一个存储列表
    List l=new ArrayList();
    //因为 Collection framework 只能存储对象,所以创建封装类
    l.add(new Integer(1));
    l.add(new Integer(2));
    l.add(new Integer(3));
    l.add(new Integer(4));
    Iterator it=l.iterator();
    //hasNext 是取当前值,其运算过程是判断下一个是否有值,如果有则继续
    while(it.hasNext()){
      //设定 it.next 封装类,调用 Integer 的 intValue 方法返回 int 类型的值并赋给 i
      int i=((Integer)it.next()).intValue();
      System.out.println("Element in list is: "+i);
    }
  }
}
```

```
C:\WINDOWS\system32\cmd.exe
D:\Java\jdk1.5.0_08\bin>java ArrayListTest
Element in list is :   1
Element in list is :   2
Element in list is :   3
Element in list is :   4

D:\Java\jdk1.5.0_08\bin>_
```

图 10-3 ArrayListTest 类的运行结果

程序运行结果如图 10-3 所示。

例 10-2 分量类型是字符串的数组。

```
import java.util.*;
public class ArrayListTest1{
  public static void main(String dd
  []){
    //创建了一个存储列表
    List l=new ArrayList();
    //Collection framework 只能存储对象。这个例子就是说明 String 是对象
    l.add("lalala");
    l.add("afdsfa");

    Iterator it=l.iterator();
    //hasNext 取的是当前值。它的运算过程是判断下一个是否有值,如果有则继续
    while(it.hasNext()){
      //设定 it.next 封装类,强制转换为 String 类型并赋值给 i
      String i=(String)it.next();
      System.out.println("Element in list is: "+i);
    }
  }
}
```

```
C:\WINDOWS\system32\cmd.exe
D:\Java\jdk1.5.0_08\bin>java ArrayListTest1
Element in list is :   lalala
Element in list is :   afdsfa

D:\Java\jdk1.5.0_08\bin>
```

图 10-4 ArrayListTest1 的运行结果

运行结果如图 10-4 所示。

与 LinkedList 一样,ArrayList 也是非同步的(unsynchronized)。

(3) Vector

Vector 类非常类似 ArrayList。由 Vector 类创建的 Iterator 虽然和 ArrayList 创建的

Iterator 是同一接口，但是因为 Vector 是同步的，当一个 Iterator 被创建而且正在被使用，另一个线程会改变 Vector 的状态（例如，添加或删除了一些元素），这时调用 Iterator 的方法时将抛出 ConcurrentModificationException 异常，因此必须捕获该异常。

向量 Vector 实现了一个动态增长的数组，像其他数组一样，此向量数组可以为每个包含的元素分配一个整数索引号，但是向量不同于数组，它的长度可以在创建以后根据实际包含的元素个数增加或减少。

向量对象是通过 capacity（容量）和 capacityIncrement（增长幅度）两个因素来实现存储优化管理的。容量因素的值总是大于向量的长度，因为当元素被添加到向量中后，向量存储长度的增加是以增长幅度因素指定的值来增加的，应用程序可以在插入大量元素前，先根据需要增加适量的向量容量，这样可以避免增加多余的存储空间。

Vector 类有三个构造函数：

```
public Vector(int initialCapacity,int capacityIncrement)
public Vector(int initialCapacity)
public Vector()
```

这三个构造函数的差别仅仅在于对向量的初始容量和增长幅度的定义上，向量的增长过程是当前容量不能满足添加的元素时，就按照构造时给定的增长幅度来增加。如果未定义增长幅度，则每次增加的时候会成倍增加。举例如下。

```
Vector t=new Vetor(4,0);
for(int i=0;i<20;i++)
t.addElement(new String("ft"));
```

那么实际运行后，t 的容量是 4 * 2 * 2 * 2＝32，如果改写成

```
Vector t=new Vetor(4,3);
for(int i=0;i<20;i++)
t.addElement(new String("ft"));
```

那么实际运行后，t 的容量是 4＋3＋3＋3＋3＋3＋3＝22，但如果写成

```
Vector t=new Vetor();
for(int i=0;i<20;i++)
t.addElement(new String("ft"));
```

则运行后 t 的容量是 20。默认构造函数的初始容量是 10，以后每次翻倍，这样容易造成空间的浪费，因为建议不采用这种构造函数。

Vector 类有很多方法，常用的有 addElement()、removeElementAt(int index)、insertElementAt(Object obj,int index)等方法，这些方法从字面上就很容易理解，与数组的操作差不多。

Vector 类的主要作用就在于对存储空间的操作，下面主要讲一下几个方法。

```
public void trimToSize()
```

该方法用于删除掉向量中大于向量当前长度的多余容量，应用程序通过使用此方法

可以使向量容量正好满足元素存储的最小需要。

```
public void ensureCapacity(int minCapacity)
```

该方法用于增加向量的容量,保证增加后的向量容量不小于给定的参数。使用这个方法后向量容量增加的幅度与构造 Vector 类时的构造方法有关,如果构造函数时给定的向量增加幅度为 0,那么使用这个方法后容量会成倍增长;如果构造函数时给定了不为 0 的向量增加幅度,那么使用这个方法后容量会以给定的幅度为单位增长。

```
public void setSize(int newSize)
```

该方法用于设置向量的长度,如果新设置的长度大于向量的当前长度,新增的内容为空的元素被添加到当前向量的尾部;如果新设置的长度小于向量当前的长度,索引值大于新设置长度的元素将被截取。

Vector 实际上就是一种特殊的数组,由于其通用性,它的元素都是 Object 类,所以对 Vector 的元素增加或者读取都要进行类型转换。如:

```
Vector t=new Vector();
t.addElement(new String("vector"));
system.out.println((String)t.elementAt(0));

t.addElement((Image)(pic));
g.drawImage((Image)(t.elementAt(1)),0,0,0);
```

例 10-3 在 Vector 对象中添加、插入不同类型的对象,输出结果。并用枚举类型 Enumeration 访问 Vector 对象的元素。

程序由 VectorApp 类实现,代码如下:

```
import java.util.*;
public class VectorApp{
  public static void main(String[] args){
    Vector v1=new Vector();
    Integer integer1=new Integer(1);
    v1.addElement("one");
    //加入的为字符串对象
    v1.addElement(integer1);
    v1.addElement(integer1);
    //加入的为 Integer 的对象
    v1.addElement("two");
    v1.addElement(new Integer(2));
    v1.addElement(integer1);
    v1.addElement(integer1);
    System.out.println("The vector v1 is:\n\t"+v1);
    //将 v1 转换成字符串并打印
    v1.insertElementAt("three",2);
    v1.insertElementAt(new Float(3.9),3);
    System.out.println("The vector v1(used method insertElementAt())is:\n\t "+v1);
    //向指定位置插入新的对象,指定位置后的对象依次向后顺延
```

```
    v1.setElementAt("four",2);
    System.out.println("The vector v1(used method setElementAt())is:\n\t "+v1);
    //将指定位置的对象设置为新的对象
    v1.removeElement(integer1);
    //从向量对象 v1 中删除对象 integer1。由于存在多个 integer1,所以从头开始
    //找并删除找到的第一个 integer1
    Enumeration enumer=v1.elements();
    System.out.print("The vector v1(used method removeElement())is:");
    while(enumer.hasMoreElements())
      System.out.print(enumer.nextElement()+" ");
    System.out.println();
    //使用枚举类(Enumeration)的方法来获取向量对象的每个元素
    System.out.println("The position of object 1(top-to-bottom):"
                +v1.indexOf(integer1));
    System.out.println("The position of object 1(tottom-to-top):"
                +v1.lastIndexOf(integer1));
    //按不同的方向查找 integer1 对象所处的位置
    v1.setSize(4);
    System.out.println("The new vector(resized the vector)is:"+v1);
    //重新设置 v1 的大小,多余的元素被抛弃
  }
}
```

运行结果如图 10-5 所示。

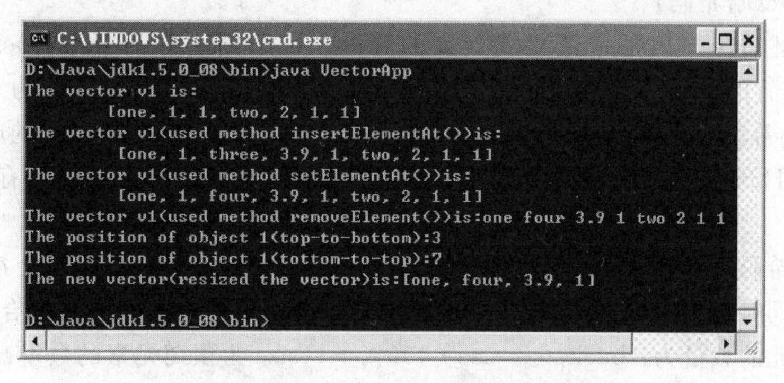

图 10-5 VectorApp 类的运行结果

从例 10-3 中运行的结果可以清楚地了解上面各种方法的作用。

Enumeration 是 java. util 中的一个接口类,在 Enumeration 中封装了有关枚举数据集合的方法。

在 Enumeration 类中提供了 hawMoreElement()方法来判断集合中是否还有其他元素,nextElement()方法可以获取下一个元素。利用这两个方法可以依次获得集合中的元素。

Vector 类中提供了如下方法:

```
public final synchronized Enumeration elements()
```

此方法将向量对象对应到一个枚举类型。java. util 包中的其他类中也大都有这类方

法,以便于用户获取对应的枚举类型。

3) Stack 类

Stack 类继承自 Vector 类,实现一个后进先出的堆栈。Stack 类提供 5 个额外的方法,使得 Vector 类得以被当作堆栈使用。基本的 push 和 pop 方法,还有 peek 方法得到栈顶的元素,empty 方法测试堆栈是否为空,search 方法检测一个元素在堆栈中的位置。Stack 类刚创建时是空栈。

4) Set 接口

Set 接口继承自 Collection 接口,而且它不允许集合中存在重复项,每个具体的 Set 实现类依赖添加的对象的 equals()方法来检查唯一性。Set 接口没有引入新方法,只不过其行为不同。

Set 接口常用 HashSet 类和 TreeSet 类。HashSet 类能快速定位一个元素,但是放到 HashSet 类中的对象需要实现 hashCode()方法,它使用了前面说过的哈希码算法。而 TreeSet 则将放入其中的元素按序存放,这就要求放入其中的对象是可排序的,这时会用到集合框架提供的另外两个实用类,即 Comparable 和 Comparator。一个类是可排序的,它就应该实现 Comparable 接口。有时多个类具有相同的排序算法,那就不需要分别重复定义相同的排序算法,只要实现 Comparator 接口即可。

(1) Hash 表

Hash 表是一种数据结构,用来查找对象。Hash 表为每个对象计算出一个整数,称为 Hash Code(哈希码)。

综上所述,Hash 表是个链接式列表的阵列。每个列表称为一个 buckets(哈希表元)。对象位置的计算方法为 index=HashCode % buckets(HashCode 为对象哈希码,buckets 为哈希表元总数)。当添加元素时,有时会遇到已经填充了元素的哈希表元,这种情况称为 Hash Collisions(哈希冲突),这时,必须判断该元素是否已经存在于该哈希表中。

如果哈希码是合理地随机分布的,并且哈希表元的数量足够大,那么哈希冲突的数量就会减少。同时,也可以通过设定一个初始的哈希表元数量来更好地控制哈希表的运行。初始哈希表元的数量为:buckets=size * 150%+1(size 为预期元素的数量)。

如果哈希表中的元素放得太满,就必须进行再哈希(rehashing)。再哈希使哈希表元数量增倍,并将原有的对象重新导入新的哈希表元中,而原始的哈希表元被删除。加载因子(load factor)决定何时要对哈希表进行再哈希。在 Java 编程语言中,加载因子默认值为 0.75,默认哈希表元为 101。

(2) Comparable 接口和 Comparator 接口

在"集合框架"中有两种比较接口:Comparable 接口和 Comparator 接口。像 String 和 Integer 等 Java 内建类可以实现 Comparable 接口,以提供一定的排序方式,但这样只能实现该接口一次。对于那些没有实现 Comparable 接口的类或者自定义的类,可以通过 Comparator 接口来定义比较方式。

① Comparable 接口

在 java. lang 包中,Comparable 接口适用于一个类有自然顺序的时候。假定对象集合是同一类型，该接口允许把集合排序成自然顺序。

int compareTo(Object o)：比较当前实例对象与对象 o，如果实例对象位于对象 o 之前，则返回负值；如果两个对象在排序中位置相同，则返回 0；如果实例对象位于对象 o 后面，则返回正值。

在 Java 2 SDK 版本 1.4 中有 24 个类实现 Comparable 接口。表 10-1 展示了 8 种基本类型的自然排序。虽然一些类共享同一种自然排序，但只有相互可比的类才能排序。

表 10-1 基本类型的自然排序

类	排 序
BigDecimal，BigInteger，Byte，Double，Float，Integer，Long，Short	按数字大小排序
Character	按 Unicode 值的数字大小排序
String	按字符串中 Unicode 字符值排序

利用 Comparable 接口创建类的排序顺序，只是实现 compareTo()方法的问题。通常就是依赖几个数据成员的自然排序。同时类也应该覆盖 equals()和 hashCode()以确保两个相等的对象返回同一个哈希码。

② Comparator 接口

若一个类不能用于实现 java.lang.Comparable，或者不喜欢默认的 Comparable 行为并想提供自己的排序顺序(可能有多种排序方式)，可以实现 Comparator 接口，从而定义一个比较器。

- int compare(Object o1, Object o2)：对两个对象 o1 和 o2 进行比较，如果 o1 位于 o2 的前面，则返回负值；如果在排序顺序中 o1 和 o2 位置是相同的，返回 0；如果 o1 位于 o2 的后面，则返回正值。
- boolean equals(Object obj)：指示 obj 对象是否和比较器相等。

(3) SortedSet 接口

"集合框架"提供了个特殊的 Set 接口：SortedSet，它保持元素的有序顺列。SortedSet 接口为集的视图(子集)和它的两端(即头和尾)提供了访问方法。当处理列表的子集时，更改视图会反映到源集。此外，更改源集也会反映在子集上。发生这种情况的原因在于视图由两端的元素而不是下标元素指定，所以如果想要一个特殊的高端元素(toElement)在子集中，必须找到下一个元素。

添加到 SortedSet 实现类的元素必须实现 Comparable 接口，否则必须给它的构造函数提供一个 Comparator 接口的实现。TreeSet 类是它的唯一一份实现。

- Comparator comparator()：返回对元素进行排序时使用的比较器，如果使用 Comparable 接口的 compareTo()方法对元素进行比较，则返回 null。
- Object first()：返回有序集合中第一个(最低)元素。
- Object last()：返回有序集合中最后一个(最高)元素。
- SortedSet subSet(Object fromElement，Object toElement)：返回从 fromElement(包括)至 toElement(不包括)范围内元素的 SortedSet 视图(子集)。
- SortedSet headSet(Object toElement)：返回 SortedSet 的一个视图，其内部的各

个元素皆小于 toElement。

- SortedSet tailSet(Object fromElement):返回 SortedSet 的一个视图,其内部各个元素皆大于或等于 fromElement。

(4) AbstractSet 抽象类

AbstractSet 类覆盖了 Object 类的 equals()和 hashCode()方法,以确保两个相等的集返回相同的哈希码。若两个集大小相等且包含相同元素,则这两个集相等。按照定义,集的哈希码是集中元素哈希码的总和。因此,不论集的内部顺序如何,两个相等的集会有相同的哈希码。

- Object 类。
- boolean equals(Object obj):对两个对象进行比较,以便确定它们是否相同。
- int hashCode():返回该对象的哈希码。相同的对象必须返回相同的哈希码。

(5) HashSet 类和 TreeSet 类

"集合框架"支持 Set 接口两种普通的实现:HashSet 和 TreeSet(TreeSet 实现 SortedSet 接口)。在更多情况下,可以使用 HashSet 存储重复自由的集合。考虑到效率,添加到 HashSet 的对象需要采用恰当分配哈希码的方式来实现 hashCode()方法。虽然大多数系统类覆盖了 Object 中默认的 hashCode()方法和 equals()方法实现,但要创建添加到 HashSet 中的类时,则需要覆盖 hashCode()和 equals()。

当要从集合中以有序的方式插入和抽取元素时,TreeSet 类的实现会有用处。为了能顺利进行,添加到 TreeSet 的元素必须是可排序的。

① HashSet 类

- HashSet():构建一个空的哈希集。
- HashSet(Collection c):构建一个哈希集,并且添加集合 c 中所有元素。
- HashSet(int initialCapacity):构建一个拥有特定容量的空哈希集。
- HashSet(int initialCapacity, float loadFactor):构建一个拥有特定容量和加载因子的空哈希集。LoadFactor 是 0.0~1.0 的一个数。

例 10-4 编写程序,使用 HashSet 删除重复元素。

程序由 SetTest.java 实现,见下面的代码:

```
import java.util.*;

public class SetTest {
  private String animals[]=
    { "Tiger","Lion","Cat","Dog" ,
      "Tiger","Deer","Chicken",
      "Sheep","Deer","Horse",
      "Rabit" ,"Hourse","Snake"};

  //create and output ArrayList
  public SetTest()
  {
    ArrayList list;
```

```
    list=new ArrayList( Arrays.asList( animals ) );
    System.out.println( "ArrayList: "+list );

    //create a HashSet and obtain its iterator
    HashSet set=new HashSet( list );
    Iterator iterator=set.iterator();

    System.out.println( "\nNonduplicates are: " );

    while ( iterator.hasNext() )
      System.out.print( iterator.next()+" " );

    System.out.println();
  }

  //execute application
  public static void main( String args[] )
  {
    new SetTest();
  }

} //end class SetTest
```

该程序删除 animals 数组中的重复元素，程序运行结果如图 10-6 所示。

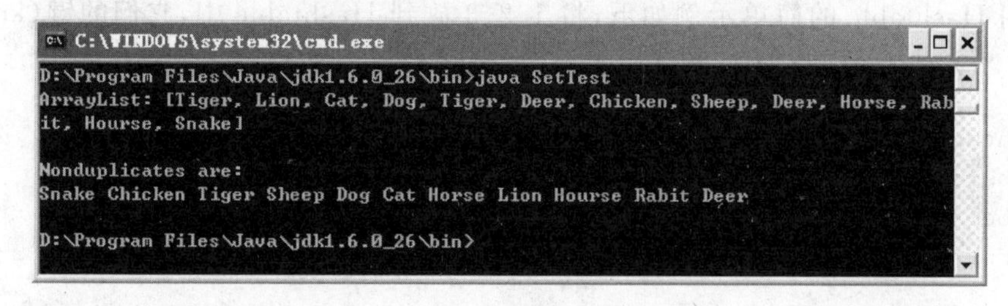

C:\WINDOWS\system32\cmd.exe
D:\Program Files\Java\jdk1.6.0_26\bin>java SetTest
ArrayList: [Tiger, Lion, Cat, Dog, Tiger, Deer, Chicken, Sheep, Deer, Horse, Rabit, Hourse, Snake]
Nonduplicates are:
Snake Chicken Tiger Sheep Dog Cat Horse Lion Hourse Rabit Deer
D:\Program Files\Java\jdk1.6.0_26\bin>

图 10-6　SetTest 类的运行结果

② TreeSet 类

- TreeSet()：构建一个空的树集。
- TreeSet(Collection c)：构建一个树集，并且添加集合 c 中所有元素。
- TreeSet(Comparator c)：构建一个树集，并且使用特定的比较器对其元素进行排序。
- TreeSet(SortedSet s)：构建一个树集，添加有序集合 s 中所有元素，并且使用与有序集合 s 相同的比较器排序。

(6) LinkedHashSet 类

LinkedHashSet 扩展 HashSet。如果想跟踪添加给 HashSet 类中元素的顺序，LinkedHashSet 实现会有帮助。LinkedHashSet 的迭代器按照元素的插入顺序来访问各个元素。它提供了一个可以快速访问各个元素的有序集合。同时，它也增加了实现的代价，因为哈希表元中的各个元素是通过双重链接式列表链接在一起的。

- LinkedHashSet()：构建一个空的链接式哈希集。
- LinkedHashSet(Collection c)：构建一个链接式哈希集，并且添加集合 c 中所有元素。
- LinkedHashSet(int initialCapacity)：构建一个拥有特定容量的空链接式哈希集。
- LinkedHashSet(int initialCapacity, float loadFactor)：构建一个拥有特定容量和加载因子的空链接式哈希集。LoadFactor 是 0.0～1.0 的一个数。

5) Map 接口

Map 接口没有继承 Collection 接口。Hashtable、HashMap 和 WeakHashMap 是实现 Map 接口的主要的三个类。Map 接口提供 key 到 value 的映射。一个 Map 接口中不能包含相同的 key，每个 key 只能映射一个 value。Map 接口提供 3 种集合的视图，Map 接口的内容可以被当作一组 key 集合，一组 value 集合，或者一组 key-value 映射。

(1) Hashtable 类

Hashtable 类继承自 Map 接口，实现一个 key-value 映射的哈希表。任何非空(non-null)的对象都可作为 key 或者 value。

添加数据使用 put(key, value)，取出数据使用 get(key)，这两个基本操作的时间开销为常数。

Hashtable 通过 initial capacity 和 load factor 两个参数调整性能。通常默认的 load factor 0.75 较好地实现了时间和空间的均衡。增大 load factor 可以节省空间但相应的查找时间将增大，这会影响像 get 和 put 这样的操作。

使用 Hashtable 的简单示例如下，将 1、2、3 放到 Hashtable 中，它们的键(key)分别是"one"、"two"、"three"：

```
Hashtable numbers=new Hashtable();
numbers.put("one",new Integer(1));
numbers.put("two",new Integer(2));
numbers.put("three",new Integer(3));
```

要取出一个数，比如 2，用相应的 key 为：

```
Integer n=(Integer)numbers.get("two");
System.out.println("two="+n);
```

由于作为 key 的对象将通过计算其哈希函数来确定与之对应的 value(值)的位置，因此任何作为 key 的对象都必须实现 hashCode 方法和 equals 方法。hashCode 方法和 equals 方法继承自根类 Object，如果用自定义的类当作 key，要相当小心，按照哈希函数的定义，如果两个对象相同，即 obj1.equals(obj2)=true，则它们的 hashCode 方法必须相同；如果两个对象不同，则它们的 hashCode 方法有可能相同。如果两个不同对象的 hashCode 方法相同，这种现象称为冲突，冲突会导致操作哈希表的时间开销增大，所以尽量定义好 hashCode()方法，能加快哈希表的操作。

如果相同的对象有不同的 hashCode 方法，对哈希表的操作会出现意想不到的结果(期待 get 方法返回 null)，要避免这种问题，只需要牢记一条：要同时复写 equals 方法和 hashCode 方法，而不要只写其中一个。

Hashtable 是同步的。

例 10-5 将四个键/值对保存在一个哈希表中。再通过一个循环输出它们的键/值以及键、值的哈希值。

```
import java.util.*;
public class HashtableTest {
    public static void main(String[] args){
      Hashtable ht=new Hashtable();
      ht.put("sichuan","chengdu");
      ht.put("hunan","changsha");
      ht.put("beijing","beijing");
      ht.put("anhui","hefei");

      Enumeration e=ht.keys();
      while(e.hasMoreElements()){
        Object key=e.nextElement();
        Object value=ht.get(key);
        System.out.println(key+" "+value+" "+key.hashCode()+" "+value.hashCode());
      }
    }
}
```

例 10-5 中的 hashCode 是 Object 的一个方法,它返回该对象的哈希码。不管调用它多少次,hashCode 方法始终返回同一个整数。当同一应用程序从一个执行转到另一个执行时,该整数不必保持一致。如果两个对象按照 equals 方法相等,那么每个对象调入 hashCode 方法必然产生相同的整数结果。运行程序,得到的结果如图 10-7 所示。

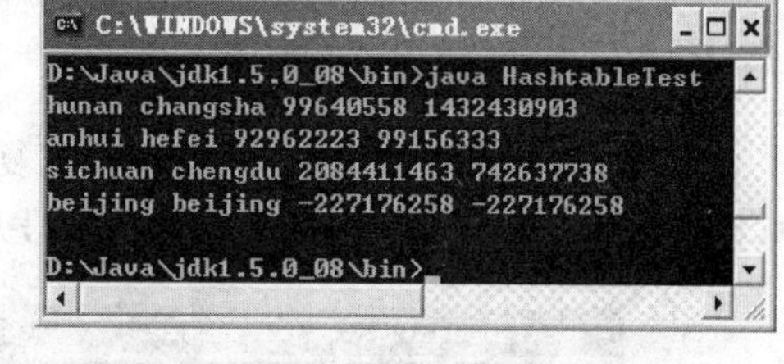

图 10-7 HashtableTest 类的运行结果

(2) HashMap 类

HashMap 类和 Hashtable 类类似,不同之处在于 HashMap 类是非同步的,并且允许有 null,即 null value 和 null key。但是将 HashMap 类视为 Collection 时(values()方法可返回 Collection),其迭代子操作时间开销和 HashMap 类的容量成比例。因此,如果迭代操作的性能相当重要时,不要将 HashMap 的初始化容量设得过高,或者 load factor 过低。

例 10-6 编写程序,打印出数组 animals 中各种动物所在的排列序号和动物名称。

程序由 MapTest.java 实现,见下面的代码:

```
import java.util.*;

public class MapTest {
  private String animals[]=
    {"Tiger","Lion","Cat","Dog" ,"Deer","Chicken","Sheep","Horse",
     "Rabit","Snake"};
  private ArrayList list;                          //ArrayList reference
```

```
    public MapTest()
    {
      HashMap map=new HashMap();
      int result=0;

      //create,sort list
      list=new ArrayList(Arrays.asList(animals));
      Collections.sort(list);                    //sort the ArrayList

      for (int count=0; count <animals.length; count++) {
          result=Collections.binarySearch(list,animals[count]);
          map.put(result,animals[ count ]);
      }

      System.out.println(map.toString());
      System.out.println("size: "+map.size());
      System.out.println("isEmpty: "+map.isEmpty());
    }

    //execute application
    public static void main(String args[])
    {
      new MapTest();
    }

  } //end class MapTest
```

Map 把键和值联系起来,它不包含重复的键,HashMap 类把元素存储在 HashTable 中,程序采用 HashMap 对象保存动物序号及名称。运行结果如图 10-8 所示。

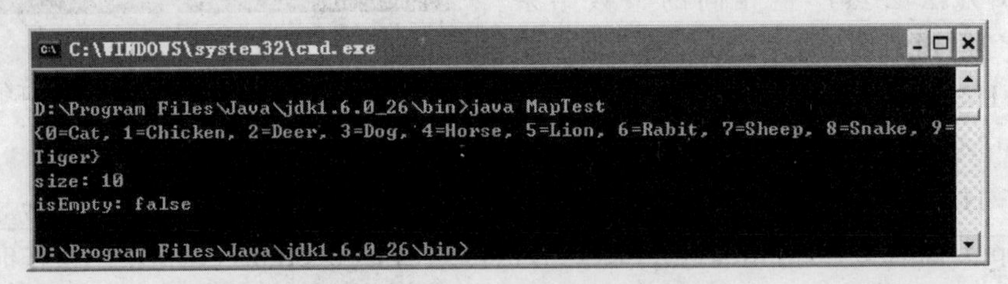

图 10-8　MapTest 类的运行结果

(3) WeakHashMap 类

WeakHashMap 类是一种改进的 HashMap 类,它对 key 实行"弱引用"。如果一个 key 不再被外部所引用,那么该 key 可以被 GC 回收。

总之,Java 中的集合框架提供了一套设计优良的接口和类,使程序员操作成批的数据或对象元素极为方便。这些接口和类有很多对抽象数据类型操作的 API,例如 Maps、Sets、Lists、Arrays 等。并且 Java 用面向对象的设计对这些数据结构和算法进行了封装,这就极大地简化了程序员编程时的负担。程序员也可以以这个集合框架为基础,定义更高级别的数据抽象,比如栈、队列和线程安全的集合等,从而满足自己的需要。

Java 的集合框架，抽其核心，主要有三类：List、Set 和 Map。List 类和 Set 类继承了 Collection，而 Map 类则独成一体。一个 Map 类提供了通过 Key 对 Map 类中存储的值进行访问，也就是说它操作的都是成对的对象元素，比如 put() 和 get() 方法，而这是一个 Set 类或 List 类所不具备的。当然在需要时，可以由 keySet() 方法或 values() 方法从一个 Map 中得到键的 Set 集或值。

6. 问题与思考

① 下面是一个字符串数组：

```
private String animals[]=
  {"Tiger","Lion","Cat","Dog" ,"Deer","Chicken","Sheep","Horse","Rabit" ,"Snake"};
```

编写程序，把它转换为 List 对象，并用 List 的 iterator() 方法得到一个迭代子，通过迭代子输出所有 List 分量。

② 编写程序，分别把整数、浮点数和字符串插入一个 Vector 对象中，并输出结果。

10.2　集合数据的操作(Collections 类)

知识要点

- 排序(Sorting)
- 混排(Shuffling)
- 常规数据操作(Routine Data Manipulation)
- 搜索(Searching)
- 寻找极值(Finding Extreme Values)

Collections 类提供了多态地操纵集合的 static 方法。这些方法实现了用于查找和排序等功能的算法。Collections 类的其他方法包括返回新集合的包装方法。

实例　利用 Collections 类的静态方法找出 List 对象的最大、最小值。

1. 详细设计

本程序由 MaxMin 类实现，利用 Collections 的两个静态方法 max() 和 min() 分别输出 List 数组对象的最大、最小数。

```
class MaxMin{
  public MaxMin()
  {
    //下标数组转换为 List 数组
    //输出最大、最小数
  }
```

2. 编码实现

1) 下标数组转换为 List 数组

语句：

```
list=Arrays.asList(animals);   //get List
```

分析：Arrays 的 aslist()方法可以将列表数组转换为 List 对象。

2) 输出最大、最小数

语句：

```
System.out.print("\nMax: "+Collections.max(list));
System.out.println(" Min: "+Collections.min(list));
```

分析：Collections 类的 max()方法和 min()方法分别输出 List 数组对象的最大、最小数。

3. 源代码

```
import java.util.*;

public class MaxMin{
  private String animals[]=
    {"Tiger","Lion","Cat","Dog" ,"Deer","Chicken","Sheep","Horse","Rabit",
      "Snake"};
  private List list;

  public MaxMin()
  {
    list=Arrays.asList(animals);      //get List

    System.out.print("\nMax: "+Collections.max(list));
    System.out.println(" Min: "+Collections.min(list));
  }

  //execute application
  public static void main(String args[])
  {
    new MaxMin();
  }

}                                     //end class
```

4. 测试与运行

程序执行结果如图 10-9 所示。

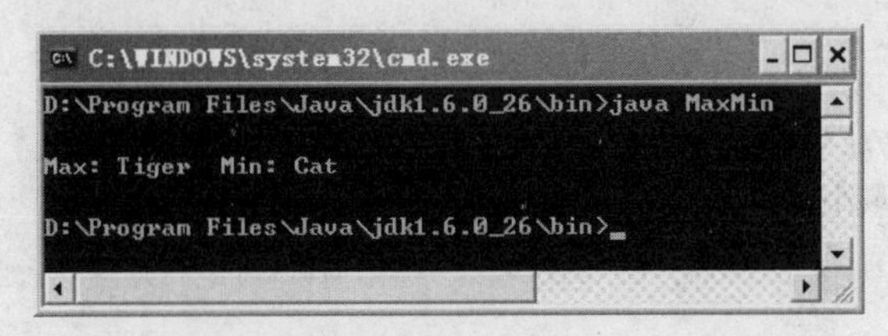

图 10-9　MaxMin 类的运行结果

5. 技术分析

1) Collection 类和 Collections 类的区别

Collection 类是 java. util 下的一个接口,它是各种集合结构的父接口。Set 接口(不包含重复元素的集合)和 List 接口都是从 Collection 接口派生出来的。Collection 接口包含了在集合中添加、清除、比较和保持对象的大规模操作。Collection 类也可以转换为数组。此外,Collection 接口还提供了一种返回 Iterator 类的方法。Iterator 类近似于 Enumeration。Iterator 类和 Enumeration 类的主要区别是:Iterator 类能够删除元素,而 Enumeration 类却不能。Collection 接口的其他方法使程序可以判断集合的大小、集合的哈希码以及集合是否为空。

Collection 类也支持查询操作如判断内容是否为空的 isEmpty()方法等。Java 语言的容器类库还有一种 Fail fast 的机制。比如正在用一个 Iterator 类遍历一个容器中的对象,这时另外一个线程或进程对那个容器进行了修改,那么再用 next()方法时可能会有灾难性的后果,这时就会引发一个 ConcurrentModificationException 异常,这就是 fail-fast。

Collections 类是 java. util 下的类,它包含各种有关集合操作的静态方法。

2) Collections 算法

集合框架提供了很多用来操纵集合元素的高性能算法。它们均取自 Collections 类,这些算法作为 static 方法实现。sort、binarySearch、reverse、shuffle、fill 和 copy 等算法对 List 类进行操作,min 算法和 max 算法对 Collection 类进行操作。

reverse 算法倒序排列 List 类中的元素,fill 算法使 List 类中的每一个元素为指定的 Object 类,copy 算法将一个 List 类中的引用复制到另一个 List 类中。

(1) 排序(Sorting)

大部分编程语言的标准库都提供排序算法,Java 语言也不例外。Collections 类的 sort()方法可为一个 List 类重新排序,以使它的元素按照某种关系设成上升式排序。

```
List staff=new linkedList();     //填充数据结构
Collection.sort(staff);
```

这种方法假定列表元素实现了 Comparable 接口。如果想用其他方法给这个列表排序,可以用一个 Comparator 对象作为第二个参数传递给这个方法。

例 10-7 以下是一个小程序,它可按词典(字母)顺序打印它的参数:

```
import java.util.*;
public class Sort {
  public static void main(String args[]) {
    List l=Arrays.asList(args);
    Collections.sort(l);
    System.out.println(l);
  }
}
```

运行这个程序,结果如图 10-10 所示。

```
C:\WINDOWS\system32\cmd.exe
D:\Program Files\Java\jdk1.6.0_26\bin>java Sort he is a good man
[a, good, he, is, man]

D:\Program Files\Java\jdk1.6.0_26\bin>
```

图 10-10　Sort 类的运行结果

可以用 Collections. reverseOrder()方法实现列表元素按关键字递减顺序排序。这个方法返回一个比较器,例如:

```
Collections.sort(staff, Collections.reverseOrder())
```

重写上面的程序,按元素类型的 compareTO()方法确定的相反排序方向排列表 staff 中的元素。

```
import java.util.*;
public class Sort {
  public static void main(String args[]) {
    List l=Arrays.asList(args);
    Collections.sort(l,Collections.reverseOrder());
    System.out.println(l);
  }
}
```

运行该程序,结果如图 10-11 所示,应注意与前面的区别。

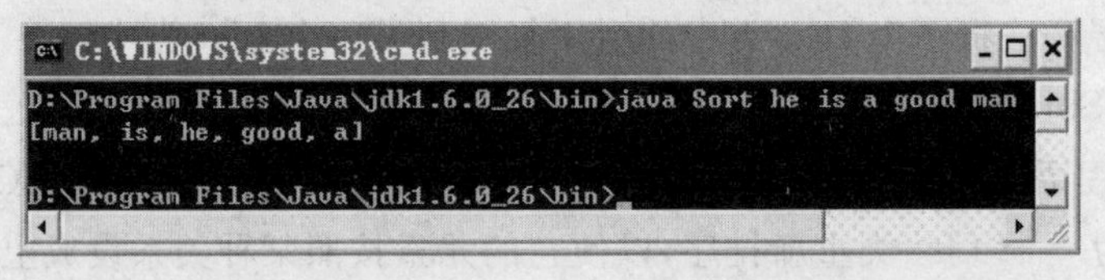

图 10-11　reverseOrder()方法的应用效果

排序操作使用做了优化的合并排序(merge sort) 算法。如果不知道它的含义而又很看重它,请阅读关于算法的教科书。这个算法的突出优点如下。

① 快速:sort 算法应保证运行在 nlog(n) 时间内,并在已基本排序的列表上,它的速度实质上更快。经验表明,它的速度与高度优化的快速排序(quicksort)的速度差不多,Quicksort 一般被认为快于合并排序,但它不稳定,并不保证 nlog(n)的性能。

② 稳定:这就是说,它不为相等的元素重新排序。如果为相同的列表做不同属性的重复排序,这一点是十分重要的。如果一个邮件程序的用户为它的邮件箱按日期排序,然后又按发件人排序,这个用户自然地期望某个特定发件人的现在相邻的消息列表将(仍然)按日期排序。这一点只有在第二个排序是稳定的时候才能得到保证。

(2) 混排(Shuffling)

混排算法的作用正好与 sort 类相反:它打乱在一个 List 类中可能有的任何排列的踪迹。也就是说,基于随机源的输入重排该 List 类,这样的排列具有相同的可能性(假设随机源是公正的)。这个算法在实现一个碰运气的游戏中是非常有用的。例如,它可被用来混排代表一副牌的 Card 对象的一个 List 类。另外,在生成测试案例时,它也是十分有用的。

这个操作有两种形式。第一种只采用一个 List 类的对象并使用默认随机源。第二种要求调用者提供一个 Random 对象作为随机源。这个算法的一些实际代码曾在 List 课程中被作为例子使用。

例 10-8　用 49 个整数对象(每个对象包含一个整数,整数值区间为 1~49)填充一个数组,然后用 shuffle 算法随机地排列这个表,接着输出列表的前 10 个元素。

```
import java.util.*;
public class ShuffleTest{
  public static void main(String[] args){
    List numbers=new ArrayList(49);
    for (int i=1; i<=49; i++)
      numbers.add (new Integer (i));
    Collections.shuffle(numbers);
    List winningCombination=numbers.subList(0,10);
    System.out.println(winningCombination);
  }
}
```

运行程序后得到如图 10-12 所示的结果。

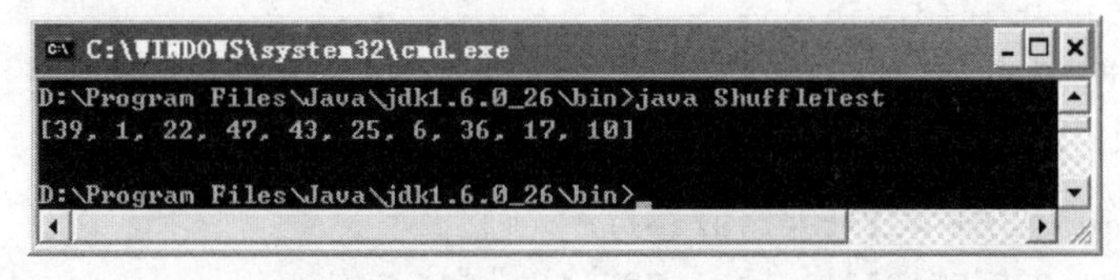

图 10-12　shuffle()方法的应用效果

(3) 常规数据操作(Routine Data Manipulation)

Collections 类为在 List 对象上的常规数据操作提供了三种算法。这些算法是十分简单明了的。

- reverse:反转在一个列表中元素的顺序。
- fill:用特定值覆盖在一个 List 类的对象中的每一个元素。这个操作对初始化一个 List 类的对象是十分有用的。
- copy:用两个参数,一个目标 List 类的对象和一个源 List 类的对象,将源的元素复制到目标中,并覆盖它的内容。目标 List 类至少与源一样长。如果它更长,则在目标 List 类中的剩余元素不受影响。

例 10-9　编写程序,实现 Collections 的 reverse、fill、copy 方法。

```
import java.util.*;
public class Algorithms {
  private String animals[]=
    {"Tiger","Lion","Cat","Dog" ,"Deer","Chicken","Sheep","Horse","Rabit",
```

```
    "Snake"},lettersCopy[];
  private List list,copyList;

  public Algorithms(){
    list=Arrays.asList(animals);           //get List
    lettersCopy=new String[ 10 ];
    copyList=Arrays.asList(lettersCopy);

    System.out.println("Printing initial statistics: ");
    printStatistics(list);

    Collections.reverse(list);              //reverse order
    System.out.println("\nPrinting statistics after "+"calling reverse: ");
    printStatistics(list);

    Collections.copy(copyList,list);       //copy List
    System.out.println("\nPrinting statistics after "+"copying: ");
    printStatistics(copyList);

    System.out.println("\nPrinting statistics after "+"calling fill: ");
    Collections.fill(list,"Fish");
    printStatistics(list);
  }

  //output List information
  private void printStatistics(List listRef) {
    System.out.print("The list is: ");

    for (int k=0; k <listRef.size(); k++)
      System.out.print(listRef.get(k)+" ");
  }
  public static void main(String args[]){
    new Algorithms();
  }
}
```

程序运行结果如图 10-13 所示。

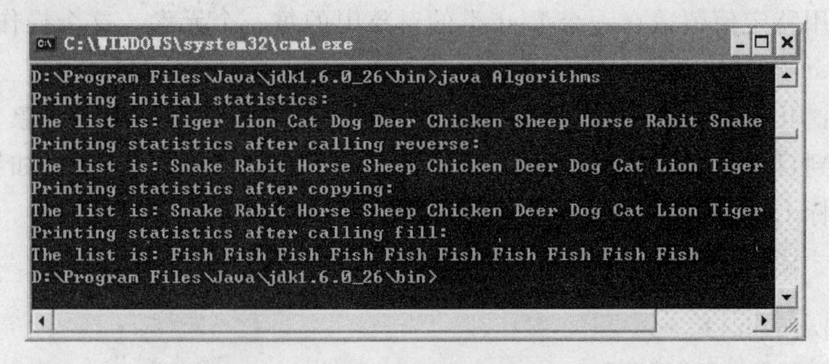

图 10-13 revers、fill、copy 方法的比较

(4) 搜索(Searching)

为了查找数组 a[]的某个元素 p,通常是从头开始查找直到找到相匹配的元素为止。但如果含有 n 个元素的数组是有序的,那么可以先查看处于中间位置 k 处的元素 a[k],如果 p=a[k],则找到相匹配的元素;如果 p>a[k],则在 a[k+1]和 a[n]之间查找和 p 相匹配的元素;否则,在 a[0]和 a[k-1]之间查找和 p 相匹配的元素。这样每次可使待查记录减半,如此反复,直到找到待查元素或确定数组中不存在这个元素。例如,如果数组中有 1024 个元素,只需 10 次比较就可找到相匹配的元素(或确定数组中不存在相匹配的元素),而用线性查找方法,如数组中有与待查值相等的元素,找到这个元素平均需做 512 次比较;如果没有相匹配的元素,确定待查元素不在数组中需做 1024 次比较。

Collections 类的 binarySearch()方法可实现这个算法。注意用这个方法查找元素的数据结构必须是有序的,否则它将返回错误答案。

二分法查找算法用二进制搜索算法在一个已排序的 List 类中寻找特定元素。这个算法有两种形式。第一种采用一个 List 类和一个要寻找的元素("搜索键(search key)")。这种形式假设 List 类是按照它的元素的自然排序排列成上升顺序的。第二种形式除采用 List 类外,还采用一个 Comparator 类以及搜索键,并假设 List 类是按照特定 Comparator 类排列成上升顺序的。排序算法可优先于 binarySearch 而被用来为 List 类排序。

两种形式的返回值是相同的:如果 List 类包含搜索键,它的索引将被返回;如果不包括,则返回值为(-(insertion point)-1),这里的 insertion point 被定义为一个点,从这个点处该值将被插入到这个 List 中。

下列程序对 binarySearch 操作的两种形式均适用,它寻找特定的搜索键,如果搜索键不出现,则将它插入到适当的位置:

```
int pos=Collections.binarySearch(l,key);
  if (pos <0)
    l.add(-pos-1,key);
```

例 10-10　使用 binarySearch 算法在 ArrayList 中查找一系列字符串。

```
import java.util.*;

public class BinarySearchTest {
  private String animals[]=
    {"Tiger","Lion","Cat","Dog" ,"Deer","Chicken","Sheep","Horse","Rabit",
         "Snake"};
  private ArrayList list;                        //ArrayList reference

  //create,sort and output list
  public BinarySearchTest () {
    list=new ArrayList(Arrays.asList(animals));
    Collections.sort(list);                      //sort the ArrayList
    System.out.println("Sorted ArrayList: "+list);
    //search list for various values
    printSearchResults("Chicken");               //first item
```

```
    printSearchResults("Fish");              //does not exist
  }

  //perform searches
  private void printSearchResults(String key){
    int result=0;

    System.out.println("\nSearching for: "+key);
    result=Collections.binarySearch(list,key);
    System.out.println(
      (result >=0 ? "Found at index "+result :
      "Not Found ("+result+")"));
  }

  //execute application
  public static void main(String args[])
  {
    new BinarySearchTest();
  }

} //end class BinarySearchTest
```

程序运行的结果如图 10-14 所示。

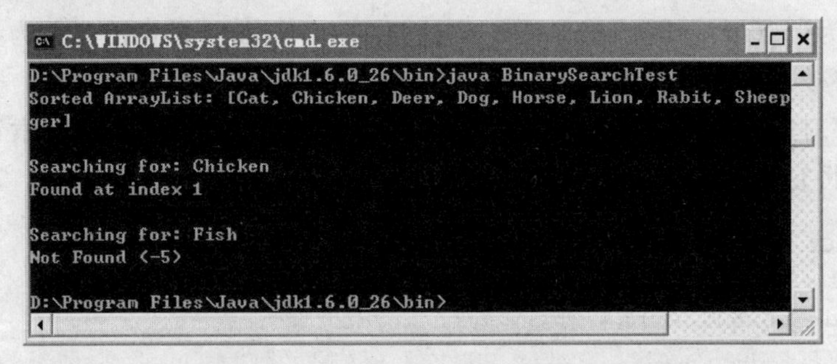

```
C:\WINDOWS\system32\cmd.exe
D:\Program Files\Java\jdk1.6.0_26\bin>java BinarySearchTest
Sorted ArrayList: [Cat, Chicken, Deer, Dog, Horse, Lion, Rabit, Sheep
ger]

Searching for: Chicken
Found at index 1

Searching for: Fish
Not Found (-5)

D:\Program Files\Java\jdk1.6.0_26\bin>
```

图 10-14 binarySearch 方法的应用效果

(5) 寻找极值(Finding Extreme Values)

min 和 max 算法分别返回包含在特定集合中的最小和最大元素。这两个操作都各有两种形式,简单形式只采用一个集合,并按照元素的自然排序返回最小(或最大)元素;另一种形式除采用集合之外,还采用一个 Comparator 类,并按照特定 Comparator 返回最小(或最大)元素。

这些就是由 Java 平台提供的作用于 List 对象的算法,就像上面提到的 fill 算法一样,这些算法都是非常简单明了的,它们是 Java 平台为程序员特别提供的便利工具。

6. 问题与思考

定义以下数组:

```
double array[]={112,111,23,456,231 };
```

利用 Collections 类提供的方法对该数组元素进行排序、混排、反转等操作,并找到该数组中最大和最小的元素。

10.3　避免任意类型的强制转换

知识要点

- Java 范型的基本含义
- 泛型的优点
- 泛型的规则

在 Java 1.5 之前没有泛型的情况下，通过对 Object 类型的引用来实现参数的“任意化”，“任意化”带来的缺点是要做显式地强制类型转换，而这种转换是要求开发者对实际参数类型可以预知的情况下进行的。对于强制类型转换错误的情况，编译器可能不提示错误，在运行的时候才出现异常，这是一个安全隐患。

例 10-11　Gen1 类定义一个 Object 类型的成员，包含 setOb()方法和 getOb()方法实现对任意类型的赋值和取值。

代码如下：

```
public class Gen1 {
  private Object ob;          //定义一个通用类型成员
  public Gen1(Object ob) {
    this.ob=ob;
  }
  public Object getOb() {
    return ob;
  }
  public void setOb(Object ob) {
    this.ob=ob;
  }
  public void showType() {
    System.out.println("T 的实际类型是: "+ob.getClass().getName());
  }
}
```

用下面的 GenDemo1 进行测试：

```
public class GenDemo1 {
  public static void main(String[] args) {
    //定义类 Gen1 的一个 Integer 版本
    Gen1 intOb=new Gen1(new Integer(88));
    intOb.showType();
    int i= (Integer) intOb.getOb();
    System.out.println("value="+i);
    System.out.println("----------------------------------");
    //定义 Gen1 类的一个 String 版本
```

```
        Gen1 strOb=new Gen1("Hello Gen!");
        strOb.showType();
        String s=(String) strOb.getOb();
        System.out.println("value="+s);
    }
}
```

运行结果如图 10-15 所示。

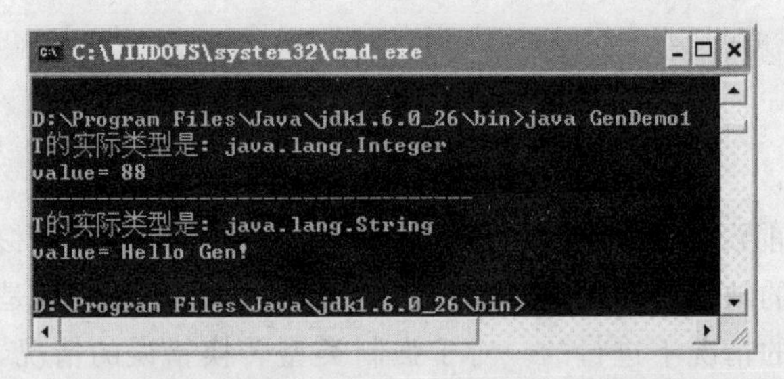

图 10-15　GenDemo1 的运行结果

实例　用泛型编写类 Gen2，其 setOb()方法和 getOb()方法实现对泛型类型成员的赋值和取值。无论成员变量具体是什么类型，无须对其进行强制类型转换。

1. 详细设计

本程序由 Gen2 类实现。

```
声明泛型类{
    //用泛型定义成员变量
    //定义泛型成员变量
    //定义泛型类的构造方法
    //定义 getOb()方法
    //定义 setOb()方法
}
```

2. 编码实现

1) 声明泛型类

语句：

```
public class Gen2<T>{
  …
}
```

分析：在定义 Gen2 类的时候，带上参数＜T＞。T 表面上可以是任意类型。

2) 定义泛型类的构造方法

语句：

```
public Gen2(T ob) {
  this.ob=ob;
}
```

分析：因为 T 可以是任意类型，所以构造方法可以定义任意类型的对象。

3）定义 getOb()

语句：

```
public T getOb() {
  return ob;
}
```

分析：该方法返回泛型 T 的对象。

4）定义 setOb()

语句：

```
public void setOb(T ob){
  this.ob=ob;
}
```

分析：该方法对泛型 T 的对象赋值。

3. 源代码

```
public class Gen2<T>{
  private T ob;         //定义泛型成员变量
  public Gen2(T ob) {
    this.ob=ob;
  }
  public T getOb() {
    return ob;
  }
  public void setOb(T ob) {
    this.ob=ob;
  }
  public void showType() {
    System.out.println("T 的实际类型是: "+ob.getClass().getName());
  }
}
```

4. 测试与运行

用下面的类进行测试：

```
public class GenDemo2 {
  public static void main(String[] args){
    //定义泛型类 Gen2 的一个 Integer 版本
    Gen2<Integer>intOb=new Gen2<Integer>(88);
    intOb.showType();
    int i=intOb.getOb();
    System.out.println("value="+i);
    System.out.println("----------------------------------");
    //定义泛型类 Gen2 的一个 String 版本
    Gen2<String>strOb=new Gen2<String>("Hello Gen!");
    strOb.showType();
    String s=strOb.getOb();
```

```
        System.out.println("value="+s);
    }
}
```

程序运行结果如图 10-15 所示。在这里由于 Gen2 类使用了泛型,在测试程序 GenDemo2 中 Gen2<Integer> intOb=new Gen2<Integer>(88)表明具体操作的类型是 Integer 类型,Gen2<String> strOb=new Gen2<String>("Hello Gen!")表明将操作的类型是 String 类型。无论操作对象是 Integer 类型还是 String 类型,都无须强制转换。

5. 技术分析

1) Java 范型的基本含义

JDK1.5 以前的 Java 语言中不能将哈希表的键和元素声明为具体的类型。在哈希表上执行插入和检索操作的类型可以插入和删除任意对象。以 put 和 get 的操作为例,下面的代码表面插入/检索类型是任意对象:

```
class Hashtable {
  Object put(Object key,Object value) {...}
  Object get(Object key) {...}
  ...
}
```

因此,当从 Hashtable 类的实例检索元素时,即使知道在 Hashtable 中只放了 String 类型,而类型系统也只知道所检索的值是 Object 类型。在对检索到的值进行任何特定于 String 类型的操作之前,必须将它强制转换为 String 类型,即使是将检索到的元素添加到同一代码块中也是如此。

下面的代码将检索到的值强制转换成 String 类型:

```
import java.util.Hashtable;
class Test {
  public static void main(String[] args) {
    Hashtable h=new Hashtable();
    h.put(new Integer(0),"value");
    String s=(String)h.get(new Integer(0));
    System.out.println(s);
  }
}
```

代码中 String s=(String)h.get(new Integer(0))语句用于进行数据类型转换。因为 Java 语言中类型系统相当薄弱,因此这些数据类型转换不仅使 Java 代码变得更加拖沓冗长,而且还降低了静态类型检查的价值(因为每个数据类型转换都是一个选择忽略静态类型检查的伪指令)。

要消除如上所述的数据类型转换,有一种普遍的方法,就是用泛型类型来增大 Java 类型系统。可以将泛型类型看作是类型"函数",它们通过类型变量进行参数化,这些类型变量可以根据上下文用各种类型参数进行实例化。

例如,与简单地定义 Hashtable 类不同,可以定义泛型类 Hashtable<Key,Value>,

其中 Key 和 Value 是类型参数。除了类名后跟着尖括号括起来的一系列类型参数声明之外，泛型类的语法和用于定义普通类的语法很相似。例如，可以按照如下方法定义泛型 Hashtable 类：

```
class Hashtable<Key,Value>{...}
```

然后可以引用这些类型参数，就像在类定义主体内引用普通类型那样，如下所示：

```
class Hashtable<Key,Value>{
  ...
  Value put(Key k,Value v){...}
  Value get(Key k){...}
}
```

类型参数的作用域就是相应于类定义的主体部分(除了静态成员之外)。创建一个新的 Hashtable 类的实例时，必须传递类型参数以指定 Key 和 Value 的类型。传递类型参数的方式取决于打算如何使用 Hashtable 类。在上面的示例中，真正想要做的是创建 Hashtable 类实例，它只将 Integer 类型映射为 String 类型。可以用新的 Hashtable 类来完成这件事，下面的代码可以将 Integer 类型映射为 String 类型：

```
import java.util.Hashtable;
class Test{
  public static void main(String[] args){
    Hashtable<Integer,String>h=new Hashtable<Integer,String>();
    h.put(new Integer(0),"value");
    ...
  }
}
```

现在不再需要数据类型转换了。请注意用来实例化泛型类 Hashtable 的语法。就像泛型类的类型参数用尖括号括起来那样，泛型类应用程序的参数也是用尖括号括起来的。

除了用类型参数对类进行参数化之外，用类型参数对方法进行参数化往往也同样很有用。Java 泛型编程用语中，用类型进行参数化的方法被称为多态方法(Polymorphic method)。

多态方法之所以有用，是因为有时候在一些想执行的操作中，参数与返回值之间的类型相关性原本就是泛型的，但是这个泛型性质不依赖于任何类级的类型信息，而且对于各个方法的调用都不相同。

例如，假定想将 factory 方法添加到 List 类中。这个静态方法只带一个参数，也将是 List 类唯一的元素(直到添加了其他元素)。因为希望 List 类成为其所包含的元素类型的泛型，所以静态 factory 方法带有类型变量 T 这一参数并返回 List＜T＞的实例。

如果希望该类型变量 T 能在方法级别上进行声明，则它会随每次单独的方法调用而发生改变。例如，可以用如下代码为 make 方法添加前缀：

```
class Utilities {
  <T extends Object>public static List<T>make(T first) {
    return new List<T>(first);
```

```
    }
}
```

除了多态方法中所增加的灵活性之外,Java 语言根据参数类型来自动推断出多态方法的类型,这可以大大减少调用方法的烦琐和复杂性。例如,如果想调用 make 方法来构造包含 new Integer(0) 的 List<Integer> 新实例,那么只需用以下代码:

```
Utilities.make(Integer(0));
```

然后会自动地从方法参数中推断出类型参数的实例化。

在 Java 语言中添加泛型类型会大大增强使用静态类型系统的能力。

2) 泛型的优点

泛型的本质是参数化类型,也就是说所操作的数据类型被指定为一个参数。这种参数类型可以用在类、接口和方法的创建中,分别称为泛型类、泛型接口、泛型方法。

Java 语言引入泛型的好处是安全简单。

引入泛型后,编译时检查类型安全,并且所有的强制转换都是自动和隐式的,可提高代码的重用率。

3) 泛型的规则

(1) 泛型的类型参数只能是类类型(包括自定义类),不能是简单类型。

(2) 同一种泛型可以对应多个版本(因为参数类型是不确定的),不同版本的泛型类实例是不兼容的。

(3) 泛型的类型参数可以有多个。

(4) 泛型的参数类型可以使用 extends 语句,例如<T extends superclass>。习惯上称为"有界类型"。

(5) 泛型的参数类型还可以是通配符类型。例如 Class<?> classType＝Class.forName(java.lang.String)。

6. 问题与思考

VectorStack 堆栈类用 Vector 类的 addElement(t)、lastElement()、removeElementAt()等方法实现堆栈的 push()和 pop()方法。引入泛型,使该堆栈无须通过强制类型转换而操作任意类型的数据。

第 11 章　实验与实训

实训 1　洗牌程序

一、实训内容及要求

1. 实训内容

对 52 张扑克牌随机排序，实现洗牌功能。

2. 实训要求

本程序由两个类组成：Card 类和 Cards 类。

Card 类描述扑克牌，每张牌有花色和牌点，所以在 Card 类中，定义两个私有变量 face、suit 分别代表花色和牌点。每调用一次构造方法 Card()初始化一牌，getFace()得到牌点，getSuit()得到花色，toString()返回一张由花色和牌点组成的完整的牌。

二、实训过程(含步骤)

1. 分析与设计

程序的框架结构如下：

```
class Card{
  定义牌点变量 face 和花色变量 suit;
  //初始化扑克牌
  Card(){
    初始化变量 face 和 suit;
  }
  //返回牌点
  getFace(){
    return face;
  }
  //返回花色
  getSuit(){
    return suit;
  }
//返回一张完整的牌
}

class Cards{
  定义花色数组 suits;          //包含黑桃、红桃、梅花、方块
  定义牌点数组 faces;          //包含 2~10,以及 J、Q、K、A
```

```
Cards{
  定义牌数组 deck;          //存放 52 张牌,所以数组大小至少为 52
  生成 52 张牌;
  洗牌;
 }
 //输出牌;
  printCards(){
   输出洗好的牌(deck 数组);
  }
  main(){
   用一个 Cards 对象调用 printCards();
 }
}
```

2. 编码实现

1）定义牌点变量 face 和花色变量 suit

语句：

```
private String face;
private String suit;
```

分析：将 face 和 suit 定义为 Card 的私有变量，表示这张牌的牌点和花色。

2）初始化变量 face 和 suit

语句：

```
face=initialface;
suit=initialSuit;
```

分析：形参 initialface、initialSuit 使调用者初始化一张扑克牌的花色和牌点，用它来对该张牌的 face 和 suit 赋值。

3）定义花色数组 suits

语句：

```
private static String suits[]={ "Hearts","Clubs","Diamonds","Spades" };
```

分析：扑克牌有四种花色，分别是"Hearts"，"Clubs"，"Diamonds"，"Spades"，把它们放入数组 suits 中。

4）定义牌点数组 faces

语句：

```
private static String faces[]={ "Ace","Deuce","Three","Four","Five","Six",
    "Seven","Eight","Nine","Ten","Jack","Queen","King" };
```

分析：牌点有 2～10 和 J、Q、K、A。

5）定义扑克牌数组 deck

语句：

```
Card deck[]=new Card[52];
```

分析：该数组存放 52 张牌，所以数组大小至少为 52。

6）生成 52 张牌

语句：

```
for(int count=0; count <deck.length; count++)
  deck[count]=new Card(faces[count %13],suits[count/13]);
```

分析：count 取值[0,51]，count %13 只能取值[0,12]，faces[count%13]得到一个牌点。count%4 的取值范围是[0,3]，suits[count%4]得到一个花色。调用构造方法 Card()就得到一张扑克牌。

反复循环，生成 52 张扑克牌。

7）洗牌

语句：

```
list=Arrays.asList(deck);        //get List
Collections.shuffle(list);       //shuffle deck
```

分析：list 是一个 List 对象，Collections 的方法 shuffle()对它实现混排。

3. 源代码

根据前面的分析、设计，编写出本项目的源程序。

4. 测试与运行

对源程序进行编译运行，并写出其步骤。

5. 技术分析

(1) 类的控制访问符及作用。

(2) 静态方法的使用。

(3) 数组的定义及引用。

(4) 对以下类进行分析。

① StringBuffer 类及主要方法。

② List 类及主要方法。

实训 2　中缀表达式转化成后缀表达式

一、实训内容及要求

1. 实训内容

用堆栈把中缀表达式转化为后缀表达。

中缀表达式就是通常所说的算术表达式，比如(1+2) * 3-4。

后缀表达式是指通过解析后，运算符在运算数之后的表达式，比如上式解析成后缀表达式就是 12+3 * 4-。这种表达式可以直接利用栈来求解。

2. 实训要求

本实训只要求包括+、-、* 、/、()和 0～9 数字组成的算术表达式。

二、实训过程(含步骤)

1. 分析与设计

中缀表达式翻译成后缀表达式的方法如下。

(1) 从左向右依次取得数据 ch。

(2) 如果 ch 是操作数,直接输出。

(3) 如果 ch 是运算符(含左右括号),则可有以下赋值。

① 如果 ch='(',放入堆栈。

② 如果 ch=')',依次输出堆栈中的运算符,直到遇到'('为止。

③ 如果 ch 不是')'或者'(',那么就和堆栈顶点位置的运算符 top 做优先级比较。

- 如果 ch 优先级比 top 高,那么将 ch 放入堆栈。
- 如果 ch 优先级低于或者等于 top,那么输出 top,然后将 ch 放入堆栈。

(4) 如果表达式已经读取完成,而堆栈中还有运算符时,依次由顶端输出。

如果我们有表达式(A-B)*C+D-E/F,要翻译成后缀表达式,并且把后缀表达式存储在一个名叫 output 的字符串中,可以用下面的步骤。

(1) 读取'(',压入堆栈,output 为空。

(2) 读取 A,这是运算数,直接输出到 output 字符串,即 output=A。

(3) 读取'-',此时栈里面只有一个'(',因此将'-'压入栈,即 output=A。

(4) 读取 B,这是运算数,直接输出到 output 字符串,即 output=AB。

(5) 读取')',这时候依次输出栈里面的运算符'-',然后就是'(',直接弹出,即 output=AB-。

(6) 读取'*',这是运算符,由于此时栈为空,因此直接压入栈,output=AB-。

(7) 读取 C,这是运算数,直接输出到 output 字符串,output=AB-C。

(8) 读取'+',这是运算符,它的优先级比'*'低,那么弹出'*',压入'+",output=AB-C*。

(9) 读取 D,这是运算数,直接输出到 output 字符串,output=AB-C*D。

(10) 读取'-',这是运算符,和'+'的优先级一样,因此弹出'+',然后压入'-',output=AB-C*D+。

(11) 读取 E,这是运算数,直接输出到 output 字符串,output=AB-C*D+E。

(12) 读取'/',这是运算符,比'-'的优先级高,因此压入栈,output=AB-C*D+E。

(13) 读取 F,这是运算数,直接输出到 output 字符串,output=AB-C*D+EF。

(14) 原始字符串已经读取完毕,将栈里面剩余的运算符依次弹出,output=AB-C*D+EF/-。

2. 编码实现

根据前面的算法,设计源代码。

3. 源代码

列出完整的源程序。

4. 测试与运行

对源程序进行编译运行，并反复用几组中缀表达式测试程序，做好记录。

5. 技术分析

Java 中实现堆栈的方法及比较。

实训3 后缀表达式的计算

一、实训内容及要求

1. 实训内容

计算后缀表达的值。

2. 实训要求

本实训只要求包括＋、－、＊、/、()和0～9的数字组成的算术表达式。

一、实训过程(含步骤)

1. 分析与设计

当有了后缀表达式以后，运算表达式的值就非常容易了。可以按照下面的流程来计算。

(1) 从左向右扫描表达式，每次取出一个数据 data。

(2) 如果 data 是操作数，就压入堆栈。

(3) 如果 data 是操作符，就从堆栈中弹出此操作符需要用到的数据的个数，并进行运算，然后把结果压入堆栈。

(4) 如果数据处理完毕，堆栈中最后剩余的数据就是最终结果。

比如要处理一个后缀表达式 1234＋＊＋65/－，那么具体的步骤如下。

(1) 首先1、2、3、4都是操作数，将它们都压入堆栈。

(2) 取得'＋'，它为运算符，弹出数据3、4，得到结果7，然后将7压入堆栈。

(3) 取得'＊'，它为运算符，弹出数据7、2，得到数据14，然后将14压入堆栈。

(4) 取得'＋'，它为运算符，弹出数据14、1，得到结果15，然后将15压入堆栈。

(5) 6、5都是数据，都压入堆栈。

(6) 取得'/'，它为运算符，弹出数据6、5，得到结果1.2，然后将1.2压入堆栈。

(7) 取得'－'，它为运算符，弹出数据15、1.2，得到数据13.8，这就是最后的运算结果。

2. 编码实现

根据前面的算法，设计源代码。

3. 源代码

列出完整的源程序。

4. 测试与运行

对源程序进行编译并运行它，再反复用几组中缀表达式测试程序，做好记录。

5. 技术分析

如果问题扩展到更多运算符和范围更大的数,程序应该有什么样的改进?

实训 4　Java 读取 XML 文件

一、实训内容及要求

1. 实训内容

利用 Java 读取 XML 文件。

2. 实训要求

用 Java 的 DOM(Document Object Model)方法读取 XML 文件。

二、实训过程(含步骤)

1. 分析与设计

XML(Extentsible Markup Language)是用来定义其他语言的一种源语言。正像 HTML 一样,XML 也是一种置标语言,它同样依赖于描述一定规则的标签和能够读懂这些标签的应用处理工具来发挥它的强大功能。

XML 并非像 HTML 那样,提供了一组事先已经定义好了的标签,而是提供了一个标准,利用这个标准,就可以根据实际需要定义自己的新的置标语言,并为这个置标语言规定它特有的一套标签。准确地说,XML 是一种源置标语言,它允许根据所提供的规则,制定各种各样的置标语言。

```
<?xml version="1.0" encoding="GB2312" standalone="yes" ?>
  <?XML-stylesheet type="text/xsl" href="yxfqust.xsl" ?>
<学生花名册>
  <学生 性别="女">
    <姓名>张兰</姓名>
    <年龄>22</年龄>
    <电话>2377763</电话>
  </学生>
  <学生 性别="男">
    <姓名>刘军</姓名>
    <年龄>23</年龄>
    <电话>2386446</电话>
  </学生>
</学生花名册>
```

这一段代码是一个非常简单的 XML 文件,看上去它和 HTML 非常相像。

标记、元素和属性用来描述 XML 文档的组成部分。标记是左尖括号(<)和右尖括号(>)之间的文本。有开始标记(例如<学生花名册>)和结束标记(例如</学生花名册>)元素是开始标记、结束标记以及位于二者之间的所有内容。在上面的样本中,<学生>元素包含三个子元素:<姓名>、<年龄>和<电话>。属性是一个元素的开始标记中的名称—值对。在该示例中，“性别”是<学生>元素的属性。

文档的声明：

```
<?XML version="1.0" encoding="GB2312" standalone="yes"?>
```

该语句说明了这是一个 XML 文档，后面两个属性值表明了它的版本号和编码标准，standalone 为 yes 表明该文件未引明其他外部 XML 文件。

本实例的第二行是一个处理指令。

所有 XML 文档都从一个根节点开始，根节点包含了一个根元素；文档内所有其他元素必须包含在根元素中；嵌套在内的为子元素，同一层的互为兄弟元素；子元素还可以包含子元素；包含子元素的元素称为分支，没有子元素的元素称为树叶。数据既可以存储在子元素中也可以存储在属性中。

Java 环境下读取 XML 文件的方法主要有 4 种：DOM、SAX、JDOM、JAXB。下面将分析 DOM(Document Object Model)方法实现的过程。

此方法主要由 W3C 提供，它将 XML 文件全部读入内存中，然后将各个元素组成一棵数据树，以便快速地访问各个节点。因此非常消耗系统性能，对比较大的文档不适宜采用 DOM 方法来解析。DOM API 直接沿袭了 XML 规范。每个节点都可以扩展为基于 Node 的接口。

下面是实现程序的框架结构：

```
class XMLReader {
  readXMLFile(String inFile) throws Exception {
    //为解析 XML 作准备
    //解析文档
    //解析 XML 的全过程
  }
}
```

2. 编码实现

1）为解析 XML 作准备

语句：

```
DocumentBuilderFactory dbf=DocumentBuilderFactory.newInstance();
DocumentBuilder db=null;
try {
  db=dbf.newDocumentBuilder();
} catch (ParserConfigurationException pce) {
  System.err.println(pce);     //出异常时输出异常信息，然后退出，下同
  System.exit(1);
}
```

分析：创建 DocumentBuilderFactory 实例，指定 DocumentBuilder。

2）解析文档

语句：

```
Document doc=null;
```

```
try {
  doc=db.parse(inFile);
} catch (DOMException dom) {
  System.err.println(dom.getMessage());
  System.exit(1);
} catch (IOException ioe) {
  System.err.println(ioe);
  System.exit(1);
}
```

分析：解析文档 inFile,并得到一个 Document 对象。

3) 解析 XML 的全过程

语句：

```
Element root=doc.getDocumentElement();
NodeList students=root.getElementsByTagName("学生");
for (int i=0; i <students.getLength(); i++) {
Element student= (Element) students.item(i);
System.out.println(student.getAttribute("性别"));
NodeList names=student.getElementsByTagName("姓名");
if (names.getLength()==1) {
  Element e= (Element) names.item(0);
  Text t= (Text) e.getFirstChild();
  System.out.println(t.getNodeValue());
}

NodeList ages=student.getElementsByTagName("年龄");
  if (ages.getLength()==1) {
    Element e= (Element) ages.item(0);
    Text t= (Text) e.getFirstChild();
    System.out.println(t.getNodeValue());
  }
  NodeList phones=student.getElementsByTagName("电话");
  if (phones.getLength()==1) {
    Element e= (Element) phones.item(0);
    Text t= (Text) e.getFirstChild();
    System.out.println(t.getNodeValue());
  }
}
```

分析：语句先取根元素"学生花名册"：

```
Element root=doc.getDocumentElement()
```

以下语句取"学生"元素列表：

```
NodeList students=root.getElementsByTagName("学生")
```

以下语句依次取每个"学生"元素：

```
Element student= (Element) students.item(i);
```

student. getAttribute("性别")可以得到学生的性别属性。同样取"姓名"元素，可用下面的语句：

```
NodeList names=student.getElementsByTagName("姓名");
```

4) 写 XML 文档

如果要实现写入 XML 文件，可以用下面的方法实现：

```
DocumentBuilderFactory factory=DocumentBuilderFactory.newInstance();
DocumentBuilder builder=null;
try {
  builder=factory .newDocumentBuilder();
} catch (ParserConfigurationException pce) {
  System.err.println(pce);
  System.exit(1);
}

Document doc=null;
doc=builder .newDocument();
//下面是建立 XML 文档内容的过程,先建立根元素"学生花名册"
Element root=doc.createElement("学生花名册");
//根元素中添加上文档
doc.appendChild(root);
//建立"学生"元素,添加到根元素中
Element student=doc.createElement("学生");
student.setAttribute("性别",studentBean.getSex());
root.appendChild(student);
//建立"姓名"元素,添加到学生下面。下同
Element name=doc.createElement("姓名");
student.appendChild(name);
Text tName=doc.createTextNode(studentBean.getName());
name.appendChild(tName);
Element age=doc.createElement("年龄");
student.appendChild(age);
Text tAge=doc.createTextNode(String.valueOf(studentBean.getAge()));
age.appendChild(tAge);
```

3. 源代码

列出完整的源程序。

4. 测试与运行

对源程序进行编译后，用下面的测试类进行测试，并分析结果。

```
public class XMLReaderTest {
  public static void main(String[] args) throws Exception {
    //建立测试实例
    XMLReader xmlreader=new XMLReader();
    xmlreader.readXMLFile("input.xml");
  }
}
```

5. 技术分析

分析 Document 类的作用及功能。

实训 5　利用 JMF 编写摄像头拍照程序

一、实训内容及要求

1. 实训内容

摄像头拍照程序用于现场拍照,生成照片,主要用到 Java Media Framework(JMF)。

2. 实训要求

(1) 用摄像头拍照。

(2) 在文本框中输入文件名。

(3) 按下拍照按钮,获取摄像头内的图像。

(4) 在拍下的照片上有一红框,用于截取固定大小的照片。

(5) 保存为本地图像且为 jpg 格式,不得降低画质。

二、实训过程(含步骤)

1. 分析与设计

要进行视频的捕捉与播放,需要使用 JMF。JMF 实际上是 Java 的一个类包,它提供了先进的媒体处理能力,扩展了 Java 平台的功能。这些功能包括:媒体捕获、压缩、流转、回放,以及对各种主要媒体形式和编码的支持,如 M-JPEG、H. 263、MP3、RTP/RTSP(实时传送协议和实时流转协议)、Macromedias Flash、IBM 的 HotMedia 和 Beatniks 的 Rich Media Format(RMF)等。JMF 还支持广受欢迎的媒体类型,如 Quicktime、Microsofts AVI 和 MPEG-1 等。此外,JMF 中包括了一个开放的媒体架构,可使开发人员灵活采用各种媒体回放、捕获组件,或采用他们自己定制的内插组件。

JMF 安装该文件后,会生成几个 JAR 文件,包括 customizer. jar、jmf. jar、mediaplayer. jar、multiplayer. jar、sound. jar,这些都是进行 JMF 开发所必需的包。

JMF 提供的模型可大致分为 6 类。

1) 数据源(DataSource)

在 JMF 中,DataSource 对象就是数据源,它可以是一个多媒体文件,也可以是从互联网上下载的数据流。对于 DataSource 对象,一旦你确定了它的位置和类型,在对象中就包含了多媒体的位置信息和能够播放该多媒体的软件信息。当创建了 DataSource 对象后,可以将它送入 Player 对象中,而 Player 对象不需要关心 DataSource 中的多媒体是如何获得的,以及格式是什么。在某些情况下,需要将多个数据源合并成一个数据源。例如,在制作一段录像时,需要将音频数据源和视频数据源合并在一起。

2) 截取设备(Capture Device,包括视频和音频截取设备)

截取设备指的是可以截取到音频或视频数据的硬件,如麦克风、摄像机等。截取到的数据可以被送入 Player 对象中进行处理。

3）播放器(Player)

在 JMF 中对应播放器的接口是 Player。Player 对象将音频/视频数据流作为输入，然后将数据流输出到音箱或屏幕上，就像 CD 播放机读取 CD 唱片中的歌曲，然后将信号送到音箱上一样。

Player 对象有多种状态，JMF 中定义了 JMF 的 6 种状态，在正常情况下 Player 对象需要经历每个状态，然后才能播放多媒体。

Unrealized：在这种状态下，Player 对象已经被实例化，但是并不知道它需要播放的多媒体的任何信息。

Realizing：当调用 realize( ) 方法时，Player 对象的状态从 Unrealized 转变为 Realizing。在这种状态下，Player 对象正在确定它需要占用哪些资源。

Realized：在这种状态下，Player 对象已经确定了它需要哪些资源，并且也知道需要播放的多媒体的类型。

Prefetching：当调用 prefectch( ) 方法时，Player 对象的状态从 Realized 变为 Prefetching。在该状态下的 Player 对象正在为播放多媒体做一些准备工作，其中包括加载多媒体数据、获得需要独占的资源等，这个过程被称为预取(Prefetch)。

Prefetched：当 Player 对象完成了预取操作后就到达了该状态。

Started：当调用 start()方法后，Player 对象就进入了该状态并播放多媒体。

4）处理器(Processor)

处理器对应的接口是 Processor，它是一种播放器。在 JMF API 中，Processor 接口继承了 Player 接口。Processor 对象除了支持 Player 对象支持的所有功能，还可以控制对于输入的多媒体数据流进行某种处理，以及通过数据源向其他的 Player 对象或 Processor 对象输出数据。

除了在播放器中提到了 6 种状态外，Processor 对象还包括两种新的状态，这两种状态是在 Unrealized 状态之后和 Realizing 状态之前。

Configuring：当调用 configure()方法后，Processor 对象进入该状态。在该状态下，Processor 对象连接到数据源并获取输入数据的格式信息。

Configured：当完成数据源连接，获得输入数据格式的信息后，Processor 对象就处于 Configured 状态。

5）数据格式(Format)

Format 对象中保存了多媒体的格式信息。该对象中本身没有记录多媒体编码的相关信息，但是它保存了编码的名称。Format 的子类包括 AudioFormat 和 VideoFormat 类。ViedeoFomat 又有 6 个子类：H261Format、H263Format、IndexedColorFormat、JPEGFormat、RGBFormat 和 YUVFormat 类。

6）管理器(Manager)

JMF 提供了下面 4 种管理器。

Manager：Manager 相当于两个类之间的接口。例如，当需要播放一个 DataSource 对象，可以通过使用 Manager 对象创建一个 Player 对象来播放它。使用 Manager 对象可以创建 Player、Processor、DataSource 和 DataSink 对象。

PackageManager：该管理器中保存了 JMF 类注册信息。

CaptureDeviceManager：该管理器中保存了截取设备的注册信息。

PlugInManager：该管理器中保存了 JMF 插件的注册信息。

2. 编码实现

(1) 分别获取摄像头驱动和获取摄像头内的图像流，获取到的图像流作为一个 Swing 的 Component 组件类。

```
public static Player player=null;
private CaptureDeviceInfo di=null;
private MediaLocator ml=null;

String str1="vfw:Logitech USB Video Camera:0 ";
String str2="vfw:Microsoft WDM Image Capture (Win32):0 ";
di=CaptureDeviceManager.getDevice(str2);
ml=di.getLocator();
try{
  player=Manager.createRealizedPlayer(ml);
  player.start();
  Component comp;
  if ((comp=player.getVisualComponent()) !=null){
    add(comp, BorderLayout.NORTH);
  }
}
catch (Exception e){
  e.printStackTrace();
}
```

(2) 单击拍照，获取摄像头内的当前图像。

```
private JButton capture;
private Buffer buf=null;
private BufferToImage btoi=null;
private ImagePanel imgpanel=null;
private Image img=null;
private ImagePanel imgpanel=null;
JComponent c=(JComponent) e.getSource();
if (c==capture)                    //如果按下的是拍照按钮
{
  FrameGrabbingControl fgc=(FrameGrabbingControl) player.getControl
      ("javax.media.control.FrameGrabbingControl ");
buf=fgc.grabFrame();               //获取当前帧并存入 Buffer 类
btoi=new BufferToImage((VideoFormat) buf.getFormat());
img=btoi.createImage(buf);         //show the image
imgpanel.setImage(img);
}
```

(3) 保存图像。

```
BufferedImage bi=(BufferedImage) createImage(imgWidth,imgHeight);
```

```
Graphics2D g2=bi.createGraphics();
g2.drawImage(img,null,null);
FileOutputStream out=null;
try{
  out=new FileOutputStream(s);
}
catch (java.io.FileNotFoundException io){
  System.out.println("File Not Found ");
}
JPEGImageEncoder encoder=JPEGCodec.createJPEGEncoder(out);
JPEGEncodeParam param=encoder.getDefaultJPEGEncodeParam(bi);
param.setQuality(1f,false);//不压缩图像
encoder.setJPEGEncodeParam(param);
try{
  encoder.encode(bi);
  out.close();
}
catch (java.io.IOException io){
  System.out.println("IOException ");
}
```

3. 源代码

列出完整的源程序。

4. 测试与运行

首先到 SUN 网站下载最新的 JMF。网址是：http://java.sun.com/products/java-media/jmf/index.jsp。

下载了 JMF2.1 以后，运行 jmf-2_1_1b-windows-i586.exe。该程序会将 JMF2.1 安装到指定的目录下。安装成功后，需要确认一下安装程序正确设定了 CLASSPATH 和 PATH 环境变量。在 CLASSPATH 中需要包含 jmf.jar 和 sound.jar；在 PATH 中需要包含 JMF 动态库的路径。

如果希望使用视频和音频截取的设备，需要确认安装了这些设备的驱动程序。除此之外，还需要运行 JMFRegistry 应用程序。JMFRegistry 可以向 JMF 注册新的数据源、媒体处理器、插件、视频和音频截取设备，然后才能够在程序中使用它们。只需要运行一次 JMFRegistry 就能注册系统中所有的视频和音频截取设备。

当运行了 JMFRegistry 后，会弹出如图 11-1 所示的窗口。

选择 Capture Devices 选项卡，然后按下 Detect Capture Devices 按钮，程序将自动检测出系统中的视频和音频截取设备。在左边的类表框中会列出所有检测到的设备的名称。从图 11-2 中可看到 JMFRegistery 发现了“vfw：Microsoft WDM Image Capture (Win32)：0”设备。单击某个设备可以看到该设备支持的视频或音频格式。如果 JMFRegistry 无法检测到设备，有可能是没有正常安装设备的驱动程序。

接下来就是对源程序进行编译、运行并测试其结果。

5. 技术分析

简述 JMF，并分析 Player 类、CaptureDeviceInfo 类、MediaLocator 类。

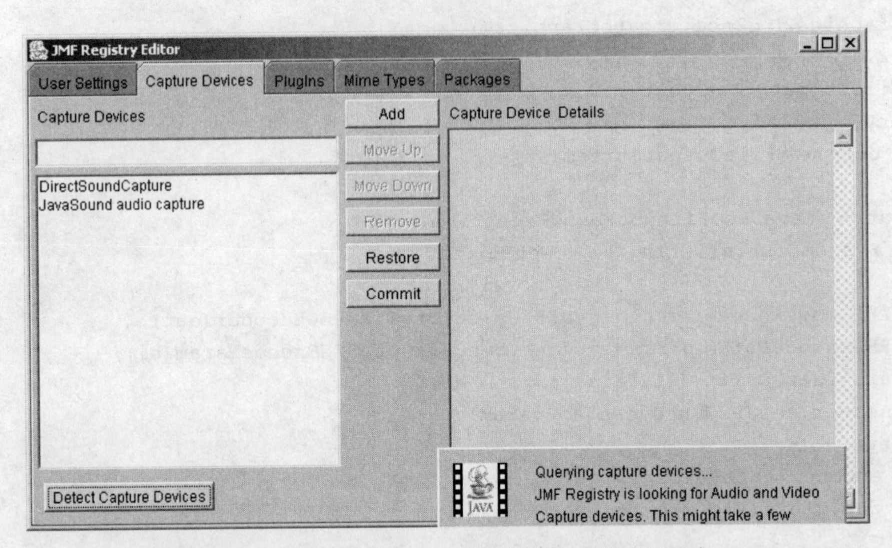

图 11-1　通过 JMFRegistry 注册视频和音频截取设备

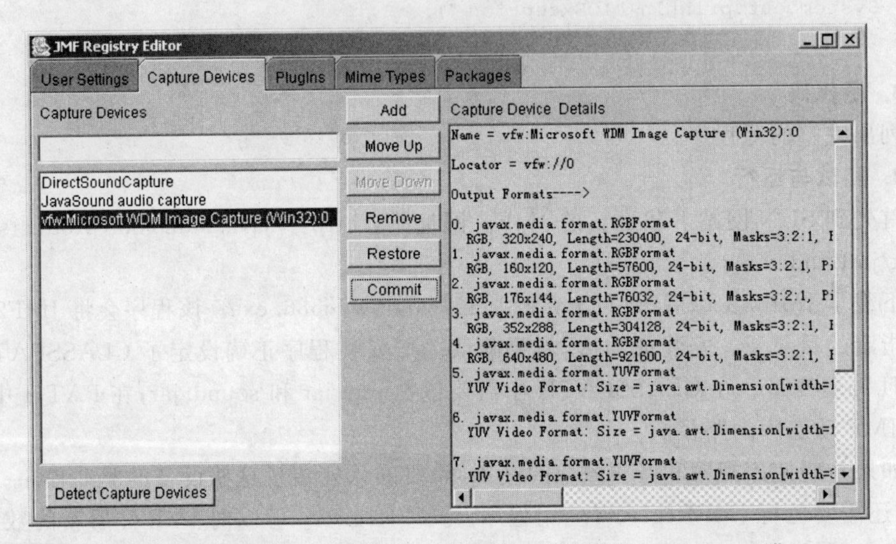

图 11-2　JMFRegister 发现了“vfw:Logitech USB Video Camera:0”

实训 6　动　画

一、实训内容及要求

1. 实训内容

使用双缓冲技术实现动画。

2. 实训要求

每隔 300ms 刷新一张图片,实现动画效果。

二、实训过程(含步骤)

1. 分析与设计

本实训用 Applet 技术的 Animation 类实现。动画实现需要多线程技术,所以 Animation 类需要实现接口 Runnable,见下面的程序框架。

```
public class Animation extends Applet implements Runnable{
    //定义变量
    //Applet 的 init()方法
    public void init(){
        //生成一幅后台图像
        //加载图像
    }
    //Applet 的 start()方法
    public void start(){
        //启动动画线程
    }
    //Applet 的 stop()方法
    public void stop(){
        //终止动画线程
    }
    //Runable 的 run()方法
    public void run(){
        while (true){
            //动画计数器递增
            //刷新图片
            //停留 300ms
        }
    }
    //Applet 的 paint()方法
    public void paint(Graphics g){
        //画后台图片
    }
    //Applet 的 update()方法
    public void update(Graphics g){
        //清空后台图像
        //往后台图像中添加内容
    }
}
```

2. 编码实现

1) 定义变量

语句:

```
Thread animationthread;
String str="Hello World!";
int imageno=1;
```

```
Font font=new Font("TimesRoman",Font.BOLD,50);
Image image,images[];
Graphics graphics;
MediaTracker tm;
```

分析：用 images 数组保存实现动画的图片。

2) Applet 的 init()方法

语句：

```
public void init(){
    //生成一幅后台图像：
    image=createImage(getSize().width,getSize().height);
    graphics=image.getGraphics();
    //加载图像
    images=new Image[10];
    tm=new MediaTracker(this);
    for (int i=0; i<10; i++){
        images[i]=getImage(getCodeBase(),"00"+i+".jpg");
        tm.addImage(images[i],0);
    }
    try{
        showStatus("图像加载中...");        //在状态列显示信息
        tm.waitForAll(0);
    }catch(Exception e){}
}
```

分析：利用 Applet 的 init()方法，生成一幅后台图像，并加载实现动画的 10 幅图像。

3) Applet 的 start()方法

语句：

```
public void start(){
    if(animationthread==null){
        animationthread=new Thread(this);
        animationthread.start();
    }
}
```

分析：启动动画线程。

4) Applet 的 stop()方法

语句：

```
public void stop(){
    if (animationthread!=null){
        animationthread.stop();
        animationthread=null;
    }
}
```

分析：终止动画线程。

5) Runable 的 run()方法

语句：

```
public void run(){
    while (true){
        imageno++;
        if (imageno>9)
            imageno=0;
        repaint();
        try{
            Thread.sleep(300);
        }catch(InterruptedException e){}
    }
}
```

分析：每隔 300ms，变化一次动画图片的计数器，调用 repaint()刷新图片。

6) Applet 的 paint()方法

语句：

```
public void paint(Graphics g){
    g.drawImage(image,0,0,this);
}
```

分析：在界面上画出后台图片。

7) Applet 的 update()方法

语句：

```
public void update(Graphics g){
    graphics.setColor(getBackground());
    graphics.fillRect(0,0,getSize().width,getSize().height);
    graphics.setFont(font);
    graphics.setColor(Color.black);
    graphics.drawImage(images[imageno],0,0,this);
    paint(g);
}
```

分析：清空后台图像，在后台刷新图片。

在界面上画出后台图片。

3. 源代码

列出完整的源程序。

4. 测试与运行

编译程序 Animation.java，编写网页程序 animation.html 如下：

```
<HTML>
<TITLE>HelloWorld! Applet </TITLE>
<APPLET CODE="Animation.class" WIDTH=800 HEIGHT=800>
</APPLET>
</HTML>
```

与 animation. html 在同一目录,部署 10 张用于动画的图片,注意文件名命名规则和源程序一致。

用 Appletviewer 或浏览器打开 animation. html,观测程序运行结果。

5. 技术分析

(1) 分析 Java 中实现动画的基本原理。

(2) 如何处理闪烁?

(3) 如何实现声音和图像的并行播放?

附录　Linux 下构建 JDK

(1) 将下载的 j2sdk-1_4_2_01-linux-i586. bin 复制到/HOME 目录，并运行以下命令：

```
./j2sdk-1_4_2_01-linux-i586.bin
```

(2) 设置 JAVA_HOME 环境变量，它的值为 JDK 安装目录，运行下面几行命令：

```
JAVA_HOME=/home/java/j2sdk1.4.2
export JAVA HOME
```

注意：如果 Java 的 SHELL 类型是 tsh，设置 JAVA_HOME 环境变量的命令是

```
setenv JAVA_HOME /home/java/j2sdk1.4.2
```

(3) 如果要将 JDK 的 bin 目录追加到 PATH 环境变量中，运行下面几行命令：

```
PATH=/home/java/j2sdk1.4.2/bin:$PATH
export PATH
```

(4) 编辑和运行。

用 vi 编辑文件 Myclass. java，文件内容如下：

```
public class Myclass{
  public static void main(String args[]){
    System.out.println("");
  }
}
```

编译和运行用下面的命令：

```
./javac Myclass.java
./java Myclass
```

参 考 文 献

[1] 李光华. 内部类[EB/OL]. http://lixinghua. blog. 51cto. com/421838/91241,2008-08-05.

[2] 佚名. 为什么需要内部类?[EB/OL]. http://www. blogjava. net/vandalor/archive/2006/06/10/51793. html,2006-06-10.

[3] morgan83. 初识 Java 内部类[EB/OL]. http://www. frontfree. net/articles/services/view. asp? id=704&page=1,2002-12-31.

[4] flyingbread. 利用堆栈解析算术表达式一:基本过程[EB/OL]. http://www. cnblogs. com/FlyingBread/archive/2007/02/03/638932. html,2007-02-03.

[5] liujun999999. Vector 类在 Java 编程中的应用[EB/OL]. http://www. chinaitpower. com/A/2003-02-23/50974. html,2003-02-23.

[6] 许晓宁. Java 技术实用教程[M]. 南京:东南大学出版社,2006.

[7] IT168,阿甘. Eclipse 开发经典教程:常用 SWT 组件[EB/OL] http://tech. it168. com/j/2008-01-23/200801230925568. shtml,2008-01-23.

[8] 那静. Eclipse SWT/JFace 核心应用[M]. 北京:清华大学出版社,2007.

[9] Harvey M. Deitel,Paul J. Deitel. Java 程序设计教程[M]. 袁兆山,刘宗田,苗沛荣,等,译. 北京:机械工业出版社,2005.

[10] 本书编委会. Java 编程篇[M]. 北京:电子工业出版社,2004.

[11] 陈圣国. Java 程序设计[M]. 西安:西安电子科技大学出版社,2003.

[12] 邵丽萍,邵光亚,张后扬. Java 语言程序设计[M]. 第 2 版. 北京:清华大学出版社,2004.

[13] 佚名. Java 中 Vector、ArrayList、List 使用深入剖析[EB/OL]. http://blog. csdn. net/smallboy_5/archive/2008/02/25/2119123. aspx,2008-02-25.